W0260084

Acta Physica Austriaca

Supplementum XX

Vorträge der 3. Fachtagung des Fachausschusses Elektrodynamik und Optik der Österreichischen Physikalischen Gesellschaft an der Universität Graz
19.—21. Juni 1978

Gefördert durch
Bundesministerium für Wissenschaft und Forschung
Steiermärkische Landesregierung

1979

Springer-Verlag
Wien New York

Laserspektroskopie

Neue Entwicklungen und Anwendungen

Herausgegeben
von Franz Aussenegg, Graz

Mit 103 Abbildungen

1979

Springer-Verlag
Wien New York

Organisationskomitee

Vorsitz:

Prof. Dr. Franz Aussenegg
Institut für Experimentalphysik
der Universität Graz

Mitglieder:

Dr. A. Leitner
Dr. M. Lippitsch
Dr. H. Noll

Sekretariat:

M. Krautilik
I. Mandl

Softcover repint of the hardcover 1st edition 1979

CIP-Kurztitelaufnahme der Deutschen Bibliothek

Laserspektroskopie : Neue Entwicklungen und Anwendungen. Vorträge d. 3. Fachtagung d. Fachausschusses Elektrodynamik u. Optik d. Österreich. Physikal. Ges. an d. Univ. Graz, 19.–21. Juni 1978 / hrsg. von Franz Aussenegg. – Wien, New York : Springer, 1979.
(Acta physica Austriaca : Suppl. ; 20)
ISBN-13:978-3-7091-7610-8 e-ISBN-13:978-3-7091-7609-2
DOI: 10.1007/978-3-7091-7609-2

NE: Aussenegg, Franz [Hrsg.]; Österreichische Physikalische Gesellschaft / Fachausschuss Elektrodynamik und Optik; Universität <Graz>

ISSN 0065-1559
ISBN-13:978-3-7091-7610-8

INHALTSVERZEICHNIS

Acta Physica Austriaca, Suppl. XX, 1–2 (1979)

VORWORT

In diesem Supplementband zu den Acta Physica Austriaca sind die Plenar- und Fachvorträge der Tagung "Laserspektroskopie", die vom 19. bis 21. Juni 1978 an der Universität Graz stattgefunden hat, zusammengefaßt. Eine wesentliche Aktivität des Veranstalters dieser Tagung, nämlich des Fachausschusses Elektrodynamik und Optik der Österreichischen Physikalischen Gesellschaft, ist die Organisation von Symposien kleineren Umfanges, bei denen ein aktuelles Forschungsgebiet auf einer fachlich möglichst breiten Basis behandelt wird. Dadurch soll der Informationsaustausch zwischen Wissenschaftlern, die zwar unterschiedliche Spezialgebiete bearbeiten, aber noch eine gemeinsame "Sprache" sprechen, gefördert werden. So sind auch bei dieser Tagung möglichst viele Bereiche der Spektroskopie, in denen in den vergangenen Jahren durch Lasereinsatz bedeutende Fortschritte erzielt worden sind, durch einen Plenarvortrag vertreten.

Die schriftliche Wiedergabe dieser Vorträge wurde zum Teil knapp gehalten, jedoch mit umfangreichen Literaturverzeichnissen ausgestattet. Diese Form scheint geeignet, dem Leser bei minimalem Zeitaufwand einen ersten Überblick über das jeweilige Thema zu geben,und ermöglicht bei weiterem Interesse einen raschen Zugriff zu den entsprechenden Originalarbeiten. In den von den Tagungsteilnehmern beigesteuerten Fachvorträgen werden großteils spezielle physikalische Probleme, die mit Hilfe einer laserspektroskopischen Methode gelöst werden können, behandelt. Es werden aber auch neue apparative Techniken vorgestellt. Die Summe der Vorträge dieser Tagung ergibt zwar keine umfassende Darstellung der

Laserspektroskopie - eine solche scheint bei der raschen Entwicklung dieses Gebietes derzeit auch gar nicht möglich zu sein -, sie gibt aber ein Bild der Möglichkeiten, die laserspektroskopische Methoden heute bieten.

Graz, Juli 1978 F. Aussenegg

Acta Physica Austriaca, Suppl. XX, 3–16 (1979)

NEUE ENTWICKLUNGEN AUF DEM GEBIET DER HOCHAUFLÖSENDEN LASERSPEKTROSKOPIE+

H. WALTHER
Sektion Physik der Universität München und
Projektgruppe für Laserforschung der Max-Planck-Gesellschaf
zur Förderung der Wissenschaften e.V., Garching

ABSTRACT

A short review of experiments in high resolution laser spectroscopy is given. Mainly experiments performed with tunable dye lasers are discussed and a special attention is paid to the measurements using the interaction in subsequent standing wave fields.

1. EINLEITUNG UND ÜBERBLICK ÜBER DIE FREQUENZVERÄNDERLICHEN LASER

Durch die Entwicklung der Laser und insbesondere der frequenzveränderlichen Laser hat die hochauflösende Spektroskopie an freien Atomen und Molekülen einen großen Auftrieb erhalten. Das Auflösungsvermögen konnte soweit gesteigert werden, daß in vielen Fällen nur noch die natürliche Linienbreite eine Begrenzung darstellt. Im folgenden sollen ein kurzer Überblick über das Gebiet der hochauflösenden Laserspektroskopie gegeben und einige neue Entwicklungen kurz diskutiert werden.

+Vortrag gehalten anläßlich der Fachtagung "Laserspektroskopie", Graz, 19.-21.Juni 1978.

Eine Übersicht über die zur Zeit wichtigsten Methoden zur Erzeugung frequenzveränderlicher Laserstrahlung gibt Abb. 1 (siehe auch [1,2,3]). Von den verschiedenen Lasern ist insbesondere der Farbstofflaser zu einer sehr hohen Perfektion entwickelt worden [3]. Es ist gezeigt worden, daß sich der zeitlich kontinuierliche Laser ebenso gut stabilisieren und regeln läßt wie ein Gaslaser. Der Jitter in der Ausgangsfrequenz, der im wesentlichen durch Schwankungen in der optischen Länge des Resonators hervorgerufen wird, die durch die Zirkulation der Farbstoffflüssigkeit bedingt sind, läßt sich durch die elektronische Frequenzregelung ausschalten, so daß die spektrale Linienbreite des stabilisierten Lasers in die Größenordnung von kHz kommt. Dies entspricht im sichtbaren Spektralbereich einer Auflösung $\Delta\lambda/\lambda$ von 10^{-11}. Die Frequenzverstellung des Lasers läßt sich ebenfalls sehr gut kontrollieren. Eine Anordnung dazu, die bei uns vor einigen Jahren schon realisiert worden ist [4], zeigt Abb. 2. Es wird dabei mit zwei Farbstofflasern gearbeitet. Einer davon wird mit Hilfe eines optischen Resonators, der aus einem sphärischen Fabry-Perot besteht, an einen HeNe Laser angekoppelt. Der HeNe-Laser ist auf einen Jod-Molekül-Übergang stabilisiert. Dabei werden thermisch bedingte Änderungen der Resonatorlänge mit Hilfe einer Regelung kompensiert, indem die Transmission des Fabry-Perot-Interferometers für das HeNe-Laserlicht maximal gehalten wird. Der Farbstofflaser läßt sich auf Wellenlängen einstellen und stabilisieren, für die das sphärische Fabry-Perot ebenfalls maximale Durchlässigkeit zeigt. Diese liegen bei unserer Anordnung jeweils etwa 300 MHz voneinander entfernt.

Um eine kontinuierliche Wellenlängenveränderung zu bekommen, muß deshalb zwischen diesen Eigenresonanzen interpoliert werden. Dies geschieht mit Farbstofflaser II. Dazu wird die Frequenzdifferenz der beiden Laser, die nicht größer als 300 MHz ist, mit Hilfe einer Photodiode gemessen. Das Überlappungssignal wird dann im Mixer auf eine konstante Zwischenfrequenz heruntergemischt, die mit einem Schmalbandverstärker verstärkt wird. Farbstofflaser II wird so nachgeregelt, daß diese Zwischenfrequenz stets konstant gehalten wird. Ein Verstellen der Frequenz des Hochfrequenzgenerators bewirkt deshalb eine kontrollierte Veränderung der Ausgangsfrequenz des Lasers - mit einem Generator im Bereich von 50-300 MHz läßt sich somit eine Lichtquelle mit einer Frequenz von etwa $5 \cdot 10^{14}$ Hz kontrolliert verändern. Die spektrale Breite des Farbstofflasers II ist von der Größenordnung kHz. Es konnte auch gezeigt werden, daß die Frequenzstabilität des Farbstofflasers II mit einer Genauigkeit von $4 \cdot 10^{-13}$ derjenigen des stabilisierten HeNe Lasers entspricht. Die absolute Stabilität liegt somit im Bereich zwischen 10^{-11} und 10^{-12}.

Die hier beschriebene Anlage entspricht im Prinzip den Anordnungen, die zur Stabilisierung von Klystrons oder entsprechenden Mikrowellenröhren angewandt werden. Der HeNe-Laser hat dabei die Funktion des Quarzgenerators, mit dem im Mikrowellenbereich die Anlage konstant gehalten wird, und der optische Resonator entspricht der Mikrowellendekade.

2. METHODEN DER HOCHAUFLÖSENDEN LASERSPEKTROSKOPIE

Nicht alle Methoden, die in der hochauflösenden Spektroskopie eingesetzt werden, verlangen eine schmalbandige Frequenzverteilung des Lasers. In Tabelle I wird eine Übersicht gegeben. Die Gruppe, bei der eine breitbandige Anregung Verwendung finden kann, umfaßt die Methoden der klassischen Hochfrequenzspektroskopie. Diese haben gemeinsam, daß eine kohärente Mischung der zu untersuchenden Zustände erzeugt wird; die zeitliche Entwicklung der Eigenfunktionen hängt dann von der jeweiligen Energie ab und läßt deshalb eine Messung der Energieabstände zu. Die zeitliche Veränderung der kohärenten Zustandsüberlagerung läßt sich einmal über die Winkelverteilung der reemittierten Strahlung (Doppelresonanz, Level-Crossing) oder durch eine zeitdifferentielle Beobachtung (Quantum-Beats) untersuchen. Bei der Doppelresonanzmethode wird die kohärente Mischung durch die gleichzeitige Einstrahlung des optischen Übergangs und der Mikrowellenresonanz bewirkt. Bei den beiden übrigen Methoden erzeugt die optische Anregung allein die kohärente Besetzung. Die Methoden sind sämtlich früher bereits in Verbindung mit den Anregung durch klassische Gasentladungslampen eingesetzt worden; der Laser bringt hier den Vorteil, daß eine wesentlich stärkere Besetzung der Zustände erreicht werden kann, was sich natürlich sehr stark im beobachteten Signal-Rausch-Verhältnis auswirkt. Dies ist insbesondere bei der Quantum-Beat-Methode der Fall.

Ein weiterer Vorteil des Lasers ist es, daß eine stufenweise Anregung vorgenommen werden kann, so daß auch hochangeregte Zustände in Atomen und Molekülen einer Untersuchung zugänglich werden. In diesem Zusammenhang ist in letzter Zeit die Untersuchung von Rydberg-Zuständen bei Atomen und Molekülen sehr interessant geworden. Speziell für diese Zustände ist die Quantum-Beat-Methode nicht unmittelbar anwendbar, da die Lebensdauer der Rydberg-Niveaus sehr lang und die Fluoreszenzintensität deshalb verschwindend klein ist. Um auch solche Zustände untersuchen zu können, ist von Leuchs und

Walther eine Variante der Quantum-Beat-Methode vorgeschlagen und realisiert worden [6]. Hierbei wurden die zu untersuchenden Zustände durch einen kurze Laserpuls kohärent angeregt; die Beobachtung der zeitlichen Entwicklung der Kohärenz erfolgt mit Hilfe der Feldionisation, die sich insbesondere für hochangeregte Zustände besonders leicht anwenden läßt. Es wird dazu eine gewisse Zeit nach der optischen Anregung der Feldionisationspuls angelegt, und die Feldelektronen werden mit Hilfe eines Elektronenmultipliers nachgewiesen. Das Quantum-Beat-Signal wird als Funktion der Verzögerungszeit zwischen dem Anregungs- und Beobachtungspuls aufgenommen. Ein Signal ist in **Abb.** 3 dargestellt. Gezeigt ist ein Resultat der Messung der Feinstrukturaufspaltung des D-Zustandes im Natriumatom mit der Hauptquantenzahl n = 23. Im oberen Teil ist das gemessene Signal gezeigt. Die schnelle Variation entspricht der Energiedifferenz zwischen $^2D_{5/2}$ und $^2D_{3/2}$. Die langsame Variation rührt daher, daß der Nachweis der Feldelektronen von der Position der Atome in der Apparatur abhängig ist. Diese langsame Änderung ist bei der Kurve darunter korrigiert, so daß dort nur noch das reine Quantum-Beat-Signal sichtbar ist.

Aus dem Quantum-Beat-Signal, das wegen der langen Lebensdauer der hochangeregten Zustände über eine Zeit von 5 μs beobachtet werden kann, wurde das Fourier-Spektrum berechnet. Dieses ist im unteren Teil der **Abb.**3 gezeigt. Da das Signal über eine relativ lange Zeit beobachtet wird, ist die Linienbreite entsprechend gering. Mit der hier geschilderten Methode sind die Feinstrukturaufspaltungen der D-Zustände mit den Hauptquantenzahlen zwischen n = 21 und n = 31 untersucht worden [7].

In Verbindung mit einer monochromatischen Laseranregung ist die Streuung des Laserlichtes an einem sehr gut kollimierten Atom- oder Molekularstrahl eine bewährte Methode. Durch die Kollimation des Atomstrahls wird die Geschwindigkeitskomponente der Atome in bezug auf das eingestrahlte Laserlicht verringert, so daß der Einfluß der Dopplerverschiebung vernachlässigt werden kann. Wird die Laserfrequenz variiert und das reemittierte Fluoreszenzlicht als Funktion der Laserfrequenz beobachtet, so wird auch hier eine Auflösung erreicht, die nur durch die natürliche Linienbreite eingeschränkt wird.

Die Methode, die in Tabelle I als laserinduzierte Fluoreszenz in Vorwärtsrichtung aufgeführt ist, kann bei Atomen oder Molekülen eingesetzt werden, die unkollimiert sind. Durch die monochromatische Laserstrahlung wird nur eine Geschwindigkeitsuntergruppe des atomaren bzw. molekularen Ensembles angeregt. An der Fluoreszenz kann deshalb auch nur diese Geschwindikgietsuntergruppe teilhaben. Beobachtet man das reemittierte Licht in Vorwärtsrichtung parallel zum eingestrahlten Laserlicht, so zeigt die Frequenzverteilung dieses Lichtes keinen Einfluß der Dopplerbreite. Damit das Fluoreszenzlicht vom eingestrahlten Laserlicht abgetrennt werden kann, ist es notwendig, daß es eine unterschiedliche Wellenlänge hat; dies ist dann der Fall, wenn z.B. der Grundzustand aus mehreren Niveaus besteht. Es ist hier natürlich erforderlich, daß die Beobachtung mit einem hochauflösenden Spektralapparat, z.B. einem Fabry-Perot, erfolgt.

Die als nächstes aufgeführte Sättigungsspektroskopie benötigt dagegen keinen Spektralapparat. Bei dieser Methode werden zwei Strahlen in entgegengesetzter Richtung in das Ensemble eingestrahlt. Beide Strahlen regen jeweils eine Geschwindigkeitsuntergruppe an. Stimmt die Laserfrequenz mit einer Übergangsfrequenz der Atome überein, so wechselwirken beide Strahlen mit der gleichen Geschwindigkeitsuntergruppe. Aufgrund der Nichtlinearität dieser Wechselwirkung wird deshalb ein Anstieg der Transmission beobachtet, der zur Vermessung des Überganges verwendet werden kann. Die mit dieser Methode erreichbare Auflösung ist ebenfalls nur durch die natürliche Linienbreite begrenzt. Zum Vergleich zur laserinduzierten Fluoreszenz in Vorwärtsrichtung sollte folgendes angemerkt werden: Bei der Sättigungsspektroskopie dient der erste Laserstrahl zur Auswahl einer bestimmten Geschwindigkeitsuntergruppe, und der zweite Strahl hat die Aufgabe, die Änderung des Absorptionsprofils durch den ersten Laserstrahl auszumessen. Der zweite Strahl ersetzt deshalb den Spektralapparat, der bei der laserinduzierten Fluoreszenz in Vorwärtsrichtung Verwendung finden muß.

Für die Sättigungsspektroskopie ist vor einiger Zeit eine sehr interessante Variante vorgeschlagen worden: die Polarisationsspektroskopie [8]. Dabei ist der erste Strahl linear und der zweite Strahl zirkular polarisiert. Durch die nichtlineare Wechselwirkung der beiden Strahlen mit den Teilchen wird bei Resonanz die Polarisationsrichtung des linear polarisierten Strahls geringfügig gedreht, so daß diese Drehung als Indikator für die Resonanz Verwendung finden kann. Es ergibt sich dadurch ein sehr empfindlicher Nachweis, weil die Drehung der Polarisationsebene im Resonanzfall sehr empfindlich mit einem gekreuzten Polarisator nachgewiesen werden kann. Das Signal zeigt keinen Untergrund außerhalb der Resonanz, was bei der normalen Sättigungsspektroskopie der Fall ist.

Die Zwei-Photonen-Spektroskopie benutzt im Prinzip eine ähnliche Anordnung. Die beiden Strahlen induzieren in diesem Fall einen Zwei-Photonen-Übergang. Absorbiert dabei ein Teilchen sowohl ein Photon des ersten als auch eins des zweiten Strahls, so hebt sich die Wirkung der Dopplerverschiebung auf. Es kann auch passieren, daß der Zwei-Photonen-Übergang durch zwei Photonen des gleichen Strahls induziert wird; in diesem Fall wird der Dopplereffekt nicht kompensiert, und das senkrecht zu den Laserstrahlen beobachtete Fluoreszenzlicht ergibt bei der Frequenzvariation des Lasers ein sehr breites Dopplerprofil. Im Zentrum der Linie wird allerdings das scharfe Linienprofil beobachtet, das zum dopplerfreien Anteil gehört. Da der Doppleruntergrund über einen großen Frequenzbereich verteilt ist, kann er gegenüber dem dopplerfreien Anteil vernachlässigt werden.

Bei der Untersuchung von Zuständen, die lange Lebensdauer haben und die insbesondere für den Bau von Wellenlängen- und Frequenznormalen mit Hilfe der Laser interessant sind, ist in einigen Fällen die erreichbare Auflösungsgrenze nicht mehr durch die Strahlungslebensdauer begrenzt, sondern durch die maximal erreichbare Wechselwirkungszeit zwischen Laserstrahl und Teilchen. In einigen Experimenten ist man deshalb dazu übergegangen, den Querschnitt des Laserstrahls auf 30 cm und mehr auszuweiten [5]. Hierbei ergeben sich jedoch bald technische Grenzen, und außerdem kommen Störeffekte ins Spiel, die mit der Beschaffenheit der Wellenfront des aufgeweiteten Laserstrahls in Verbindung stehen. Es ist deshalb zweckmäßig, auch bei den optischen Übergängen zu einer Methode zu greifen, die von Ramsey eingeführt wurde und die bei der Atomstrahlresonanzmethode zum Erfolg geführt hat und z.B. beim Cäsium-Frequenznormal Verwendung findet [9,10].

Das Strahlungsfeld, das den Übergang bewirkt, wird an zwei Stellen eingekoppelt, die von den Teilchen nacheinander passiert werden. Das Teilchen, das beim Passieren eines einzelnen Strahls eine Frequenzverteilung der Strahlung sieht, die durch $(\Delta t)^{-1}$ gegeben ist, wobei Δt die Wechselwirkungszeit zwischen Atom und Strahlungsfeld darstellt, zeigt beim Passieren von zwei (oder auch mehreren) kohärenten Strahlen eine Wahrscheinlichkeitsverteilung für den Übergang, die der Struktur einer Zweistrahl-Interferenz (bzw. Mehrstrahl-Interferenz) entspricht (siehe Abb.4). Die Breite des zentralen Maximums dieser Struktur ist jetzt durch T^{-1} bestimmt, wobei T der zeitliche Abstand ist, mit dem die beiden Strahlungsfelder passiert werden. Es ist gelungen, dieses Verfahren sowohl in Verbindung mit der Zwei-Photonen-Spektroskopie als auch bei der Sättigungsspektroskopie anzuwenden. Diese Experimente sind einerseits von Salour [11] und unabhängig davon von Teets, Eckstein und Hänsch [12] sowie andererseits von Bergquist, Lee und Hall [13] (nicht-lineare Absorption) durchgeführt worden.

In der Darstellung der elektrischen Dipol-Übergänge mit Hilfe des Pseudo-Spinvektors [1] wäre die Wechselwirkung der beiden Laserfelder so zu sehen, daß im ersten Strahlungsfeld der Pseudo-Spinvektor eine Drehung um $\pi/2$ durchgeführt, im Zwischenbereich frei präzidiert, um dann im zweiten Strahlungsfeld den Übergang (Drehung um π) vollendet. In das beobachtete Signal geht entscheidend die Phase zwischen den beiden Strahlungsfeldern ein, da es sich um einen kohärenten Vorgang handelt. Die experimentelle Beobachtung der Ramsey-Interferenz ist im optischen Bereich wesentlich komplizierter als im Mikrowellenbereich; es steht jedoch außer Zweifel, daß die Methode für die Präzisionsspektroskopie und für den Bau von Wellenlängen- und Frequenznormalen von außerordentlicher Wichtigkeit ist.

Es sollte der Vollständigkeit halber noch erwähnt werden, daß bei der Beobachtung der Ramsey-Interferenzen mit Hilfe der Sättigungsspektroskopie die Teilchen drei Regionen des Strahlungsfeldes durchlaufen müssen. Der dritte Wechselwirkungsbereich ergibt sich aus der Tatsache, daß die Sättigungsspektroskopie, wie oben erwähnt, einen Zwei-Stufen-Prozeß darstellt: Zunächst wird eine Geschwindigkeitsuntergruppe angeregt, die dann in der zweiten Stufe untersucht wird. Die Ramsey-Anordnung muß deshalb doppelt aufgebaut werden. In der ersten und zweiten Wechselwirkungsstrecke werden die Interferenzen für die Besetzung der Zustände erzeugt. In der zweiten und dritten Wechselwirkungsstrecke werden sie untersucht [9,10].

Diese super-hochauflösende Spektroskopie ist in einer stürmischen Entwicklung begriffen. Erst kürzlich wurde auf der 10. Egas Konferenz in München von Helmcke et al. [14] und von Kramer [15] über neue Erfolge berichtet. Von Helmcke et al. wurden Rydberg-Zustände des Rubidiums mit einer Zwei-Photonen-Ramsey-Anordnung untersucht, und Kramer hat an einem fein kollimierten Molekularstrahl die Interferenzen nachgewiesen.

REFERENZEN

1. H. Walther (Herausg.), Laser Spectroscopy of Atoms and Molecules, Topics in Applied Physics, Vol. 2, Springer, Berlin, Heidelberg, New York 1976.
2. J.L. Hall, J.L. Carlsten (Herausg.), Laser Spectroscopy III, Springer Series in Optical Sciences, Vol.7, Springer, Berlin, Heidelberg, New York 1977.
3. F.P. Schäfer (Herausg.), Dye Lasers, Topics in Applied

Physics, Vol. 1, Springer, Berlin, Heidelberg, New York 1973.

4. M. Steiner, Dissertation, München-Aachen 1978, und M. Steiner, H. Walther, K. Zygan, Opt. Comm. 18 (1976) 2.
5. K. Shimoda (Herausg.), High Resolution Laser Spectroscopy, Topics in Applied Physics, Vol.13, Springer, Berlin, Heidelberg, New York 1976.
6. G. Leuchs, H. Walther in Ref. 2.
7. G. Leuchs, Dissertation, Universität München 1978.
8. C. Wieman, T.W. Hänsch, Phys. Rev. Lett. 36 (1976) 1170.
9. Y.V. Baklanov, B.Y. Dubetsky, V.P. Chebotaev, Appl. Phys. 9 (1976) 171.
10. Y.V. Baklanov, V.P. Chebotaev, B.Y. Dubetsky, Appl. Phys. 11 (1976) 201.
11. M.M. Salour in Ref. 2.
12. R. Teets, J. Eckstein, T.W. Hänsch, Phys. Rev. Lett. 38 (1977) 760.
13. J.C. Bergquist, S.A. Lee, J.L. Hall, Phys. Rev. Lett. 38 (1977) 159.
14. T. Helmcke, S.A. Lee, J.L. Hall, 10th EGAS Conference Munich, July 1978.
15. G. Kramer, 10th EGAS Conference Munich, July 1978.

Tabelle I: Methoden der hochauflösenden Laserspektroskopie (Auflösungsbegrenzung durch die natürliche Linienbreite) (siehe auch Referenzen [1,5]).

Breitbandige Anregung	Hochfrequenz-Optische-Doppelresonanz Level Crossing Methode Quantum-Beats
Schmalbandige Anregung	Kollimierte Atom- bzw. Molekularstrahlen Laserinduzierte Fluoreszenz in Vorwärtsrichtung Sättigungsspektroskopie Zwei-Photonen-Spektroskopie

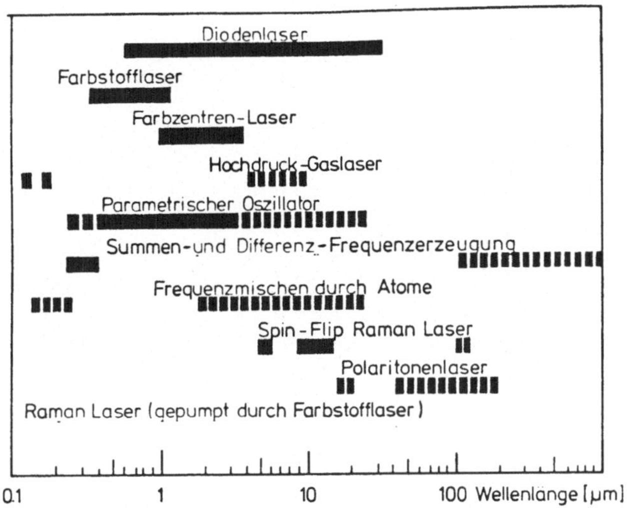

Abb. 1
Übersicht über die wichtigsten Methoden zur Erzeugung frequenzveränderlicher Laserstrahlung

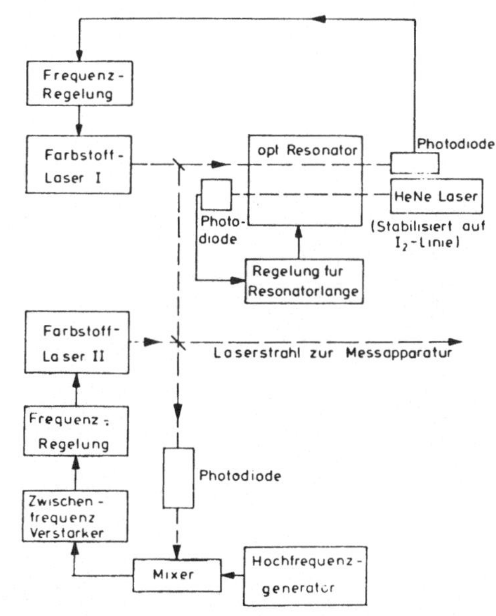

Abb. 2
Anordnung zur Frequenzstabilisierung und kontinuierlichen Durchstimmung von Farbstofflasern

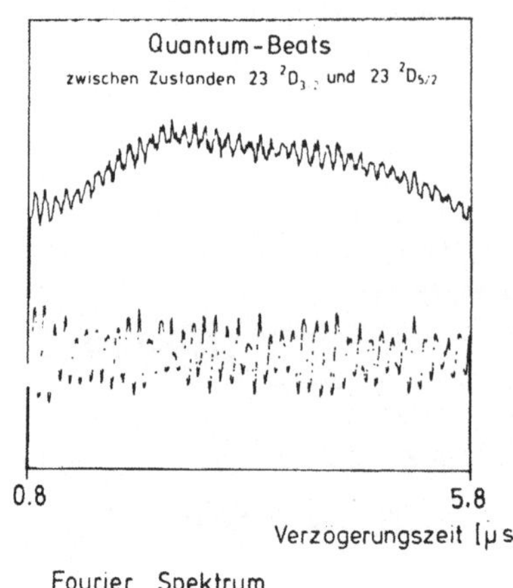

Fourier Spektrum

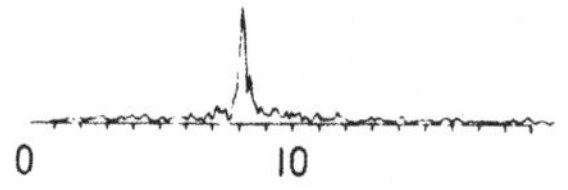

Frequenz [MHz]

Abb. 3

Quantum-Beat-Signale am Natrium

Optische Ramsey-Jnterferenzen

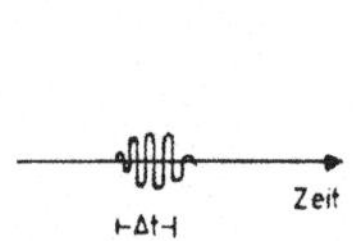

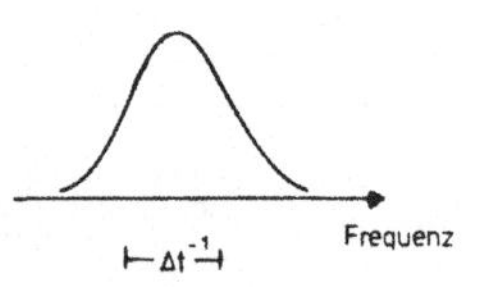

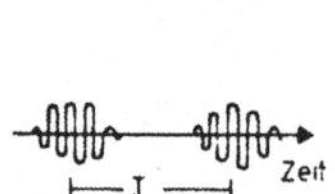

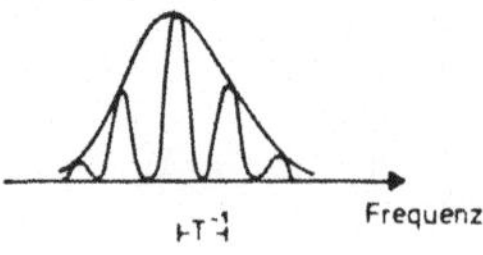

Abb. 4

Optische Ramsey-Interferenzen

Acta Physica Austriaca, Suppl. XX, 17–22 (1979)

ANWENDUNGEN DER STIMULIERTEN RAMAN-STREUUNG+

M. MAIER
Fachbereich Physik der Univ. Regensburg

ABSTRACT

The applications of stimulated Raman scattering (SRS) discussed in this talk include: generation of intense tunable light in the infrared, measurement of the relaxation times of molecular vibrations in liquids, determination of spontaneous Raman paramters and non-linear susceptibilities, generation of short and intense light pulses by backward SRS, and chemical reactions of vibrationally excited molecules.

ad 1)

Zu den wichtigsten Eigenschaften der stimulierten Raman-Streuung gehören die hohen Streuintensitäten, die geringe Divergenz, die schmale Linienbreite, das Auftreten von höheren Stokesschen und anti-Stokesschen Linien und die starke Anregung von Molekülschwingungen [1]. Aufgrund dieser Eigenschaften ergeben sich für die stimulierte Raman-Streuung eine Reihe von Anwendungsmöglichkeiten. Einige der wichtigsten sind [2]:

1) Die Erzeugung von intensiven Lichtimpulsen mit abstimmbarer Wellenlänge im infraroten und ultravioletten Spektralbereich [3].
2) Die Messung von Relaxationszeiten von Molekülschwingungen in Gasen und Flüssigkeiten und von Phononen in Festkörpern.

+Vortrag gehalten anläßlich der Fachtagung "Laserspektroskopie", Graz, 19.-21.Juni 1978.

3) Die Bestimmung von Raman-Linienbreiten und Wirkungsquerschnitten und nichtlinearen Suszeptibilitäten. Zu den verwendeten Meßmethoden gehören u.a. die Messung des Raman-Verstärkungsfaktors, die kohärente anti-Stokes Raman-Streuung (CARS) und der Raman-induzierte Kerr-Effekt.
4) Die Messung von Konzentrationen in Flüssigkeitsmischungen und Gasmischungen und der Temperatur in Gasen oder Flammen. Die Meßmethoden sind ähnlich wie bei 3).
5) Die Erzeugung sehr kurzer und intensiver Lichtimpulse durch stimulierte Raman-Streuung in Rückwärtsrichtung [4,5].
6) Die Aktivierung chemischer Reaktionen [6,7] und die mögliche Isotopenanreicherung durch selektive Anregung von Molekülschwingungen durch stimulierte Raman-Streuung [8-10].

Zur Erzeugung von intensiven Lichtimpulsen mit abstimmbarer Wellenlänge im infraroten Spektralbereich stehen verschiedene Methoden zur Verfügung:

a) Die Erzeugung von Stokesschen Linien mit abstimmbaren Lasern.
   α) Schwingungs-Raman-Streuung mit Farbstofflasern [11-17]. Als Raman-aktive Substanzen verwendet man hauptsächlich Wasserstoffgas und flüssigen Stickstoff. Auf diese Art und Weise kann ein Wellenlängenbereich von etwa 1 μm bis 18 μm mit Leistungen im Megawatt-Bereich bei Pulsdauern von 10^{-9} s kontinuierlich überstrichen werden [11,12].
   β) Rotations-Raman-Streuung mit Infrarot-Lasern [18-20].
   γ) Elektronische Raman-Streuung in Metalldämpfen mit Farbstofflasern [21-24].
b) Vierphotonen-Wechselwirkung [25-28].

c) Abstimmbare stimulierte Raman-Streuung in Glasfasern [29,30].

d) Abstimmbare stimulierte Phonon-Polariton-Streuung und gleichzeitige Emission von infrarotem Licht [2].

ad 2)

Man unterscheidet bei Molekülschwingungen die Energie- und die Phasenrelaxationszeit, die normalerweise unterschiedliche Werte besitzen.

a) Energierelaxationszeit von Molekülschwingungen. Eine häufig verwendete Meßmethode geht in zwei Schritten vor [2].

   I. Anregung der Molekülschwingung durch stimulierte Raman-Streuung,

   II. Verzögertes Abtasten der Besetzung des ersten angeregten Niveaus durch spontane anti-Stokes Raman-Streuung.

   Man erhält vollständig verschiedene Relaxationszeiten für einfache zweiatomige Moleküle in Flüssigkeiten [31-35] und für vielatomige Moleküle in Flüssigkeiten [36,37]. Ein Extremfall ist der flüssige Stickstoff bei dem eine Lebensdauer des ersten angeregten Schwingungszustands im elektronischen Grundzustand von ungefähr 56 s bestimmt wurde [33]. Im Gegensatz dazu liegen die Lebensdauern der Schwingungsniveaus bei vielatomigen Molekülen in Flüssigkeiten im Pikosekundenbereich.

b) Phasenrelaxationszeit von Molekülschwingungen in Flüssigkeiten und Gasen [36-39].

c) Lebensdauer von optischen Phononen in Festkörpern [2]. Die Messung erfolgt bei b) und c) durch verzögerte kohärente anti-Stokes-Raman-Streuung.

REFERENZEN

1. W.Kaiser and M.Maier, in "Laser Handbook", ed. by F.T. Arecchi and E.O. Schulz-Dubois (North-Holland, Amsterdam 1972) Vol.2, p.1077.
2. M. Maier, Appl. Phys. 11 (1976) 209.
3. V. Wilke and W. Schmidt, Appl. Phys. 16 (1978) 151.
4. M. Maier, W.Kaiser,and J.A. Giordmaine, Phys. Rev. 177 (1969) 580.
5. J.R. Murray, J.Goldhar, and A. Szöke, Appl. Phys. Lett. 32 (1978) 551.
6. V. Arkhipov, N.G. Basov, E.M. Belenov, B.N. Duvanov, E.P. Markin, and A.N. Oraevskii, JETP Lett. 16 (1972) 333.
7. S.H. Bauer, D.M. Lederman, E.L. Resler, Jr., and E.R. Fisher, Intern. J.Chem.Kinetics 5 (1973) 93.
8. S.Kimel, A.Ron, and S.Speiser, Chem. Phys. Lett. 28 (1974) 109.
9. S.Kimel and R.Schatzberger, in "Lasers in Physical Chemistry and Biophysics", Proc. 27th Intern.Meeting of the Societe de Chimie Physique, ed.J.Joussot-Dubien (Elsevier, Amsterdam, 1975) p. 143.
10. R.Schatzberger, S.Speiser, and S.Kimel, Chem. Phys. Letters 52 (1977) 20.
11. M. Bierry, R.Frey, and F.Pradère, Rev. Sci. Instr. 48 (1977) 733.
12. R.Frey, F.Pradère, J.Lukasik, and J.Ducuing, Opt. Comm. 22 (1977) 355.
13. S.V. Efimovskii, I.G. Zubarev, and A.V. Kotov, Sov. J. Quant. El. 7 (1977) 1155.
14. R.V. Ambartsumyan, Yu.A.Gorokhov, A.Z. Grasyuk, I.G. Zubarev, A.V. Kotov, and A.A. Puretskii, Sov. J. Quant. El., 6 (1976) 1123.

15. J. Cahen, M.Clerc, and P. Rigny, Opt. Comm. 21 (1977) 387.
16. A.Z. Grasyuk, I.G. Zubarev, A.V. Kotov, S.I.Mikhailov and V.G. Smirnov, Sov. J. Quant. El., 6 (1976) 568.
17. T.R. Loree, C.D. Cantrell, and D.L. Barker, Opt. Comm. 17 (1976) 160.
18. R. Frey, F. Pradère, and J. Ducuing, Opt. Comm. 23 (1977) 65.
19. R.L. Byer, IEEE J. Quant. El. 12 (1976) 732.
20. S.J. Petuchowski, A.T. Rosenberger, and T.A. De Temple, IEEE J. Quant. El. 13 (1977) 476.
21. D. Cotter, D.C. Hanna, and R. Wyatt, Opt. Comm. 16 (1976) 256.
22. D. Cotter and D.C. Hanna, Opt. Quant. El. 9 (1977) 509.
23. D. Cotter, D.C. Hanna, W.H.W. Tuttlebee, and M.A. Yuratich, Opt. Comm. 22 (1977) 190.
24. R.T.V. Kung and I. Itzkan, IEEE J. Quant. El. 13 (1977) 73.
25. S.J. Brosnan, R.N. Fleming, R.L. Herbst and R.L. Byer, Appl. Phys. Letters 30 (1977) 330.
26. R. Frey, F. Pradère, and J. Ducuing, Opt. Comm. 18 (1976) 204.
27. M.M.T. Loy, P.P. Sorokin, and J.R. Lankard, Appl. Phys. Lett. 30 (1977) 415.
28. P.P. Sorokin, M.M.T. Loy, and J.R.Lankard, IEEE J. Quant. El. 13 (1977) 871.
29. C. Lin, R.H. Stolen, and L.G. Cohen, Appl. Phys. Lett. 31 (1977) 97.
30. C. Lin, L.G. Cohen, R.H. Stolen, G.W. Tasker, and W.G. French, Opt. Comm. 20 (1977) 426.
31. G.Renner and M.Maier, Chem.Phys.Lett.35 (1975) 226.

32. W.F. Calaway and G.E. Ewing, J.Chem. Phys. 63 (1975) 2842.
33. S.R.J. Brueck and R.M. Osgood, Jr., Chem. Phys. Lett. 39 (1976) 568.
34. C.Delalande and G.M. Gale, Chem.Phys.Lett. 50 (1977) 339.
35. N.Legay-Sommaire and F.Legay, Chem. Phys. Letters 52 (1977) 213.
36. W.Kaiser and A.Laubereau, Lecture Notes in Physics 43, Laser Spectroscopy, Proceedings of the Second Intern. Conference, Megève, 1975 (Springer, Berlin, 1975).
37. A.Laubereau und W.Kaiser, Ann. Rev. Phys. Chem. 26 (1975) 83.
38. H.M.M. Hesp, J.Langelaar, D.Bebelaar, and J.D.W.van Voorst, Phys. Rev. Lett. 39 (1977) 1376.
39. C.H. Lee and D.Ricard, Appl. Phys. Lett. 32 (1978) 168.

Acta Physica Austriaca, Suppl. XX, 23-41 (1979)

DICHTE- UND TEMPERATURMESSUNG MIT HILFE DER CARS-SPEKTROSKOPIE[+]

A. HIRTH und K. VOLLRATH
Deutsch-Französisches Forschungsinstitut
Saint-Louis, Frankreich

ABSTRACT

Coherent Anti Stokes Raman Scattering (CARS) a technique derived from nonlinear optics offers two major advantages compared with the spontaneous Raman method: improved scattering efficiency and spatial coherence of the scattered signal.

The theory of the coherent mixing in resonant media serves as a quantitative background of the CARS technique. A review of several applications on plasma physics and gasdynamics is given, which permits to consider the CARS spectroscopy as a potential method for nonintrusive measurement of local concentration and temperature in gas flows and reactive media.

[+]Vortrag gehalten anläßlich der Fachtagung "Laserspektroskopie", Graz, 19.-21. Juni 1978.

I. EINLEITUNG

Neben der Strömungsgeschwindigkeit gehören Dichte und Temperatur zu den wichtigsten Kenngrößen in der Gasdynamik und in der Plasmaphysik. Bei der Bestimmung dieser Größen haben optische Verfahren (wie Lichtstreuung) den Vorteil, daß sie das Medium nicht beeinflussen. Zu diesen gehört auch der Raman-Effekt, d.h. die unelastische Streuung von Licht an Molekülen. Verglichen mit der elastischen Streuung (Rayleigh-Streuung) hat die Raman-Streuung zwar einen wesentlich geringeren Wirkungsgrad, bietet dagegen aber folgende entscheidende Vorteile:

- Sie erlaubt eine Identifizierung der in einem Gemisch vorhandenen Spezies, da jede Molekülart eine charakteristische Frequenzverschiebung hervorruft;
- ihre Intensität ist ein Maß für die Zahl der beteiligten Moleküle und somit auch für die Dichte;
- die Bestimmung der Temperatur ist möglich, soweit man die Verteilung der Moleküle auf den verschiedenen Rotationsschwingungsniveaus abtasten kann.

Trotz der kleinen Streuquerschnitte ($10^{-30} cm^2 . sr^{-1}$) in Gasen, gleichbedeutend mit einem schlechten Wirkungsgrad des Streuprozesses (für 10^6 bis 10^8 Anregungsphotonen wird 1 Photon gestreut), kann man die Dichte in Gasen und Freistrahlen [1,2,3,4,5] bestimmen, seitdem intensive Lichtquellen wie Impulslaser verfügbar sind. Auch Dichte- und Temperaturprofile lassen sich in stationären Strömungen ausmessen. Um bei Dichte- und Temperaturmessungen mit Hilfe des Raman-Effektes (spontaner Raman-Effekt) eine definierte Genauigkeit zu erreichen, sind oft lange Meßzeiten erforderlich. In N_2 bei Normaldruck werden bei 1 J optischer Anregungsenergie $2 \cdot 10^6$ Photonen in Streulicht umgesetzt. Dies ergibt einen statistischen Fehler von 1%, wenn die Transmission der Linienfilter 10% beträgt und die Quantenausbeute des Photomultipliers 10% erreicht. In dem obigen Beispiel wird das Streulicht über eine Länge von 1 mm durch eine Optik mit der Öffnung F/1 gesammelt. Der differentielle Wirkungsquerschnitt für N_2 beträgt dabei $d\sigma/d\Omega = 5{,}4 \cdot 10^{-31}\ \mathrm{cm}^2\mathrm{sr}^{-1}$ bei 488 nm.

Die Hauptschwierigkeit beim Raman-Verfahren liegt in der Trennung des Streulichts von dem Anregungslicht. Für die Temperaturbestimmung muß die Verteilung der Besetzungszahlen auf den verschiedenen Schwingungs-Rotationsniveaus abgetastet werden. Man unterscheidet zwei Fälle:

A) Bei niedrigen Temperaturen und bei thermodynamischem Gleichgewicht genügt es, die Rotationsverteilung im untersten Schwingungsniveau abzutasten. Die Besetzung N(J) in dem Rotationsniveau, gekennzeichnet durch J (= Rotationsquantenzahl), lautet:

$$N(J) = \frac{N(2J + 1)}{Q_R} \exp^{-B_o J(J+1)/T} \tag{1}$$

dabei ist

$$Q_R = \sum_J (2J+1) \exp^{-J(J+1)B_o/T} \sim B_o/T$$

und B_o die Rotationskonstante des Moleküls.

B) Bei höheren Temperaturen und bei Nichtgleichgewicht (Rotationstemperatur T_R verschieden von Schwingungstemperatur T_ν) muß über verschiedene Schwingungsniveaus abgetastet werden. Wird dabei z.B. der Q-Zweig ausgenützt ($\Delta J = 0$), so gilt für die Intensitätsverteilung auf einer Stokeslinie

$$P_S\,[(\nu,J) \rightarrow (\nu+1),J] = P\left(\frac{d\sigma}{d\Omega}\right) \cdot \frac{\ell \cdot (\nu+1)\Omega N}{Q_R \cdot Q_\nu}$$

$$\times \exp^{-\nu\hbar\omega_\nu/kT_\nu} \cdot \exp^{-J(J+1)B_o/T_R} \qquad (2)$$

$$Q_\nu = \sum_\nu \exp^{-\nu\hbar\omega_\nu/kT_\nu} \quad Q_R = \sum_J (2J+1)\exp^{-J(J+1)B_o/T_R} \quad .$$

Dabei bedeuten:

ν	Schwingungsquantenzahl
P	Intensität der anregenden Strahlung
P_S	Intensität der Stokesstrahlung
ℓ	Länge des Meßvolumens
Ω	Raumwinkel
N	Gesamtzahl der Moleküle
ω_ν	Schwingungsfrequenz des Moleküls
k	Boltzmann-Konstante.

Die Schwingungstemperatur T_ν kann ermittelt werden aus dem Verhältnis der Stokes-Intensitäten in zwei aufeinanderfolgenden Schwingungsniveaus [6,7] (Grund-Q-Zweig und heißer Q-Zweig). Es gilt:

$$\frac{\sum_J P_S[(0,J) \rightarrow (1,J)]}{\sum_J P_S[(1,J) \rightarrow (2,J)]} \sim \frac{1}{2}\exp(\hbar\omega_\nu/kT_\nu) \quad . \qquad (3)$$

Die Raman-Methode hat sich besonders in der LIDAR-Meßtechnik als erfolgreich erwiesen [8].

Der Wirkungsgrad der Ramanstreuung kann sich durch Resonanzeffekte erheblich erhöhen. Der Streuquerschnitt nimmt nämlich sehr stark zu, wenn das Anregungslicht auf eine Absorptionslinie abgestimmt wird [9]. Es ergibt sich:

$$\left(\frac{d\sigma}{d\Omega}\right) \sim \frac{\gamma_T}{\gamma_T-\gamma_e}\, e^4 \cdot \omega_\ell \cdot \omega_S^3\, \frac{|\langle I|r|M\rangle|^2 |\langle M|r|F\rangle|^2}{\hbar^2 c^4 [(\omega_\ell-\omega_o)^2+\gamma_T^2]} \cdot \rho_I \;. \quad (4)$$

Dabei bedeuten:

ω_ℓ, ω_S	Laserlicht-, Streulicht-Frequenz
$\langle M\|r\|F\rangle$	Matrix-Element für den Übergang vom Zwischenzustand zum Endzustand
$\langle I\|r\|M\rangle$	Matrix-Element für den Übergang vom Anfangszustand zum Zwischenzustand
ω_o	Mittelfrequenz der Absorptionslinie
γ_T	druckverbreiterte Linienbreite
γ_e	Anteil der Verbreiterung durch elastische Stöße
e	Elementarladung des Elektrons
c	Lichtgeschwindigkeit
ρ_I	relative Besetzung des Anfangs-Schwingungszustandes durch die Temperatur.

Mit mJ-Laserpulsen können Reichweiten von 100 bis 1000 m erzielt werden. Es gibt jedoch nur wenige Gase mit Absorpitonslinien im sichtbaren Bereich, in dem abstimmbare Laser verfügbar sind [10,11].

Einige wichtige Absorptionslinien seien angegeben.

	SO	OH	NO	SO_2	NO_2
λ_o[nm]	257,9	306,4	226,2	546,6	454,7

Ein neueres Verfahren, das durch Resonanz den Streuwirkungsgrad des Raman-Effektes erhöht, ist die kohärente anti-Stokes-Raman-Streuung oder CARS (Coherent Anti-Stokes Raman Scattering). Die kohärente anti-Stokes-Raman-Streuung gehört zu den vielen nichtlinearen Prozessen, die entdeckt wurden, als mit Hilfe von Laserlichtquellen hohe Feldstärken erzeugt werden konnten. Schon 1965 haben Maker und Terhune [12] die kohärente Mischung von zwei Lichtstrahlen verwendet, um Suszeptibilitäten 3. Ordnung zu messen. Im Jahre 1973 wurde diese Methode von P.R. Regnier und J.P.E. Taran [13] eingesetzt, um Gaskonzentrationen zu bestimmen.

II. THEORIE DER KOHÄRENTEN ANTI-STOKES-RAMAN-STREUUNG

Zwei Wellen mit den Frequenzen ω_1 und ω_2 werden in einem nichtlinearen Medium gemischt.

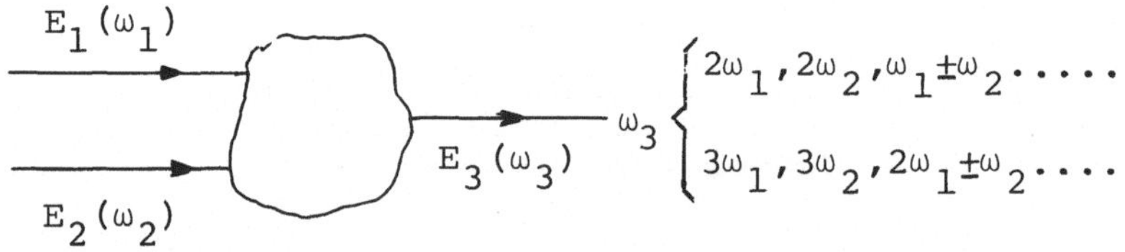

In der Ausbreitungsrichtung z sei das elektrische Feld $E_i(\omega_i)$ für die Frequenz ω_i gegeben.

$$E_i(\omega_i) = \frac{1}{2} [\bar{E}_i \exp^{(ik_i z - \omega_i t)} + C] . \tag{5}$$

C: konjugiert komplexe Größe des ersten Terms. Das elektrische Feld $E_i(\omega_i)$ bewirkt eine Polarisation $P(\omega_i)$. Es gilt:

$$P(\omega_i)=\chi^{(1)}(\omega_i)E_i(\omega_i)+\chi^{(2)}(\omega_i)E_i^2(\omega_i)+\chi^{(3)}(\omega_i)E_i^3(\omega_i)+\dots \quad (6)$$

Durch die Suszeptibilität 3. Ordnung $\chi^{(3)}$ kann eine Polarisation erzeugt werden bei einer Frequenz ω_3, die durch Mischung von ω_1 mit ω_2 entsteht, z.B. $\omega_3 = 2\omega_1 - \omega_2$.

$$P(\omega_1,\omega_2,\omega_3=2\omega_1-\omega_2) = \frac{1}{8}[\chi^{(3)}(-\omega_3,\omega_1,\omega_1,-\omega_2)]\times$$

$$[\bar{E}_1^2\ \bar{E}_2^*\ \exp^{i(2k_1-k_2)z-(2\omega_1-\omega_2)t} + C] \quad . \quad (7)$$

Nach den Maxwellschen Gleichungen kann sich eine ebene Welle bei der Frequenz $\omega_3 = 2\omega_1 - \omega_2$ in dem Medium ausbreiten

$$d\bar{E}_3 = \frac{-i\pi\omega_3}{2cn(\omega_3)} \times \bar{E}_1^2\ \bar{E}_2^*\ \chi^{(3)}\ \exp^{i(2k_1-k_2-k_3)z} \times dz \ . (8)$$

Die Intensität I_i ist dabei mit der Feldstärke $\bar{E}_i$ in folgender Weise verknüpft:

$$I_i = \frac{c}{8\pi}|\bar{E}_i|^2 \quad (9)$$

$$I_3 = [\frac{4\pi^2\omega_3}{n(\omega_3)c^2}]^2\ [\chi^{(3)}]^2\ I_1^2\cdot I_2\ L^2\ [\frac{\sin(\Delta k\cdot L/2)}{\Delta k\cdot L/2}]^2$$

wobei $\Delta k = 2k_1 - k_2 - k_3$.

Dabei bedeuten:

c	Lichtgeschwindigkeit
n	Brechungsindex
L	Länge des Mediums.

Wegen der Dispersion des Mediums bewegen sich die gemischten Wellen mit variablem Phasengang. Ein wirksamer Aufbau der Welle $E(\omega_3)$ existiert nur längs einer Wechselwirkungsstrecke L_c (Kohärenzlänge), definiert durch

$$\Delta k \cdot \frac{L_c}{2} = \frac{\pi}{2} \quad . \tag{11}$$

L_c beträgt einige 0,1 mm (in Flüssigkeiten) bis einige 10 cm (in Gasen). Das erzeugte Licht ist räumlich kohärent. Die folgenden Gleichungen

$$2\omega_1 - \omega_2 = \omega_3 \qquad \text{(Energiesatz)} \tag{12}$$

$$2\vec{k}_1 - \vec{k}_2 = \vec{k}_3 \qquad \text{(Impulssatz)} \tag{13}$$

führen zu dem Diagramm in **Abb.** 1.

In Medien geringer Dispersion wie Gase sind die Anregungswellen $E(\omega_1)$ und $E(\omega_2)$ kollinear. In Flüssigkeiten wird die Phasenanpassung dadurch erreicht, daß man einen Winkel Θ von einigen Grad zwischen $\vec{k}_1$ und $\vec{k}_2$ [14] einführt.

Für ein Molekül mit einer Eigenschwingungsfrequenz $\omega_{\nu,J}$ soll nun die Suszeptibilität $\chi^{(3)}$ abgeleitet werden. Längs einer Koordinate q wird die unter dem Einfluß des elektrischen Feldes E erzwungene Bewegung eines Moleküls durch folgende Gleichung beschrieben:

$$\ddot{q} + \Gamma\dot{q} + \omega_{\nu,J}^2\, q = \frac{1}{2m} \left(\frac{d\alpha}{dq}\right)_o E^2 \quad . \tag{14}$$

Die Kraft $\frac{1}{2m}(\frac{d\alpha}{dq})_o \, E^2$ wird über die Polarisierbarkeit α ermittelt

$$\alpha = \alpha_o + (\frac{d\alpha}{dq})_o \, q + \ldots \quad . \tag{15}$$

Dabei bedeutet Γ die Dämpfungskonstante und $\dot{q}$ und $\ddot{q}$ die erste bzw. zweite Ableitung von q nach der Zeit. Aus der Überlagerung der Wellen $E(\omega_1)$ und $E(\omega_2)$ folgt eine mit der Frequenz $\omega_1 - \omega_2$ variable Polarisierbarkeit. Unter dem Einfluß von $E(\omega_1)$ entsteht die Polarisation P_3

$$P_3 = \chi^{(3)} \cdot E = N(\frac{d\alpha}{dq})_o \, q(\omega_1 - \omega_2) \, E_1 \, . \tag{16}$$

Damit ergibt sich für die Suszeptibilität folgender Ausdruck:

$$\chi^{(3)} = \frac{N}{m}(\frac{d\alpha}{dq})_o^2 \cdot \frac{\Delta j}{\omega_{\nu,J}^2 - (\omega_1-\omega_2)^2 - i\Gamma(\omega_1-\omega_2)} \tag{17}$$

m ist dabei die Masse und N Δj die Besetzungsdifferenz zwischen Anfangs- und Endzustand. Für die Beziehung zwischen Streuquerschnitt und Polarisierbarkeit gilt nach der elementaren Quantenmechanik

$$(\frac{d\sigma}{d\Omega}) = \frac{\hbar}{2m \, \omega_{\nu,J}} (\frac{d\alpha}{dq})^2 \frac{\omega^4}{c^4} \quad . \tag{18}$$

Der Ausdruck von $\chi^{(3)}$ ist also

$$\chi^{(3)} = \frac{2Nc^4}{\hbar\omega_2^4}(\frac{d\sigma}{d\Omega}) \cdot \frac{\omega_{\nu,J} \cdot \Delta j}{\omega_{\nu,J}^2 - (\omega_1-\omega_2)^2 - i\Gamma(\omega_1\omega_2)} \tag{19}$$

$$= A \cdot \frac{1}{2\Delta\omega - i\Gamma} = \chi' + i\chi''$$

wobei

$$A = \frac{2Nc^4}{\hbar\omega_2^4}\left(\frac{d\sigma}{d\Omega}\right)\cdot\Delta j \qquad \Delta\omega = \omega_{\nu,J} - (\omega_1 - \omega_2) \ .$$

Wird die Frequenz einer Welle, z.B. ω_2 abgestimmt, so daß $\Delta\omega = 0$, so ergibt sich $\chi' = 0$ und $\chi'' = \frac{A}{\Gamma}$. Die gestreute Intensität $I(\omega_3)$ wird proportional zu χ''^2, d.h. auch proportional dem Quadrat der Teilchenkonzentration N in dem entsprechenden Schwingungszustand mit der Frequenz $\omega_{\nu,J}$. Die Welle $E(\omega_2)$ wird identisch mit der entsprechenden Stokesschen Welle und $E(\omega_3)$ mit der anti-Stokesschen; daher der Name kohärente anti-Stokes-Raman-Streuung. In Wirklichkeit liefert auch die Deformation der Elektronenschalen einen Beitrag zu $\chi^{(3)}$, der von der Frequenz unabhängig ist.

$$\chi^{(3)} = \chi' + i\chi'' + \chi^{NR} \ . \tag{20}$$

Dieser nichtresonante Term χ^{NR} begrenzt die Empfindlichkeit des Verfahrens. Bei geringer Konzentration verschwindet die vom Quadrat der Teilchendichte abhängige kohärente Streuung in einem Untergrund. Mit fokussierter Anregungsstrahlung kommt der Hauptanteil des Streulichts von einem Volumen in der Nähe des gemeinsamen Brennpunktes. Dieses Volumen ist definiert durch den Durchmesser des Brennflecks und eine Ausdehnung in Ausbreitungsrichtung der Pumpwellen von der Größe des konfokalen Parameters. In der Tabelle in Abb. 2 werden die Eigenschaften von spontaner Raman-Streuung und CARS verglichen. Der Hauptvorteil von CARS ist die räumliche Kohärenz des Streulichts. Mit beugungsbegrenzten Pumpwellen $E(\omega_1)$ und $E(\omega_2)$ wird auch das gestreute anti-Stokes-Licht beugungsbegrenzt, so daß selbst bei Vorgängen mit starkem Eigenleuchten (Plasmen) das schwache Streulicht noch leicht registriert werden kann.

III. EXPERIMENTELLE ERGEBNISSE

Die CARS-Methode wurde zuerst eingesetzt, um nichtlineare Suszeptibilitäten von Festkörpern zu messen [15]. In Flüssigkeiten mit starkem Fluoreszenz-Untergrund lassen sich Konzentrationen fast nur mit der CARS-Methode bestimmen [16]. Vor allem in gasförmigen Medien bringt CARS besondere Vorteile:

- Die Resonanz wird besonders scharf bei geringem Gasdruck.
- In reagierenden Medien, Plasmen und Entladungen mit starkem Eigenleuchten kann meistens nur die kohärente Streuung eingesetzt werden.

Im Jahre 1973 wurde zum ersten Mal die räumliche Verteilung der H_2-Konzentration in einem Bunsenbrenner mit Hilfe der CARS-Methode bestimmt [17] (Abb. 3).

Bei dem erwähnten Experiment wird die Stokessche Welle durch stimulierten Raman-Effekt in Wasserstoff erzeugt und die Frequenz durch Druckänderung in der Raman-Zelle abgestimmt. In stationären Flammen wurden ebenfalls räumliche Dichteprofile gemessen und daraus die Temperaturverteilung bestimmt [18]. In Niederdruckentladungen (Deuterium bei 48 Torr) wurden Rotationstemperatur und Schwingungstemperatur erstmalig im Naval

Research Laboratory gemessen [19]. Abb. 4 zeigt den verwendeten Aufbau. Als Lichtquellen werden ein frequenzverdoppelter YAG-Laser und ein abstimmbarer Farbstofflaser verwendet.

Um Intensitätsschwankungen der Laser zu berücksichtigen, wird ein Referenzstreusignal verwendet, das in einer Edelgaszelle erzeugt wird. Abb. 5 zeigt das gewonnene CARS-Signal. Aus den Rotationsstrukturen von zwei aufeinanderfolgenden Schwingungsbändern konnten T_R und T_ν bestimmt werden. Es ist also auch möglich, Besetzungen und Temperaturen in invertierten Medien zu messen. Dies ist von großer Bedeutung bei der Entwicklung chemischer Laser. Auch durch schnelles Abstimmen der Stokesschen Welle ist es nicht möglich, die Temperatur zu einem bestimmten Zeitpunkt zu messen. Mit dem "single shot CARS"-Verfahren können dagegen Zeitauflösungen, vergleichbar mit der Dauer des Laserpulses, erreicht werden. Abb. 6 erläutert diese Technik [20]. Bei der Anregung mit zwei monochromatischen Wellen, wobei die mit der Stokesschen Frequenz ω_S abstimmbar ist, wird eine Mindeszeit benötigt, um ein Schwingungs-Rotationsspektrum abzutasten und auf diese Weise die Temperatur zu ermitteln (A). Beim "single shot CARS"-Verfahren (B) wird eine breitbandige Stokessche Welle verwendet, so daß zum selben Zeitpunkt das ganze Spektrum gestreut wird. Für die Temperaturmessung genügt eine geringere Auflösung der Spektren, so daß klassische Dispersionsgeräte (Polychromatoren) zur Registrierung genügen. Ebenso wie bei der spontanen Raman-Streuung wird der Wirkungsgrad erhöht, wenn eine der beiden Anregungswellen auf eine Absorptionslinie abgestimmt wird. Das wurde zuerst nachgewiesen bei Flüssigkeiten [21] und später in Gasen (Jod-Dampf) [22].

Die ersten CARS-Experimente wurden mit Impulslasern (Leistung 10 bis 100 kW und eine Linienbreite von einigen 0,1 cm^{-1}) durchgeführt. Im Jahre 1975 haben J.J. Barret und R.F. Begley [23] gezeigt, daß auch mit den geringen Leistungen von Dauerstrichlasern meßbare Raman-Signale erreicht werden, wobei die Autoren folgende Vorteile erwähnen:

- bessere Intensitäts- und Frequenzstabilität bei Dauerstrichlasern,
- höhere zeitliche Auflösung (begrenzt durch die Empfindlichkeit des Detektionssystems).

Die Messung der zeitlichen und lokalen Dichteschwankung in turbulenten Strömungen ist für den Gasdynamiker von großem Interesse. Im Deutsch-Französischen Forschungsinsitut Saint-Louis wurde deshalb eine Anordnung aufgebaut, mit der durch Einsatz der CARS-Methode Dichteschwankungen in Freistrahlen vermessen werden können. Die zeitliche Auflösung ist besser als 100 μs (Abb.7). Die zu untersuchende Gasströmung S befindet sich in den Kavitäten beider Anregungslaser. Die Pumpwelle ω_p=514,5 nm wird dabei von einem Argonlaser AL in einer Kavität mit dem Strahlengang $M_1P_1M_2M_3$ erzeugt. Zur Erzeugung der Stokesschen Welle ω_S wird der Farbstofflaser J_S vom selben Argonlaser gepumpt. Die zum Farbstofflaser gehörige Kavität wird durch den Strahlengang $M_5M_4P_2M_7M_6$ $P_1M_2M_3$ gekennzeichnet. Durch das Prisma P_1 werden die beiden Wellen kollinear überlagert und der kohärente anti-Stokes-Strahl durch den Spiegel M_3 ausgekoppelt [24]. Das Fabry-Perot FP dient zur Abstimmung des Farbstofflasers. Mit Hilfe dieses Aufbaus ist es möglich, Raman-Spektren von den meisten Molekülen auch bei niedrigen Drücken (bis 1 Torr in N_2 bei Atmosphärendruck) zu registrieren.

In Abb. 8 sind einige Gase mit den zugehörigen Anregungsfrequenzen eingetragen sowie die relativen Intensitäten, die mit den verschiedenen Farbstoffen erreicht werden können. Die Anordnung nach Abb. 7 ist dann anwendbar, wenn die Stokessche Welle nur über einen kleinen Frequenzbereich abgestimmt werden muß. Bei größerem Abstimmbereich (einige nm) bleiben die Strahlen nicht mehr kollinear, da die Überlagerung durch ein Dispersionsprisma erfolgt. Als Anwendungsbeispiel seien Dichtefluktuationsmessungen in Freistrahlen angeführt; ω_S wird dabei auf die Q(6)-Linie von N_2 bei 584,6 nm abgestimmt. Den ganzen Abstimmbereich des Farbstoffes (einige 10 nm) kann man ausnützen mit einer Anordnung nach Abb. 9.

Das Prinzip dieses Aufbaues besteht darin, daß durch 4 identische Prismen $P_1 P_1' P_2 P_2'$ die Anregungsstrahlen kollinear bleiben. Der Farbstofflaser selbst wird über einen zusätzlichen Arm abgestimmt, was gleichzeitig den Koma-Fehler der Laserkavität kompensiert [25].

SCHLUSSFOLGERUNG

Durch ihre Vorteile gegenüber der spontanen Raman-Streuung wie besserer Streuwirkungsgrad, räumliche Kohärenz der Streustrahlung und bessere spektrale Auflösung erscheint die CARS-Methode als eine zweckmäßige Ergänzung der Raman-Meßmethoden. Besonders zwei Anwendungsrichtungen scheinen erfolgversprechend:

- die Spektroskopie mit hoher Auflösung. Mit der Dauerstrich-CARS-Anordnung kann eine 100 bis 1000-fache höhere spektrale Auflösung erreicht werden als mit der klassischen Raman-Methode;

- Bestimmung von Dichte und Temperatur in gasdynamischen Vorgängen mit starkem Eigenleuchten, wie z.B. Verbrennungen, Plasmen, Gasentladungen.

REFERENZEN

1. G.F. Widhopf, S. Lederman, AIAA J.9,w(1971) 309.
2. J.M. Kellam, M.M. Glick, AIAA J. 10, 10 (1972) 1389.
3. M. Lapp, C.M. Penney, J.A. Asher, Aerospace Research Laboratories Report ARL 73-0045 (1973).
4. D.A. Leonard, Optical and Quantum Electronics 7 (1975) 197.
5. R. Bailly, M. Pealat, J.P.E. Taran, Optics Com. 17, 1 (1976) 68.
6. K. Lapp, L.M. Goldman, C.M. Penney, Science 175 (1972) 1112.
7. W. Stricker, Combustion and Flames 27 (1976) 133.
8. R.L. Byer, Optical and Quantum Electronics 7 (1975) 147.
9. D.L. Huber, Phys. Rev. 178 (1969) 93.
10. H. Rosen, P. Robrish, O. Chamberlain, Appl. Optics 14, 11 (1975) 2703.
11. P.T. Woods, B.W. Jolliffe, Optics and Laser Technology, Februar 1978, 25.
12. M.D. Maker, R.W. Terhune, Phys. Rev. 137 (1965) A 801.
13. P.R. Regnier, J.P.E. Taran, Appl.Phys.Letters 23, 5 (1973) 240.
14. T. Chabay, G.K. Klauminzer, Appl. Phys. Letters 28, 1 (1976) 27.
15. E. Yablonovitch, C. Flytzanis, N. Blombergen, Phys. Rev. Letters 29 (1972) 865.
16. R.R. Begley, A.B. Harvey, R.L. Byer, Appl. Phys. Letters 25, 7 (1974) 387.

17. P.R. Regnier, J.P.E. Taran, Appl. Phys. Letters 23, (1973) 5.
18. F. Moya, S. Druet, M. Pealat, J.P. Taran, AIAA paper 76-29, Washington 1976.
19. J.W. Nibler, J.R. McDonald, A.B. Harvey, Opt. Com. 18, 3 (1976) 371.
20. W.B. Roh, P.W. Schreiber, J.P.E. Taran, Appl. Phys. Letters 29, 3 (1976) 174.
21. A. Lau, M. Pfeiffer, W. Werneke, Opt. Com 23, 1 (1977) 59.
22. B. Attal, O.O. Schnepp, J.P.E. Taran, Opt. Com. 24, 1 (1978) 77.
23. J.J. Barrett, R.F. Begley, Appl. Phys. Letters 27, 3 (1975) 129.
24. A. Hirth, K. Vollrath, CW CARS from Gases, Opt. Com. 18 (1976) 213.
25. A. Hirth, Französisches Patent 78.10264.

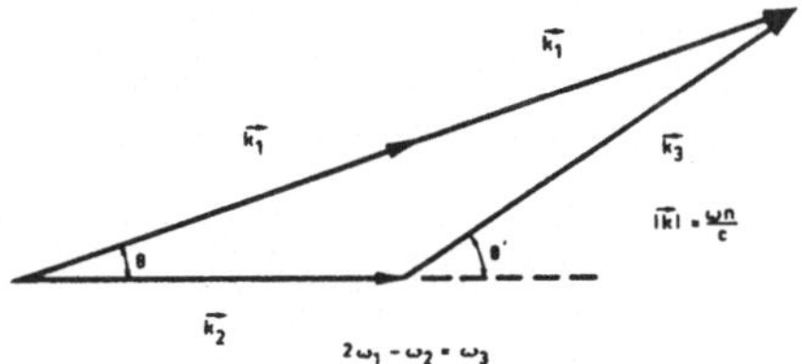

Abb. 1

Räumliche Kohärenz bei CARS

	spontane Ramanstreuung	CARS
Konzentration	N	N^2
Streuquerschnitt	$\frac{d\sigma}{d\Omega}$	$(\frac{d\sigma}{d\Omega})^2$
Anregungsintensität	P	$P_1^2 \cdot P_2$
Linienbreite	Γ	Γ^2
Anregungsfrequenz	ω^4	ω^4
Nachweisgrenze	1-10 ppm	100-1000 ppm

Abb. 2

Relative Eigenschaften von spontaner Raman-Streuung und CARS

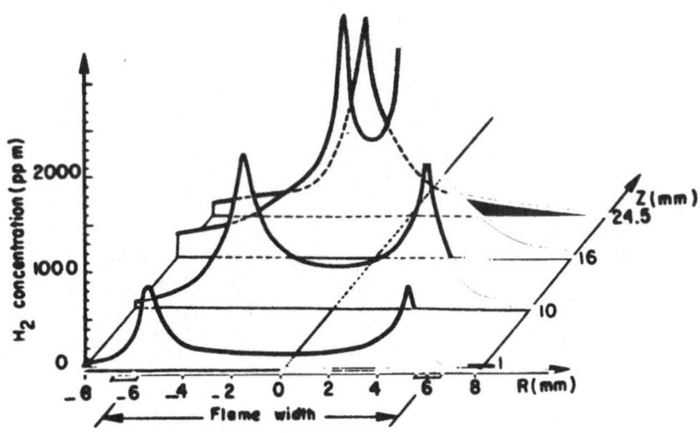

Abb. 3

Räumliche Verteilung der H_2-Konzentration in einem Bunsenbrenner

R = Radius, Z = Höhe

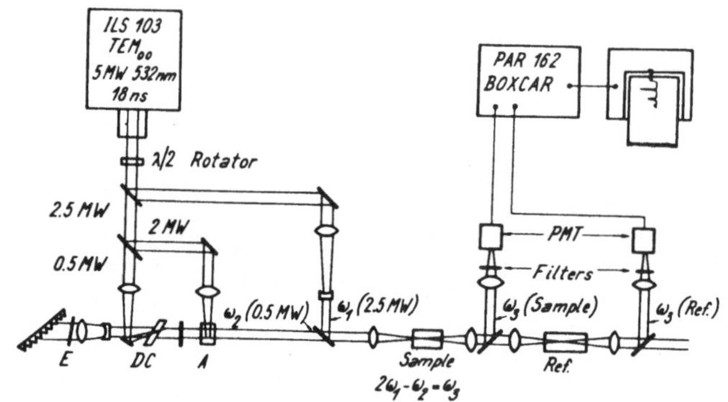

Abb. 4

CARS-Anordnung mit Impulslasern [19]

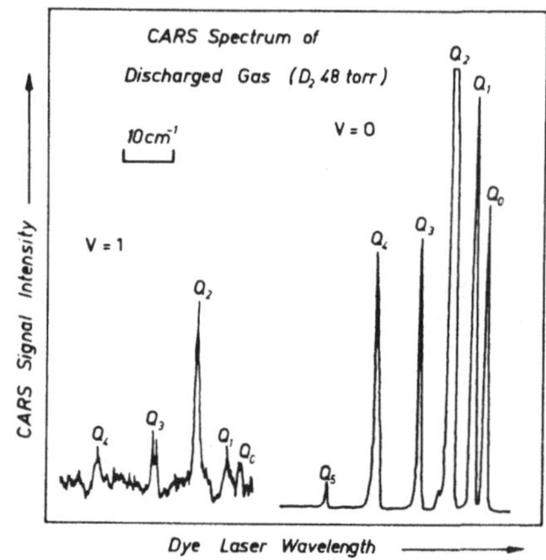

Abb. 5

Grund-Q-Zweig und heißer Q-Zweig in einer Niederdruckentladung [19]

ω_S ω_P ω_{AS} ω

B

Abb. 6

A. Normales CARS-Verfahren mit monochromatischen Anregungswellen

B. "Single shot CARS"-Verfahren mit einer Stokesschen Welle großer Bandbreite [20]

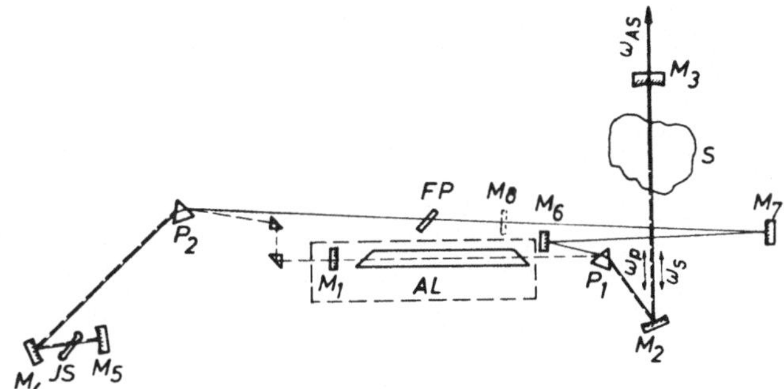

Abb. 7

CARS-Anordnung mit Dauerstrichlasern [24]. Erläuterungen im Text.

molecule	vibrational frequency [cm^{-1}]	excitation wavelength [nm]	Stokes line [nm]	Laser dye	anti-Stokes line [nm]
N_2	2331	514,5	584,6	R6G (1)	459,4
O_2	1556	514,5	559,2	R110(0,3)	476,3
H_2	4161	488,0	612,3	R6G (0,5)	405,6
CO	2145	514,5	578,3	R6G (0,7)	463,3
NO	1877	514,5	569,5	R6G (0,2)	469,2
SO_2	1361	514,5	553,2	R110(0,4)	480,8
CH_4	2914(ν_1)	514,5	605,2	R6G (0,7)	447,4
CO_2	1388	514,5	554,1	R110(0,4)	480,2

Abb. 8

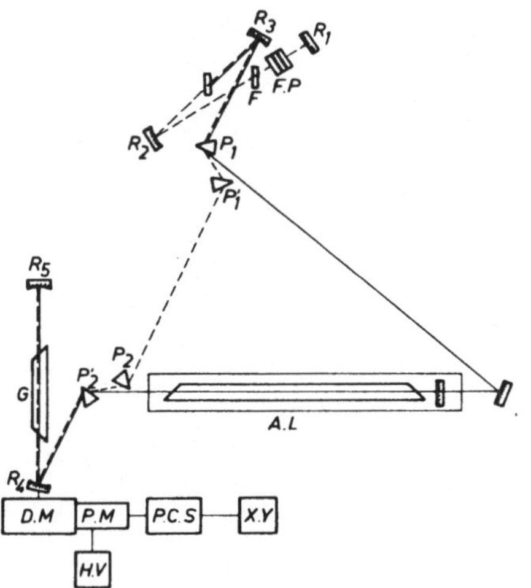

Abb. 9

CARS-Anordnung mit großem Abstimmbereich

AL Argonlaser
G Gaszelle
DM Doppelmonochromator
PCS Photonenzähler
XY Schreiber
HV Multiplier-Netzteil

Acta Physica Austriaca, Suppl. XX, 43-73 (1979)

RESONANZ-RAMAN-STREUUNG AN ZWEIATOMIGEN MOLEKÜLEN IN DER GASPHASE[+]

W. KIEFER
Physikalisches Institut
Universität Bayreuth, BRD

P. BAIERL
Physiologisches Institut
Universität München, BRD

ABSTRACT

Discrete and continuum resonance Raman scattering is discussed for the iodine molecule which essentially has only one excited electronic state responsible for resonance scattering in the visible spectral region. Quantum-mechanical calculations of the scattering amplitude and intensity were made which show good agreement with experiment. Similar calculations made for the bromine molecule, reveal interference effects between two present electronic excited states. The importance of real and imaginary part of the scattering amplitude for the case of continuum resonance Raman scattering is also discussed. Finally it is shown, how potential curves of repulsive electronic states can be derived accurately from resonance Raman data.

[+]Vortrag gehalten anläßlich der Fachtagung "Laserspektroskopie", Graz, 19.-21. Juni 1978.

I. EINLEITUNG

Unter dem Resonanz-Ramaneffekt (RRE) versteht man allgemein die Erscheinung, daß die Intensität der frequenzverschobenen Streustrahlung bei Annäherung der Wellenlänge des den Ramaneffekt erregenden Lichtes an erlaubte elektronische Absorptionsübergänge des streuenden Systems sehr stark ansteigen kann. Dies läßt sich sehr einfach durch eine semi-klassische Betrachtungsweise veranschaulichen.

Auf ein streuendes System mit Eigenfrequenzen ω_j soll eine Lichtwelle mit der elektrischen Feldstärke $\vec{E}$ und der Frequenz ω_o einfallen. Dabei wird über die Polarisierbarkeit α des Systems ein Dipolmoment $\vec{\mu} = \alpha\vec{E}$ induziert, welches mit der Frequenz $\omega_s = \omega_o \pm \omega_j$ oszilliert. α ist im allgemeinen ein polarer Tensor zweiter Stufe. Berücksichtigt man die Polarisationszustände der einfallenden (σ) und der gestreuten (ρ) Welle, so lassen sich demnach die Komponenten des induzierten Dipolmomentes $\vec{\mu}$ für einen Ramanübergang von i (<u>i</u>nitial) nach f (<u>f</u>inal) folgendermaßen berechnen:

$$\mu^{\rho}_{if} = \sum_{\sigma} (\alpha_{\rho\sigma})_{if} E^{\sigma} \; . \tag{1}$$

Die im zeitlichen Mittel abgestrahlte Leistung dieses mit der Frequenz ω_s oszillierenden Hertzschen Dipoles ist proportional zu $\overline{\ddot{\mu}^2_{if}}$ und damit auch zu $\omega^4_s \mu^2_{if}$, wobei μ_{if} jetzt das zeitlich unabhängige, induzierte Dipolmoment bedeuten soll. Für die Intensität des pro Sekunde in den gesamten Raumwinkel 4π abgestrahlten Ramanlichtes für den betrachteten Übergang ergibt sich [1]:

$$I_{if} = (8\pi/9c^4) I_o \omega_s^4 \sum_{\rho,\sigma} |(\alpha_{\rho\sigma})_{if}|^2 . \quad (2)$$

Dabei bedeuten c die Lichtgeschwindigkeit und I_o die einfallende Intensität je cm^2 und s. Die Komponenten des Polarisierbarkeitstensors $\alpha_{\rho\sigma}$ lassen sich quantenmechanisch mit Hilfe der Störungsrechnung zweiter Ordnung nach der Kramers-Heisenberg-Diracschen Dispersionsrelation [2,3] berechnen zu:

$$(\alpha_{\rho\sigma})_{if} = \frac{1}{\hbar} \sum_n \left(\frac{M^\rho_{fn} M^\sigma_{ni}}{\omega_{ni} - \omega_o} + \frac{M^\sigma_{fn} M^\rho_{ni}}{\omega_{nf} + \omega_o} \right) . \quad (3)$$

Hierin bedeuten die Ms die Übergansamplituden zwischen den durch die Indizes bezeichneten Zuständen. Diese Matrixelemente lassen sich in bekannter Weise aus den Wellenfunktionen der miteinander korrespondierenden Zuständen berechnen, z.B. $M^\rho_{fn} = \langle n|M^\rho|f\rangle$, wobei $\langle n|$ und $|f\rangle$ die Wellenfunktionen der Zustände n und f, und M^ρ die ρte Komponente des elektrischen Dipolmomentoperators bedeuten. Die Summation in Gleichung (3) erfolgt dabei über alle Eigenzustände n des streuenden Systems. Der RRE beruht nun gerade auf der Frequenzabhängigkeit der Polarisierbarkeit. Man erkennt am Resonanznenner des ersten Termes in Gleichung (3), daß die Intensität von Ramanlinien (siehe Gleichung 2) dann sehr stark zunimmt, wenn die erregende Frequenz ω_o in ihrer Größe vergleichbar mit Frequenzen ω_{ni} von Absorptionsübergängen ($n \leftarrow i$) wird. Jede Beobachtung einer Abweichung der Intensität der Streustrahlung von der ω^4-Abhängigkeit wird als Resonanzeffekt verstanden. Bei beginnender Abweichung spricht man von einem Vor-RRE, während bei tatsächlicher Koinzidenz der Energie der Erregerlinie und jener des Absorptionsüberganges dieser Effekt als strenger RRE bezeichnet wird.

II. DISKRETE UND KONTINUUMS-RESONANZ-RAMAN-STREUUNG

Zur Klassifikation der im weiteren Verlauf benutzten Begriffe normale Ramanstreuung und diskrete bzw.Kontinuums-RR-Streuung an Molekülen im gasförmigen Zustand betrachten wir Abbildung 1. Hier sind die Potentialkurven eines zweiatomigen Moleküls im Grund- und elektronenangeregten Zustand wiedergegeben. Jedem Elektronenzustand sind Schwingungs- und Rotationsniveaus zugeordnet. Der Einfachheit halber sind hier nur reine Schwingungs-Ramanübergänge eingezeichnet. Im Fall A ist das Raman-Zwischenniveau weit entfernt von angeregten Elektroneneigenzuständen des Moleküls und wir beobachten deshalb nur den gewöhnlichen Ramaneffekt. Liegt dagegen das Zwischenniveau im Gebiet diskreter Absorption (Fall B), so sprechen wir von diskreter RR-Streuung, da hier Resonanz mit den diskreten Niveaus des angeregten Elektronenzustandes stattfindet. Koinzidiert das Zwischenniveau exakt mit einem diskreten Schwingungs-Rotationsniveau des angeregten Zustandes, so tritt der Fall sehr hoher Streuintensität ein. Diese Erscheinung wird bekannterweise auch als Resonanz-Fluoreszenz (RF) bezeichnet. Wenn dagegen die einfallende Frequenz oberhalb der Dissoziationsgrenze des angeregten Elektronenzustandes in einen Bereich der kontinuierlichen Absorption fällt, so bezeichnet man die Reemission als Kontinuums-RR-Streuung. Der Prozeß D zeigt einen weiteren Fall, der auf der anti-Stokesschen Seite im Spektrum Kontinuums-RR-

Streuung, auf der Stokesschen Seite jedoch diskrete RR-Streuung ergibt. Dieser Fall tritt dann ein [4],wenn die Laserenergie, ausgehend vom Schwingungsgrundniveau (v" = 0) die Dissoziationsgrenze noch nicht, dagegen von einem angeregten Schwingungsniveau aus (in Abb. 1 z.B. v" = 4) das Kontinuum erreicht.

Diskrete und Kontinuums-RR-Spektren haben sehr verschiedenes Aussehen und unterscheiden sich vorwiegend auch in der Größe ihrer absoluten Intensität. Diskrete RR-Streuung ist meist um mehrere Größenordnungen intensiver als die Kontinuumsstreuung. Deswegen wurden auch bei weitem mehr experimentelle Untersuchungen auf dem Gebiet des diskreten RR-Effektes durchgeführt. Von Seiten der Theorie konnte vor allem Behringer [5,6] zeigen, daß die Resonanzfluoreszenz als ein Spezialfall der diskreten RR-Streuung aufgefaßt werden kann, nämlich dann, wenn nur ein einzelnes diskretes Niveau in exakter Resonanz mit dem Zwischenniveau des Streuprozesses ist. Früher [7] war man wegen der experimentell beobachtbaren, markanten Unterschiede in den Streuspektren der Auffassung, daß es sich bei der RF und dem RRE um zwei physikalisch verschiedene Streuprozesse handeln müßte. Experimentelle Ergebnisse, welche diese scheinbaren Unterschiede [8,9] aufzeigen, wurden vorwiegend am Molekül Jod gewonnen. Bei beiden Prozessen beobachtet man neben der Grundschwingungslinie noch eine Vielzahl von Obertönen. Die Intensität der Banden innerhalb der RF-Obertonserie ändert sich dabei irregulär, während die Maximumsintensität des Kontinuums-RR-Spektrums mit zunehmender Änderung der Schwingungsquantenzahl (Δv) monoton abnimmt [8,9]. Die Halbwertsbreiten der RF-Linien bleiben konstant, die der Kontinuums-RR-Linien nehmen jedoch stetig zu. In beiden Spektren beobachtet man bei größerer Auflösung Rotationsstrukturen, die sich bei der RF als Dubletts (depolarisiert) bemerkbar machen, während die Kontinuums-RR-Streuung eine Vielzahl von Rotations-Schwingungslinien (zum Teil polarisiert) aufweist.

Die Tatsache, daß allgemein bei der diskreten RR-Streuung vorwiegend nur eine Dublett-Serie, bei der Kontinuums-RR-Streuung dagegen eine Vielzahl von Schwingungs-Rotations-Ramanübergängen beobachtet wird, läßt sich anhand einer bereits 1961 von Albrecht [10,11] in ihren Grundzügen entwickelten und von Williams und Rousseau [9,12] weitergeführten RR-Theorie erklären, die jedoch einige bereits von Behringer [1,5,6] in seinen früheren Arbeiten angeführte wesentliche Gedankengänge enthält. Wir gehen aus von der Kramers-Heisenberg-Dirac-Relation (Gleichung 3). Im Resonanzfall ($\omega_o \simeq \omega_{ni} \simeq \omega_{nf}$) liefert der zweite Term in Gleichung (3) im Vergleich zum ersten keinen wesentlichen Beitrag und kann deshalb vernachlässigt werden. Der Einfachheit halber lassen wir auch die Polarisationsindizes ρ,σ weg und erhalten damit aus (3):

$$(\alpha)_{if} = \frac{1}{\hbar} \sum_n \frac{M_{fn} M_{ni}}{\omega_{ni}-\omega_o} \quad . \qquad (4)$$

Bei einer quantitativen Berechnung der RR-Intensitäten wäre demnach die genaue Kenntnis aller Wellenfunktionen des Moleküls im Elektronengrundzustand sowie in seinen sämtlichen angeregten Elektronenzuständen erforderlich. Da diese Funktionen in ihrer allgemeinen Form nicht bekannt sind, sind wir zu Näherungen gezwungen. Zunächst bietet sich die bewährte Born-Oppenheimer-Approximation an, d.h., wir nehmen die Bewegung der Kerne als unabhängig von der Lage der Elektronen an. Die Bewegung der Elektronen soll adiabatisch jener der Kerne folgen. Damit läßt sich die Gesamtwellenfunktion in eine für die Elektronen und eine für die Kerne separieren.

Man nimmt ferner an, daß die rein elektronischen Matrixelemente nur schwach veränderliche Funktionen des Kernabstandes sind, und kann so die elektronischen Matrixelemente in eine sehr schnell konvergierende Taylor-Reihe entwickeln (Herzberg-Teller-Entwicklung). Diese Näherungen führen letzten Endes zu einer Trennung der Matrixelemente in einen rein elektronischen, einen reinen Schwingungs- und einen reinen Rotationsanteil:

$$(\alpha)_{if} = \frac{1}{\hbar} \sum_{e} \sum_{v_e} \frac{N^{o}_{eg} N^{o}_{eg} \langle v_f | v_e \rangle \langle v_e | v_i \rangle}{\omega_{v_e i} - \omega_o} \cdot b_e^{\Delta J} \qquad (5)$$

$n \rightarrow (e, v_e)$: der allgemeine Zustand n wurde jetzt spezifiziert

e : Elektronenzustände

v_e: Die zu e gehörenden Schwingungszustände

N^{o}_{eg}: rein elektronisches Übergangsmoment zum Elektronenzustand e, berechnet für die Gleichgewichts-Konfiguration des Grundzustandes. $N^{o}_{eg} = N^{o}_{ge} = \text{const.}$

$b_e^{\Delta J}$: Faktor, der sich aus den Rotations-Matrixelementen berechnet.

Beim Jodmolekül ist die Absorption im sichtbaren Spektralgebiet fast vollständig auf den Übergang vom Grundzustand ($X(^1\Sigma^+_{og})$) zu einem einzigen Elektronenzustand ($B(^3\Pi^+_{ou})$) zurückzuführen [13]. Beschränken wir uns auf Beiträge nur von diesen Übergängen, so ergibt sich:

$$(\alpha)_{if} = \frac{1}{\hbar} (N^o_{B\leftarrow X})^2 b^{\Delta J}_{B\leftarrow X} \sum_{v_e} \frac{\langle v_f | v_e \rangle \langle v_e | v_i \rangle}{\omega_{v_e i} - \omega_o} \quad . \qquad (6)$$

Summiert wird jetzt nur noch über die durch die entsprechenden Frequenznenner dividierten Produkte zweier Franck-Condon-(FC)-Faktoren. Da jetzt nur noch FC-Faktoren und keine Dipol-Matrixelemente in der Summation vorkommen, bestehen auch keinerlei Beschränkungen in den Schwingungsauswahlregeln mehr. Damit werden Übergänge mit $\Delta v > 1$ (Obertöne) erlaubt, deren Intensitäten sehr groß sein können und von der Größe der entsprechenden FC-Faktoren abhängen.

Bisher haben wir die Störungstheorie zweiter Ordnung in ganz allgemeiner Form weiterentwickelt und keine Unterscheidung zwischen diskreter und Kontinuums-RR-Streuung getroffen. Bei der diskreten RR-Streuung können wir nun eine weitere Vereinfachung treffen: wenn die einfallende Frequenz ω_o in diskreter Resonanz mit einem einzigen Übergang vom Zustand $i(v_i, J_i)$ zum Zustand $e(v_e, J_e)$ ist ($\omega_o = \omega_{v_e i}$), so dominiert genau dieser Übergang in der Summation von (6), d.h., der Beitrag aller anderen Molekülübergänge zur RR-Intensität ist im Vergleich dazu klein und kann somit vernachlässigt werden. Weiterhin müssen wir an dieser Stelle einen Dämpfungsterm $i\Gamma$ im Nenner von (6) einführen, da wir es mit Übergängen zwischen scharfen, aber doch endlich breiten Niveaus zu tun haben.

Für die Intensität einer diskreten RR-Linie ergibt sich somit ((6) in (2)):

$$I_{if}^{d} = \frac{8\pi}{9c^4} \cdot I_o \cdot \omega_s^4 \cdot \frac{(N^o)^4 (b^{\Delta J})^2}{\hbar^2} \cdot \frac{|\langle v_f | v_e \rangle \langle v_e | v_i \rangle|^2}{(\omega_{v_e i} - \omega_o)^2 + \Gamma^2} \cdot \quad (7)$$

Aus dieser Intensitätsformel erkennen wir, daß die Struktur im Spektrum des re-emittierten Streulichtes bei diskreter Resonanz stark abhängig ist von dem speziellen, mit der Erregerfrequenz ω_o in exakter Resonanz stehenden Schwingungs-Rotationszustand (v_e, J_e). Die Intensität aufeinanderfolgender Obertöne kann sich somit drastisch ändern, weil sie von den FC-Faktoren, welche den speziellen diskreten Zwischenzustand (v_e) mit dem Ausgangs- (v_i) und den Endzuständen (verschiedene Obertöne → verschiedene v_f) kombiniert, abhängt und sich die Wellenfunktionen aufeinanderfolgender diskreter Schwingungszustände im Grundzustand stark ändern. Damit ist die für diskrete RR-Streuung erwähnte starke Variation der Maximum-Intensität innerhalb der Obertonserie erklärt. Die Dipol-Übergangs-Auswahlregel $\Delta J = \pm 1$ (Term $b^{\Delta J}$ in Gleichung (7)) erklärt weiterhin, warum bei der Reemission nur ein Dublett, d.h. eine P- und eine R-Linie beobachtet werden.

Bei der Resonanzerregung im Absorptionskontinuum ist nun nicht mehr nur ein einzelner diskreter Schwingungs-Rotations-Absorptionsübergang dominierend und wird als solcher bei der re-emittierten Strahlung wiedergespiegelt, sondern sämtliche rovibronischen Zustände im Elektronengrundzustand, die nicht zu vernachlässigende Besetzungszahlen aufweisen, können Ausgangszustände für die kontinuierliche RR-Streuung sein. Dies ist dann der Fall, wenn jeweils das zugehörige Raman-Zwischenniveau oberhalb der Dissoziationsgrenze des angeregten Elektronenzustandes ist. Die Re-Emission, die man bei einem bestimmten Oberton beobachtet, rührt somit nicht mehr allein von einem einzigen Schwingungs-Rotations-Übergang her, sondern setzt sich zusammen aus Ramanübergängen aller besetzten Zustände des Elektronengrundzustandes. Bei der Berechnung der Intensität einer Gesamtbande müssen wir deswegen zusätzlich über alle möglichen Übergänge, die zu einem bestimmten Δv gehören, summieren.

Da wir es bei der kontinuierlichen Absorption oberhalb der Dissoziationsgrenze auch mit einem Kontinuum von Schwingungseigenfuntkionen des Moleküls zu tun haben, kann die Gleichung (6) angeführte Summation über die Schwingungszustände (v_e) durch eine Integration ersetzt werden. Weiterhin erlaubt uns das Kontinuum, unendlich "schmale" Zustände anzunehmen. Damit ist es nicht notwendig, ein zusätzliches Dämpfungsglied einzuführen. Die Singularität im Integral bei exakter Resonanz ($\omega_{v_e i} = \omega_o$) kann dabei nach Einführung der Dichte der kontinuierlichen Zustände $\rho(\omega_{v_e})$ auf die übliche Weise [14] durch Zerlegung des Integrals in einen reellen Hauptwert und in einen Imaginärteil umgangen werden.

$$(\alpha)_{if} = \frac{1}{\hbar} (N^o)^2 b^{\Delta J} \cdot \{Re + Im\} \tag{8}$$

mit

$$Re = P \int_o^\infty \frac{\langle v_f | v_e \rangle \langle v_e | v_i \rangle}{\omega_{v_e} - \omega_o} \rho(\omega_{v_e}) d\omega_{v_e} \tag{8a}$$

und

$$Im = -i\pi \langle v_f | v_e \rangle \langle v_e | v_i \rangle \rho(\omega_{v_e}) |_{\omega_{v_e} = \omega_o} \quad . \tag{8b}$$

Bei nur einem zur Kontinuum-RR-Streuintensität beitragenden Elektronenzustand ergibt sich somit für die Gesamtintensität einer im RR-Spektrum beobachtbaren Bande:

$$I = \sum_{i,f} I_{if}$$

mit

$$I_{if} = \frac{8\pi}{9c^4} I_o \omega_o^4 B_{V_i} B_{J_i} \frac{(b^{\Delta J})^2 (N^o)^4}{\hbar^2} (Re^2 + Im^2) \tag{9}$$

wobei

B_{V_i} = Boltzmann-Besetzungsfaktoren für den Schwingungs-Anfangszustand

und

B_{J_i} = Boltzmann-Besetzungsfaktor für den Rotations-Anfangszustand.

Die große Anzahl von sich überlagernden Schwingungs-Rotations-Ramanbanden hat einen Mittelungseffekt auf die Gesamt-Obertonintensität zur Folge. Anders als bei der diskreten RR-Streuung ändern sich deswegen die Intensitäten innerhalb der Obertonserie nicht sprunghaft, sondern nur langsam und systematisch in Übereinstimmung mit dem Verlauf der Intensität in den beobachteten Spektren.

Eine gute Bestätigung der oben angeführten, relativ vereinfachten Theorie brachten numerische Berechnungen, die für das Jodmolekül, bei dem eine Vielzahl von Elektronen-Schwingungs-Rotationszuständen aus Absorptions- und Emissionsspektren sehr genau bekannt waren, von Williams und Rousseau [12] zum ersten Mal für die $I_{\perp}$-Komponente [15] der Streustrahlung (anisotroper Streuanteil) durchgeführt wurden. Wir haben entsprechende Rechnungen für die $I_{\parallel}$-Komponente (isotroper + anisotroper Streuanteil) durchgeführt und mit den experimentell beobachteten Spektren [16] verglichen. Ausgehend allein von den spektroskopischen Molekül-Konstanten (ω_e, $\omega_e x_e$, $\omega_e y_e$,...,B_e, α_e, δ_e,...,r_e, D_e, τ_e, T_e, etc.) des Jodmoleküls wurden die Potentialkurven des Grund- und des angeregten Zustandes (B) mit der Rydberg-Klein-Rees-Methode [17-19] unter Zuhilfenahme von durch Zare [20] entwickelten und von Williams und Rousseau [12] angewandten Computerprogrammen berechnet. Die kontinuierlichen Wellenfunktionen des angeregten Zustandes und die diskreten Wellenfunktionen des Grundzustandes wurden numerisch mit der Numerov-Methode [20] bestimmt. Sodann wurden die FC-Überlappungsintegrale und die RR-Intensitäten nach Gleichung (9) numerisch berechnet. Für Q-, O- und S-Zweige wurden jeweils für 10 Schwingungsübergänge (1 Fundamentalschwingung + 9 heiße Banden) und für die dazugehörigen jeweiligen 400 Rotationsübergänge (J" = 0,...,399), also für insgesamt 3 x 10 x 400 = 12.000 verschiedene Schwingungs-Rotations-Ramanübergänge deren Intensitäten nach (9) berechnet und aufsummiert. Das so erhaltene Strichspektrum wurde mit der experimentell bestimmten Spektrometerspaltfunktion gefaltet und anschließend ausgeplottet. Die zur Berechnung der Besetzungszahlen im Grundzustand notwendige Temperatur wurde ebenfalls experimentell bestimmt [16]. Damit brauchten, abgesehen von der Normierung der absoluten Intensität des Spektrums, keinerlei Anpassungsparameter verwendet werden. An zwei Beispielen sollen in Abb. 2 ($\Delta v = 3$) und Abb. 3 ($\Delta v = 8$) die auf diese Weise fundamental berechneten RR-Banden den registrierten Spektren gegenübergestellt werden. In Anbetracht der vielen in der oben skizzierten Theorie gemachten Vereinfachungen ergibt sich eine sehr gute Übereinstimmung zwischen Rechnung und Experiment. Die geringfügigen Diskrepanzen sind sehr wahrscheinlich auf die Tatsache zurückzuführen, daß in den Rechnungen die Beiträge, herrührend von den diskreten Niveaus des angeregten, gebundenen Zustandes und vom Kontinuum eines weiteren Elektronenzustandes, der allerdings im Vergleich zum B-Zustand nur schwache Oszillatorenstärken besitzt, vernachlässigt wurden.

Aufgrund der sehr guten Übereinstimmung auch bei Berechnungen, die für andere Erregerfrequenzen durchgeführt worden sind, und da somit eine vollständige Verifizierung des experimentellen Spektrenmaterials erfolgte, können wir mit Sicherheit die Schlußfolgerung ziehen, daß die Kontinuums-RR-Intensitäten vorwiegend durch die Überlappung der Schwingungswellenfunktionen zwischen Elektronen-Grundzustand und angeregtem Elektronenzustand bestimmt sind. Der bereits 1958 von Behringer [1] vermutete Zusammenhang zwischen RR-Intensität und FC-Faktoren konnte so in überzeugender Weise bestätigt werden.

III. KONTINUUMS-RESONANZ-RAMAN-STREUUNG ÜBER ZWEI ANGEREGTE ELEKTRONENZUSTÄNDE (INTERFERENZEFFEKTE)

Obwohl das Brom- dem Jodmolekül im Aufbau sehr ähnlich ist, ergaben sich bei der resonanten Ramanstreuung an diesem ebenfalls im sichtbaren Spektralgebiet absorbierenden, zweiatomigen Molekül neue, grundlegende Aspekte. Dies liegt daran, daß bei Br_2 neben dem angeregten bindenden B-Zustand noch ein weiterer, nicht-bindender Zustand ($^1\Pi_{1u}$) mit abstoßendem Potential zur kontinuierlichen Absorption im sichtbaren Spektralgebiet beiträgt. Dieser angeregte Elektronenzustand ist zwar beim Jodmolekül auch vorhanden, der Übergang vom Grundzustand X aus besitzt aber im Vergleich zum Übergang B $\leftarrow$ X beim Jodmolekül nur ein sehr kleines elektronisches Dipolmoment (N^o), während bei Br_2 dieser Zustand mit abstoßendem Potential sogar den Hauptanteil der Absorption im blauen Spektralbereich ausmacht. In Abb. 4 sind die Potentialkurven sowie die einzelnen Beiträge beider angeregter Elektronenzustände ($^3\Pi^+_{ou}$, $^1\Pi_{1u}$) zur Gesamtabsorption dargestellt [21]. In diese Abbildung sind die Energien zweier Linien des Argonionen-Lasers (457,9 und 501,7 nm) ausgehend vom Schwingungsgrundzustand eingezeichnet, um die Lage der Raman-Zwischenniveaus relativ zu den angeregten kontinuierlichen Zuständen aufzuzeigen. Die Zwischenniveaus würden noch bei höheren Energien liegen, wenn der Streuprozeß von schwingungsangeregten Niveaus des Elektronen-Grundzustandes ausgehen würde. Man erkennt deutlich, daß bei Verwendung der sichtbaren Linien des Argonionen-Lasers zur Erregung von RR-Spektren in Brom die Zwischenniveaus ein Gebiet überstreichen, dessen Absorption auf beide kontinuierliche Zustände zurückzuführen ist. Damit läßt sich der Einfluß zweier Elektronenzustände auf die Kontinuums-RR-Intensität studieren. Mit einigen der zur Verfügung stehenden Linien des Argonionen-Lasers (501,7, 496,5, 488,0, 476,5 und 457,9 nm) wurden vollständige Kontinuums-RR-Spektren der Isotopenmoleküle $^{79}Br_2$ und $^{81}Br_2$ und von natürlichem Brom, einem Gemisch aus $^{79}Br_2$, ^{79}Br ^{81}Br und $^{81}Br_2$, registriert 22 und jeweils eine umfassende Schwingungs-Rotations-Analyse für alle beobachteten RR-Linien durchgeführt [22-24]. Daneben wurde auch die Abhängigkeit der Bandenstruktur von der Frequenz des den Kontinuums-RR-Effekt erregenden Lichtes erforscht [22,24].

Analog zu den Berechnungen, die für das Jodmolekül durchgeführt wurden, versuchten wir auch für die Brom-Moleküle $^{79}Br_2$ und $^{81}Br_2$ simulierte Spektren zu erhalten [25], wobei zunächst nur die Resonanz mit dem Dissoziations-Kontinuum des B-Zustandes berücksichtigt wurde. Dabei ergaben sich starke Diskrepanzen zu den experimentell beobachteten Spektren und damit die Notwendigkeit, auch das Kontinuum des abstoßenden Potentials mit in die Rechnung einzubeziehen. Nach Gleichung (9) wurden die RR-Intensitäten für die beiden Absorptionsübergänge $B \leftarrow X$ und $^1\Pi \leftarrow X$ berechnet, und zwar in der Weise, als ob jeweils nur einer der beiden Zustände vorhanden wäre. Die Summation dieser beiden einzelnen Intensitätsbeiträge wurde dann mit dem experimentell ermittelten Spektrum verglichen. Abermals ergab sich keine Übereinstimmung. Erst eine strenge Rechnung, welche auch Mischterme (Produkte der Amplituden von beiden Zuständen) berücksichtigte, führte zu einem befriedigenden Ergebnis.

Diese genauen numerischen Rechnungen von Ramanintensitäten [25] und ihr Vergleich mit den beobachteten

Spektren zeigten zum ersten Mal, daß bei der resonanten Ramanstreuung an Gasen Interferenzerscheinungen zwischen zwei angeregten elektronischen Zuständen auftreten können [26-28]. Dies soll am Beispiel des mit einer Laserlinie von 501,7 nm erregten Kontinuums-RR-Spektrum des Grundtones ($\Delta v = 1$) von $^{79}Br_2$ aufgezeigt werden. Abb. 5 zeigt im obersten Teil das experimentell beobachtete Spektrum mit vorwiegend drei dominanten Q-Zweigen ($1 \leftarrow 0$, $2 \leftarrow 1$, $3 \leftarrow 2$). Weiterhin sind in dieser Abbildung die berechneten RR-Banden dargestellt, wie sie sich ergeben, wenn nur der B-Zustand (Spektrum ganz unten), nur der $^1\Pi$-Zustand (2. Spektrum von unten) oder beide Zustände (2. Spektrum von oben) gleichzeitig zur RR-Intensität beitragen. Die unter Einbeziehung eines Interferenz-Termes (Mischterm) durchgeführte Rechnung stimmt sehr gut mit dem beobachteten Spektrum (Abb. 5 oben) überein, während die bloße Addition der Einzelbeiträge (untere beiden Spektren von Abb. 5) beider Elektronenzustände, z.B. für die Q ($1 \leftarrow 0$)-Bande eine viel zu hohe Intensität ergeben würde. Dieser Sachverhalt ist nochmals in Abb. 6 dargestellt, in welcher das Bandenprofil mit (oben) und ohne (unten) Einschluß des Interferenztermes gegenübergestellt ist. Der Term, welcher hier offenbar destruktive Interferenz erzeugt, ergibt sich aus der Tatsache, daß sich die Amplituden der RR-Streuung für jeden der beiden Elektronen-Zustände aus einem zugehörigen Real- (Re) und Imaginärteil (Im) zusammensetzt (siehe Gleichung 8) und sich somit die RR-Intensität aus dem Betragsquadrat von α auf folgende Weise berechnet:

$$|\alpha|^2 = \frac{1}{\hbar^2}\Big(\underbrace{|N^o|^4_{B\leftarrow X}(b_B^{\Delta J})^2\{Re_B^2+Im_B^2\}}_{\text{Beitrag von } B\leftarrow X \text{ allein}} + \underbrace{|N^o|^4_{{}^1\Pi\leftarrow X}(b_{{}^1\Pi}^{\Delta J})^2\{Re^2_{{}^1\Pi}+Im^2_{{}^1\Pi}\}}_{\text{Beitrag von } {}^1\Pi\leftarrow X \text{ allein}}+$$

$$+\underbrace{2|N^o|^2_{B\leftarrow X}|N^o|^2_{{}^1\Pi\leftarrow X}b_B^{\Delta J}b_{{}^1\Pi}^{\Delta J}\{Re_B Re_{{}^1\Pi}+Im_B Im_{{}^1\Pi}\}}_{\text{Misch-(Interferenz-)Term}}\Big) \quad .(10)$$

Im Mischterm treten nicht mehr die Quadrate der Amplituden, sondern Mischprodukte zweier Amplituden, herrührend von zwei verschiedenen Zuständen, auf, so daß dieser Term auch negatives Vorzeichen haben und so zu einer Auslöschung (destruktive Interferenz) einzelner Banden führen kann. Die gute Übereinstimmung der berechneten mit den beobachteten Bandenprofilen wurde auch für andere Erregerfrequenzen festgestellt. Es sei erwähnt, daß ähnlich wie bei den Berechnungen der Jod-Bandenprofile keinerlei Anpassungsparameter (außer der absoluten Höhe des Spektrums) verwendet wurden. Die gezeigten Spektren sind das Resultat quantenmechanischer Rechnungen, die auf der genauen Kenntnis der Schwingungs-Rotations-Eigenzustände des Brommoleküls basieren.

Es sei ferner erwähnt, daß Interferenzerscheinungen bei der RR-Streuung in Gasen vorher noch nicht beobachtet worden sind. Dagegen konnte dieser Effekt experimentell durch die Aufnahme von Anregungsprofilen bei der RR-Streuung in Halbleitern [29-31] und in Lösungen [32,33] nachgewiesen werden.

IV. DIE BEDEUTUNG VON REAL- UND IMAGINÄRTEIL DER RESONANZ-RAMAN-STREUAMPLITUDE

In der Literatur werden die Real- und Imaginärteile der Streuamplituden manchmal als resonanter Anteil (Im) und als nichtresonanter Anteil (Re) bezeichnet (siehe z.B.[34]). Dem liegt der Gedanke zugrunde, daß der Imaginärteil den Beitrag der Stelle strenger Resonanz beschreibt, während bei der Berechnung des Realteils diese Resonanzstelle gerade ausgespart wird, und nur Beiträge von weiter entfernt liegenden Zuständen berücksichtigt werden (siehe Gleichungen 8, 8a, 8b). Da es bisher keine Untersuchungen gibt, die sich anhand eines praktischen Beispiels mit dieser Fragestellung beschäftigt haben, soll hier der Real- und Imaginärteil der Raman-Streuamplitude näher diskutiert werden. Berechnet man nach Gleichung 8a und 8b die Real- bzw. Imaginärteile der Streuamplitude und deren Betragsquadrat ($Re^2 + Im^2$) für verschiedene Übergänge und trägt diese Größen gegen die Frequenzen der Zwischenzustände (d.h. gegen die Erregerfrequenz) auf, so erhält man graphische Darstellungen, wie sie z.B. für das Molekül $^{79}Br_2$ in den Abb. 7-10 dargestellt sind. Im Falle der Übergangswahrscheinlichkeiten (Betragsquadrate) stellen sie die Erregungsprofile("excitation profiles") für die entsprechende Schwingungslinie dar (z.B. in Abb. 7 Anregungsprofil der Schwingungslinie für den Übergang $v' = 1 \leftarrow v'' = 0$).

Während die Abbildungen 7-10 den spektralen Verlauf einzelner Schwingungslinien wiedergeben, erkennt man in den Abbildungen 11-13, wie sich bei festgehaltener Erregerfrequenz (Abb. 11: 501.7 nm; Abb. 12: 488,0 nm; Abb. 13: 457,9 nm) das Gesamtbandenprofil (oberes Spektrum) aus den Einzelbeiträgen von Real- bzw. Imaginärteil der Streuamplitude zusammensetzt. Das Gesamtspektrum ist hier die algebraische Summe der beiden Einzelbeiträge (siehe auch Gleichung (8)). Entsprechende Berechnungen wurden auch für die Erregerwellenlängen 496,5 nm und 476,5 nm durchgeführt. Aus den Berechnungen dieser Bandenprofile und ihrer Aufteilung in Real- und Imaginärteil läßt sich folgendes feststellen:

a) Die Beiträge der Real- bzw. der Imaginärteile zur Intensität der Gesamtbande sind i.a. von gleicher Größenordnung.

b) Welche Schwingungsübergänge in den nur mit dem Realteil gerechneten Spektren stark hervortreten, und welche in den mit dem Imaginärteil gerechneten, scheint auf den ersten Blick völlig willkürlich zu sein.

Die in den Abbildungen 11-13 beobachtbare scheinbar systemlose Aufteilung läßt sich durch Vergleich mit den Abbildungen 7-10 für die Schwingungsübergänge $v' = 1 \leftarrow v'' = 0$ und $v' = 2 \leftarrow v'' = 1$ leicht erklären. Als Beispiel dazu betrachten wir in Abb. 13 (457,9 nm) die erste heiße Bande ($v' = 2 \leftarrow v'' = 1$). Sie wird fast ausschließlich vom Realteil gebildet. Die mit der Laserlinie 457,9 nm vom Schwingungszustand $v'' = 1$ aus erreichbare Energie des Zwischenzustandes liegt bei ca.22.300 cm^{-1}. Aus den Abbildungen 8 und 10 erkennt man, daß bei dieser Erregerfrequenz für beide Elektronenzustände (Abb. 8: B-Zustand; Abb. 10: $^1\Pi$-Zustand) die Imaginärteile der Streuamplituden Null sind, während die Realteile einen erheblich von Null verschiedenen Wert aufweisen (negative Streuamplitude des Realteils).

In Abb. 12 (Erregerwellenlänge 488 nm) wird dagegen derselbe Q-Zweig (v' = 2 ← v" = 1) nur vom Imaginärteil der Streuamplitude gebildet. Die Energie des Zwischenzustandes beträgt in diesem Fall ca. 21.000 cm^{-1}. In den Abbildungen 8 und 10 ist zu sehen, daß der Realteil der Streuamplitude bei dieser Frequenz entweder Null ist (Abb. 10, Streuung über den $^1\Pi$-Zustand) oder gerade ein Minimum durchläuft (Abb. 8, Streuung über den B-Zustand).

Die Aufteilung der Streuamplitude bzw. der Intensität einer Resonanz-Ramanbande in ihren Real- und ihren Imaginärteil ist demnach eine unmittelbare Folge der Anwendung des Franck-Condon-Prinzips auf den Resonanz-Ramaneffekt. Sie spiegelt den durch die Überlappung der Wellenfunktion von Grundzustand und angeregtem Zustand bewirkten Verlauf der Streuamplituden wieder, wie er in den Abbildungen 7 bis 10 gezeigt ist. Es konnte kein Hinweis dafür gefunden werden, daß der resonante Streuprozeß nur eine Folge des Imaginärteils ist. Imaginär- und Realteil tragen in gleicher Weise zur Gesamt-Resonanz-Ramanstreuintensität bei. Es ist deshalb nicht gerechtfertigt, ihnen verschiedene physikalische Prozesse zuzuordnen, wie man dies z.B. im Falle des komplexen Brechungsindexes tun kann (Absorption und Dispersion). Real- und Imaginärteil der Amplitude entstehen beim resonanten Kontinuums-Ramanstreuprozeß als Folge der mathematischen Behandlung der Integration über eine Singularität.

V. BESTIMMUNG DES POTENTIALVERLAUFS ABSTOSSENDER ELEKTRONENZUSTÄNDE ÜBER RESONANZ-RAMAN-INTENSITÄTEN

Die Bestimmung des Potentials abstoßender Elektronenzustände ist im allgemeinen relativ schwierig und ungenau. Beim Brommolekül gab es bislang nur zwei Literaturangaben [21,35] über den Potentialverlauf des $^1\Pi$-Zustandes. In beiden Fällen wurde versucht, mit Hilfe des Franck-Condon-Prinzips das berechnete Absorptionsprofil dem gemessenen anzupassen. Da dieses Profil relativ wenig Struktur und damit wenig Information aufweist (siehe Abb.4), ist diese Anpassung naturgemäß ungenau.

Die Computer-Simulation von experimentell beobachteten RR-Spektren stellt dagegen eine sehr empfindliche Methode zur genauen Bestimmung solcher sonst schwierig zu messender Potentialverläufe dar. Der große Informationsgehalt, der von jedem experimentell bestimmten RR-Spektrum erhalten werden kann (z.B. relative Intensität der heißen Banden von Q-Zweigen, S-Zweigen, usw.) läßt sich durch die Anwendung von Erregerlinien verschiedener Frequenzen noch weiter vervielfachen. Darüberhinaus haben schon sehr kleine Änderungen des Potentialkurvenverlaufs angeregter Elektronenzustände drastische Intensitätsänderungen in den berechneten Bandenprofilen resonant erregter Ramanspektren zur Folge.

In der Abb. 14 wird dies am Beispiel des mit der Erregerwellenlänge von 496.5 nm gemessenen RR-Spektrums demonstriert. Die berechneten Spektren wurden mit drei verschiedenen Ansätzen für die $^1\Pi_{1u}$-Potentialkurve erhalten. Im Spektrum A wurde, wie bei allen bisher hier gezeigten Spektren ein Potential verwendet, das auf Bayliss [35] zurückgeht. Wie bereits erwähnt, stimmen alle mit dieser Potentialkurve simulierten RR-Spektren der Brom-Grundschwingung sehr gut mit dem gemessenen überein. Für das in Abb. 14 mit B gekennzeichnete Spektrum wurde die von Leroy et al. [21] angegebene Potentialkurve verwendet. Das damit berechnete Bandenprofil stimmt im

Gegensatz zu Spektrum A nur wenig mit dem beobachteten überein. Um die Empfindlichkeit der Lage der Potentialkurve auf das simulierte RR-Spektrum zu demonstrieren, wurde mit dem Ansatz C (Abb. 14) eine um 0.02 Å zu kleineren Kernabständen R hin verschobenen Potentialkurve zur Berechnung des Bandenprofils verwendet. Man beobachtet trotz der relativ geringen Verschiebung der Potentialkurve (∿ 1%) eine erhebliche Abweichung des berechneten vom beobachteten Spektrum.

Durch die diskutierte Computer-Simulation der RR-Spektren läßt sich beim Brom der Potentialverlauf des abstoßenden $^1\Pi_{1u}$-Zustandes mit einer Genauigkeit von ± 0.0005 Å in einem Bereich von 2.2 Å bis 2.5 Å festlegen [25]. Diese Methode ist somit allen anderen bisher angewandten spektroskopischen Untersuchungsmethoden zur Bestimmung von abstoßenden Elektronenzuständen an Genauigkeit weit überlegen.

REFERENZEN

1. siehe z.B. J. Behringer, Z. Elektrochemie, Ber. Bunsenges. Phys. Chemie 62 (1958) 906.
2. H.A. Kramers, W. Heisenberg, Z. Physik 31 (1925) 681.
3. P.A.M. Dirac, Proc. Roy. Soc. London 114 (1927) 710.
4. W. Kiefer, H.J. Bernstein, J. Chem. Phys. 57 (1972) 3017.
5. J. Behringer, in Molecular Spectroscopy, R.F. Barrow, D.A. Long, D.J. Millen, Eds., The Chemical Society, London, Vol.2, Seite 100, 1974.
6. J. Behringer, J. Raman Spectrosc. 2 (1974) 275.
7. W. Holzer, W.F. Murphy, H.J. Bernstein, J. Chem. Phys. 52 (1970) 399.

8. W. Kiefer, Applied Spectroscopy 28 (1972) 115.
9. D.L. Rousseau, P.F. Williams, J. Chem. Phys. 64 (1976) 3519.
10. A.C. Albrecht, J. Chem. Phys. 34 (1961) 1476.
11. J. Tang, A.C. Albrecht, in Raman Spectroscopy, H.A. Szymanski, Ed., Plenum Press, New York, 1970, Vol. 2, Seite 33.
12. P.F. Williams, D.L. Rousseau, Phys. Rev. Letters 20 (1973) 951.
13. M. Kroll, J. Mol. Spectrosc. 36 (1970) 44.
14. H. Bethe, E. Salpeter, Quantum Mechanics of One- and Two-Electron Atoms, Academic Press, New York 1957, Seite 41.
15. D.L. Rousseau, Bell Laboratories, persönliche Mitteilung.
16. W. Kiefer, H.J. Bernstein, J. Mol. Spectrosc. 43 (1972) 366.
17. R. Rydberg, Z. Physik 73 (1931) 376.
18. O. Klein, Z. Physik 76 (1932) 226.
19. A.L.G. Rees, Proc. Phys. Soc. London A59 (1942) 998.
20. R.N. Zare, J. Chem. Phys. 40 (1964) 1934.
21. R.J. Leory, R.G. Macdonald, G. Burns, J. Chem. Phys. 65 (1976) 1485.
22. P. Baierl, W. Kiefer, J. Raman Spectrosc. 3 (1975) 353.
23. P. Baierl, W. Kiefer, J. Chem. Phys. 62 (1975) 306.
24. P. Baierl, Diplomarbeit, Universität München, 1975.
25. P. Baierl, Dissertation, Universität München, 1978; "Kontinuums-Resonanz-Ramanstreuung an Brom", Hochschulverlag Stuttgart, 1978.
26. P. Baierl, W. Kiefer, P.F. Williams, D.L. Rousseau, Chem. Phys. Letters 50 (1977) 57.
27. P. Baierl, W. Kiefer, Kvantovaja Elektronika 4 (1977) 2567.

28. P. Baierl, W. Kiefer in Proceedings of the Sixth International Conference on Raman Spectroscopy, E.D. Schmid, R.S. Krishnan, W. Kiefer, H.W. Schrötter, Eds., Heyden, London 1978.
29. J.M. Ralston, R.L. Wadsack, R.K. Chang, Phys. Rev. Letters 25 (1970) 814.
30. T.C. Damen, J.F. Scott, Solid State Commun. 9 (1971) 383.
31. J.L. Lewis, R.L. Wadsack, R.K. Chang, Proc. Intern. Conf. Light Scattering in Solids, M. Balkanski, Ed., Flammarion, Paris 1971, Seite 41.
32. P. Stein, V. Miskowski, W.H. Woodruff, J.P. Griffin, K.G. Werner, B.P. Gaber, T.G. Spiro, J.Chem.Phys. 64 (1976).
33. M. Ito, Proc. Fifth Int. Conf. Raman Spectrosc., E.D. Schmid, J. Brandmüller, W. Kiefer, B.Schrader, H.W. Schrötter, Eds., H.F. Schulz-Verlag, Freiburg 1976, S. 267.
34. J.P. Laplante, A.D. Bandrank, J. Raman Spectrosc. 5 (1976) 373.
35. N.S. Bayliss, Proc. Phys. Soc. London A158 (1937) 551.

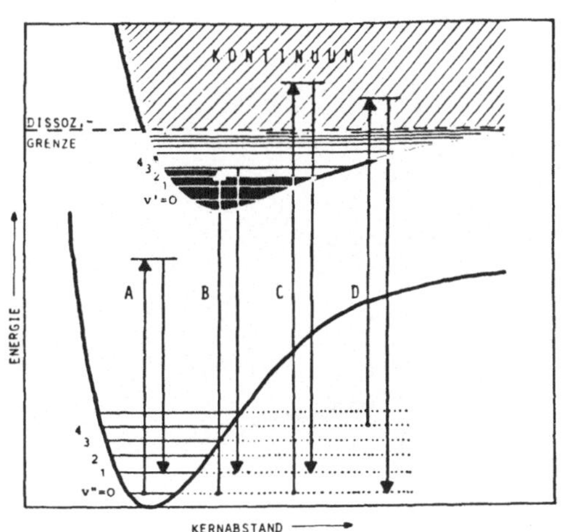

Abb. 1

Raman- und Resonanz-Raman-Streuprozesse. A: gewöhnliche Raman-streuung; B: diskrete RR-Streuung; C: Kontinuums-RR-Streuung; D: anti-Stokessche Kontinuums-RR-Streuung. (Die Rotationsniveaus sind der Übersicht wegen nicht eingezeichnet)

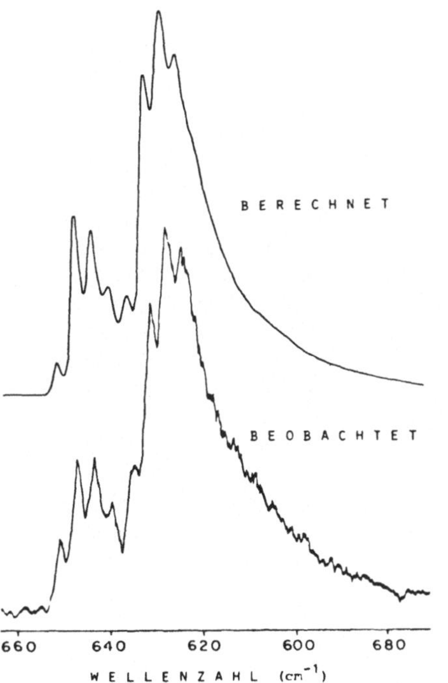

Abb. 2

Experimentell beobachtetes und fundamental berechnetes Bandenprofil des zweiten Obertons ($\Delta v=3$) im Kontinuums-RR-Spektrum von Jod (J_2). Erregerwellenlänge 488 nm

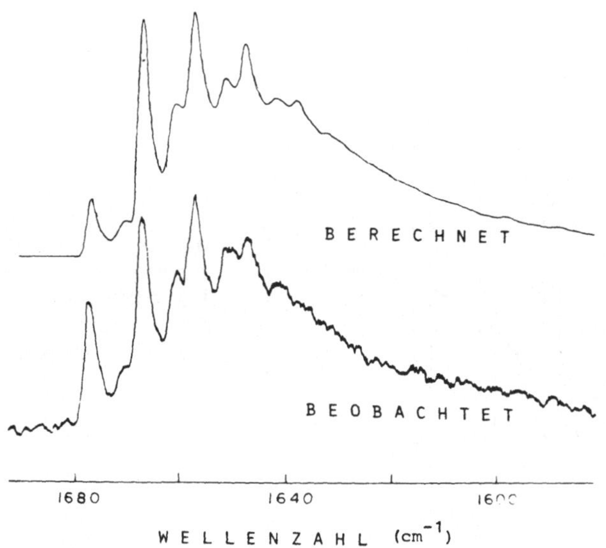

Abb. 3

Wie Abb. 2, jedoch $\Delta v = 8$ (siebter Oberton)

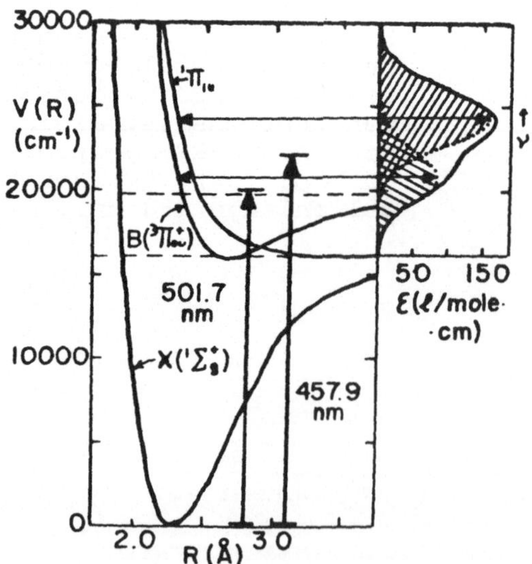

Abb. 4

Potential- und Absorptionskurven von Br_2 (nach Zitat 21) Eingezeichnet sind die Energien zweier Linien des Argon-Ionen-Lasers (siehe Text)

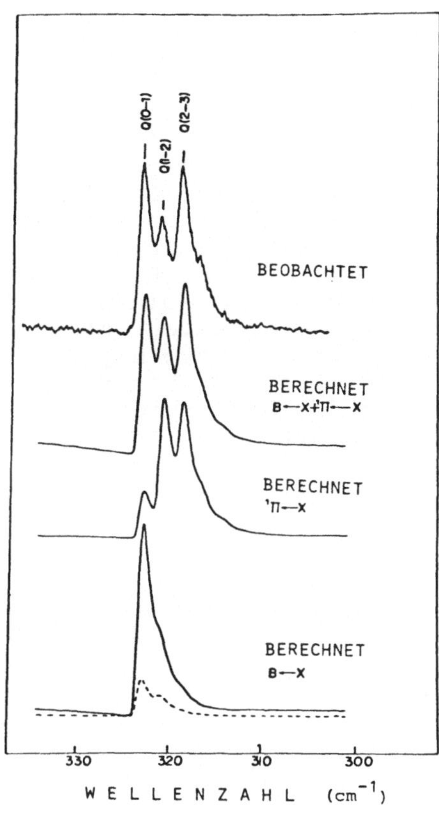

Abb. 5

Experimentell beobachtetes und theoretisch berechnetes Kontinuum-RR-Spektrum von $^{79}Br_2$ für $\Delta v=1$. Erregerwellenlänge 501,7 nm. Die gestrichelte Kurve stellt den Beitrag der diskreten Niveaus des B-Zustandes zur Raman-Streuintensität dar. Erklärung zu den berechneten Spektren siehe Text.

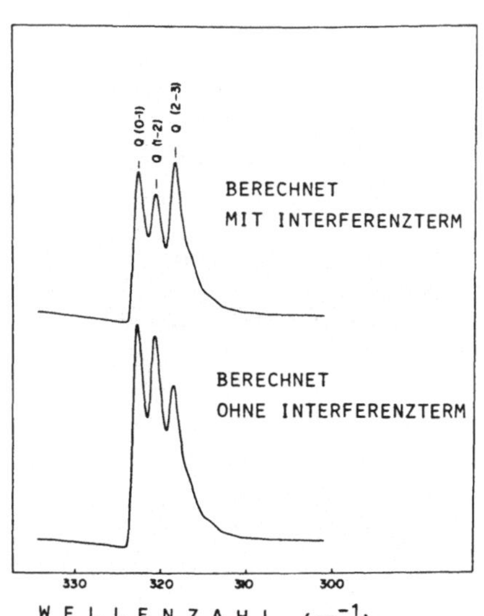

Abb. 6

Theoretisch berechnetes RR-Spektrum des Grundtones von $^{79}Br_2$. Erregerwellenlänge 501,7 nm.
Oberes Spektrum: Rechnung mit Interferenzterm
Unteres Spektrum: Rechnung ohne Interferenzterm

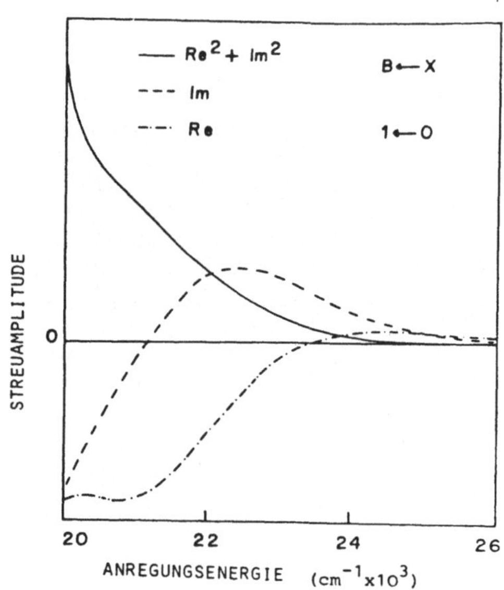

Abb. 7

Real- (Re) und Imaginärteil (Im) der Streuamplitude und Übergangswahrscheinlichkeit (Re^2+Im^2) für den Schwingungsübergang $v'=1 \leftarrow v''=0$ in Abhängigkeit von der Erregerfrequenz beim Molekül $^{79}Br_2$. Berücksichtigt ist nur die Streuung über den B-Zustand. Der Maßstab der Amplituden und der Maßstab der Übergangswahrscheinlichkeit wurde willkürlich gewählt.

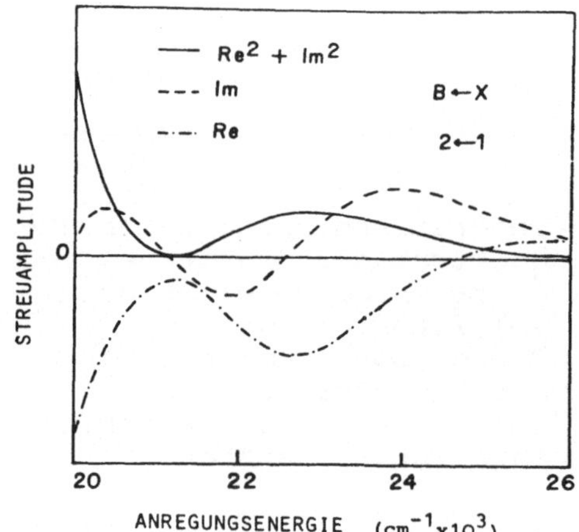

Abb. 8

Wie Abb. 7; jedoch: Übergang $v' = 2 \leftarrow v'' = 1$ (erste heiße Bande)

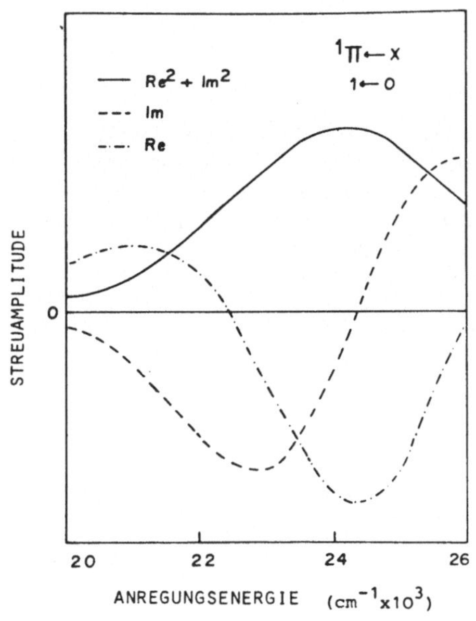

Abb. 9

Wie Abb. 7: jedoch: Berücksichtigung nur der Streuung über den $^1\Pi$-Zustand

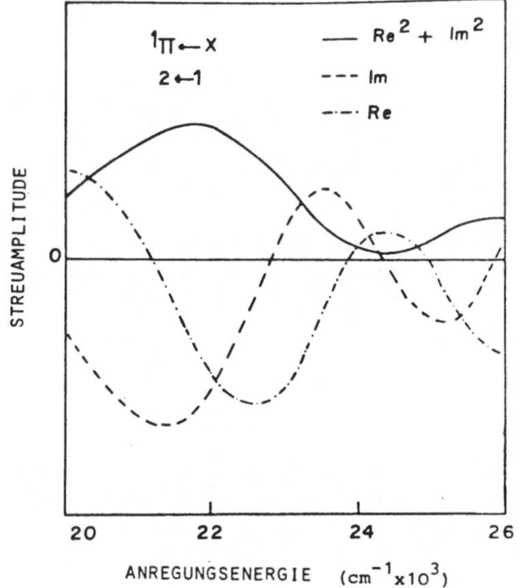

Abb. 10

Wie Abb. 7; jedoch: Übergang $v' = 2 \leftarrow v'' = 1$ und Berücksichtigung nur der Streuung über den $^1\Pi$-Zustand

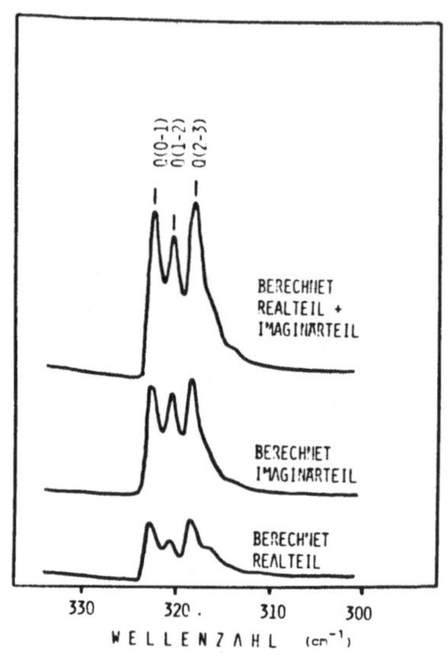

Abb. 11

Berechnetes Resonanz-Raman-spektrum von $^{79}Br_2$ (oben) für die Bande $\Delta v = 1$ (Grundschwingung). Erreger-wellenlänge 501,7 nm. Die beiden unteren Spektren zeigen, wie sich das Ge-samtspektrum aus einem Imaginär- (Mitte) und einem Realteil (unten) zusammensetzt

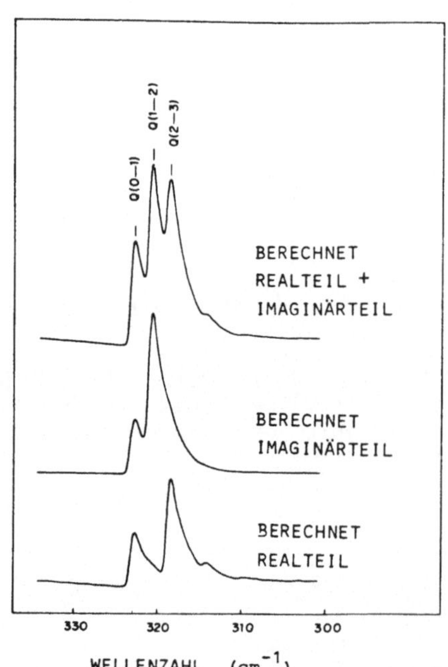

Abb. 12

Wie Abb. 11; jedoch: Erregerwellenlänge 488,0 nm

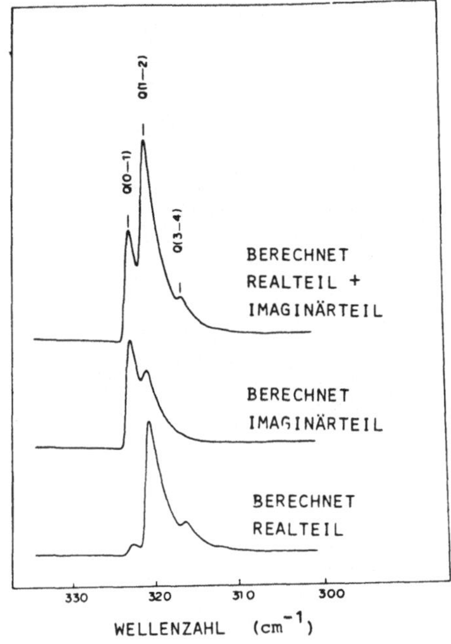

Abb. 13

Wie Abb. 11; jedoch:
Erregerwellenlänge
457,9 nm

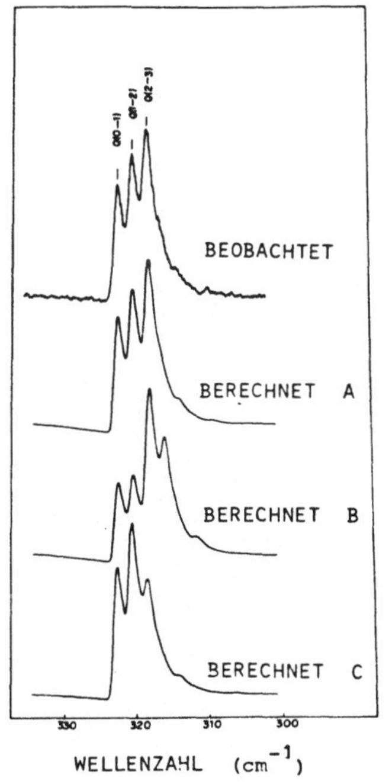

Abb. 14

Experimentell beobachtetes (oberes Spektrum) und theoretisch berechnete Resonanz-Ramanspektren von $^{79}Br_2$ für $\Delta v = 1$. Erregerwellenlänge 496.5 nm.
A: Berechnung mit Hilfe der Potentialkurve nach Bayliss[35].
B: Berechnung mit Hilfe der Potentialkurve nach Leroy et al. [21].
C: Berechnet mit der um 0.02 Å zu kleineren Kernabständen verschobenen $^1\Pi_{1u}$-Potentialkurve von Bayliss

Acta Physica Austriaca, Suppl. XX, 75–89 (1979)

RAMANSPEKTROSKOPISCHE UNTERSUCHUNGEN AN NUKLEINSÄUREN[+]

E. D. SCHMID und V. GRAMLICH
Institut für Physikalische Chemie
Universität Freiburg, BRD

ABSTRACT

The most important changes in the Raman Spectra of nucleic acids, caused by alterations in secondary structure, are reported and discussed. These changes are demonstrated in the case of the polynucleotide polyuridylic acid. It is shown that the effects of base pairing on the carbonyl stretching vibrations of the nucleic acid bases can be observed in H_2O solution by subtracting the Raman scattering of the solvent. The advantages of Raman spectroscopy in the study of nucleic acid conformations are demonstrated in the case of the double helical complex polyadenylic acid × polyuridylic acid, of various transfer ribonucleic acids and of the 3',5'-ribodinucleoside monophosphates.

Von den zahlreichen Nukleinsäuren und Proteinen in der lebenden Zelle spielt jede eine ganz spezifische Rolle in einem komplizierten, aber präzise organisierten Geschehen. Kenntnisse der molekularen Konformationen und intermolekularen Wechselwirkungen sind unerläßlich zum

---

[+]Vortrag gehalten anläßlich der Fachtagung "Laserspektroskopie", Graz, 19.-21. Juni 1978.

Verständnis eines solchen Geschehens. Das Studium der Molekülschwingungen solcher Verbindungen mittels Ramanspektroskopie erwies sich nun in den vergangenen Jahren als ein äußerst brauchbares Verfahren, Konformationen und intermolekulare Wechselwirkungen zu erforschen.

Die Nukleinsäure ist ein komplexes Polymer, seine Monomereinheit besteht aus einem Zucker (Ribose in den Ribonukleinsäuren, Desoxyribose in den Desoxyribonukleinsäuren), der in 1'-Stellung mit einer sogenannten Nukleobase und in 5'-Stellung mit einer Phosphatgruppe verbunden ist (Abb. 1). Die einzelnen Monomeren sind über eine 3', 5'-Phosphodiesterbindung miteinander verknüpft. Die Nukleobasen sind amino- und hydroxysubstituierte Purin- oder Pyrimidinderivate. Die wichtigsten, in den Nukleinsäuren vorkommenden Nukleobasen Adenin, Guanin, Cytosin, Uracil (in Ribonukleinsäuren) und Thymin (in Desoxyribonukleinsäuren) sind in Abb. 1 dargestellt.

Die natürlichen Nukleinsäuren bilden unter bestimmten Bedingungen geordnete Strukturen, sogenannte Sekundärstrukturen. So bildet z.B. die Desoxyribonukleinsäure (abgekürzt: DNS) die bekannte Watson-Crick-Doppelhelix [1]. Diese Doppelhelix wird einerseits stabilisiert durch Wasserstoffbrückenbindungen zwischen den Nukleobasen, andererseits durch elektronische Wechselwirkung der π-Systeme übereinanderliegender Basen und deren Tendenz, sich gegenüber dem Lösungsmittel Wasser zusammenzuschließen. Diese Wechselwirkung wird als Stapelungswechselwirkung ("stacking interaction") bezeichnet. Für die Rolle der DNS bei der biologischen Informationsübertragung ist wichtig, daß die Basen in ganz spezifischer Weise Wasserstoffbrücken miteinander ausbilden (paaren): Adenin mit Thymin und Guanin mit Cytosin.

Die in Base, Ribose und Phosphat mehr oder minder lokalisierten Schwingungen dienen zu Konformationsaussagen und zur Beurteilung intermolekularer Wechselwirkungen. Es zeigte sich, daß sich Änderungen der Sekundärstruktur von Nukleinsäuren in charakteristischer Weise im Ramanspektrum niederschlagen. Aufgrund zahlreicher Untersuchungen [2-14] an natürlich vorkommenden Nukleinsäuren und an entsprechenden Modellsubstanzen lassen sich die Auswirkungen von Sekundärstrukturänderungen auf das Ramanspektrum folgendermaßen zusammenfassen:

1) Eine Linie bei 807-814 cm^{-1} wird beobachtet, wenn Nukleinsäuren eine helicale Struktur der A-Form bilden. Diese Linie wird der symmetrischen Valenzschwingung des Zucker-Phosphodiesters zugeordnet und ist offensichtlich charakteristisch für die besondere Konformation, die das Zucker-Phosphat-Rückgrat in einer Helix des A-Typs einnimmt [4,7].

2) Bei Zunahme des Ordnungsgrades tritt eine Änderung (meist Verringerung) der Intensitäten gewisser Basen-Ringschwingungen ein. Diese Intensitätsänderungen werden auf eine Zunahme der Stapelungswechselwirkung zurückgeführt und in Analogie zur UV-Spektroskopie als Ramanhypochromie bzw. Ramanhyperchromie bezeichnet [2,3].

3) Das Bilden und Lösen von Wasserstoffbrücken zwischen den Basen beeinflußt Frequenzlage und Intensitäten der C = O Valenzschwingungen von Guanin, Cytosin, Uracil und Thymin.

Diese Änderungen im Schwingungsspektrum beim Bilden und Zerstören von Nukleinsäure-Sekundärstrukturen wollen nun am Beispiel der Polyuridylsäure (abgekürzt: Poly U) demonstriert werden. Poly U ist eine Ribonukleinsäure, die sich von den natürlich vorkommenden Nukleinsäuren dadurch unterscheidet, daß sie nur Uracil als Basenkomponente enthält. Bei tiefer Temperatur bildet Poly U in Gegenwart bestimmter Kationen eine helicale Struktur [15,16],bei Temperaturerhöhung geht Poly U völlig in den Knäuelzustand (random coil) über. Abb. 2 zeigt Ramanspektren von Poly U in wäßriger Lösung im helicalen Zustand ($0^{o}C$) und im Knäuelzustand ($25^{o}C$). Das Spektrum bei $0^{o}C$ zeigt die für die A-Form einer Helix charakteristische Linie bei 814 cm^{-1}. Weiterhin kann man beobachten, daß die Intensitäten der Uracil-Ringschwingungen bei 1232 cm^{-1} und 1399 cm^{-1} im Spektrum bei $0^{o}C$ geringer sind als bei $25^{o}C$. Andererseits zeigen die beiden Spektren, daß die C = O Valenzschwingungen des Uracils in wäßriger Lösung von der Ramanstreuung des Wassers weitgehend überdeckt werden, es sei denn, man arbeitet mit äußerst hohen Polymerkonzentrationen. Dies ist jedoch wenig sinnvoll, da solche hohen Konzentrationen im natürlichen biologischen Geschehen nicht vorliegen. Aus diesen Gründen wurden die Auswirkungen der Basenpaarungen auf die C = O Valenzschwingungen meist in D_2O untersucht, da D_2O im Frequenzbereich der Carbonylvalenzschwingungen keine Ramanstreuung zeigt. Abb. 3 zeigt Spektren von Poly U in D_2O bei $5^{o}C$ und $25^{o}C$ im Bereich 1500-1750 cm^{-1}. Man kann leicht erkennen, daß sich Frequenzlagen und Intensitäten der Schwingungen in diesem Bereich beim Übergang vom Knäuelzustand in die helicale Struktur drastisch ändern.

Das Arbeiten in D_2O bleibt jedoch insofern unbefriedigend, da D_2O kein biologisches Lösungsmittel ist und da zudem in D_2O-Lösungen die Basenpaarung über D-Brücken erfolgt und nicht über H-Brücken. Will man über die Auswirkungen der Basenpaarungen auf die C = O Valenzschwingungen in wäßriger Lösung Aussagen gewinnen, dann muß die Ramanstreuung des Wassers in diesem Frequenzbereich subtrahiert werden. Arbeitet man bei biologisch noch relevanten Konzentrationen, so steht man vor dem Problem, daß die Ramanstreuung des Lösungsmittels Wasser relativ intensiv ist, während der Beitrag der gelösten Substanz zur Gesamtintensität der Ramanstreustrahlung in diesem Bereich nur gering ist. Daß eine Subtraktion der Ramanstreuung des Wassers dennoch möglich ist, zeigt Abb. 4. In dieser Abbildung sind Spektren von Poly U in wäßriger Lösung nach Subtraktion der Lösungsmittelstreuung im helicalen Zustand und im Knäuelzustand dargestellt. Ein Vergleich mit Abb. 5 zeigt, daß die Poly U-Spektren in H_2O und in D_2O unterschiedlich sind. Dies kommt durch H/D-Austausch am N-Atom 3 der Uracilbase zustande, wodurch Änderungen in den Normalschwingungen hervorgerufen werden. Weiterhin kann man in Abb. 4 erkennen, daß die Bildung der Poly U-Sekundärstruktur auch in Wasser Frequenzlage und Intensitäten der Schwingungen stark beeinflußt.

Die helicale Struktur von Poly U wurde schon mit verschiedenen Methoden untersucht [15-19], für den Typ der Helix wurden jedoch unterschiedliche Interpretationen gegeben [18,19]. Die ramanspektroskopischen Untersuchungen an Poly U [20] sind nun ein Beispiel dafür, daß mit dieser Methode wichtige Beiträge zur Aufklärung von Nukleinsäure-Sekundärstrukturen geliefert werden können, denn die in Abb. 2-4 gezeigten Spektren führen zusammen mit anderen Untersuchungen [15-19] zu dem Resultat, daß Poly U unter geeigneten Ionenbedingungen bei tiefer Temperatur folgende Sekundärstruktur bildet:

Ein Poly U-Strang faltet in sich selbst zurück und bildet eine Doppelhelix, wobei 2 Uracilbasen miteinander paaren. Die Wasserstoffbrücken werden dabei zwischen den

C_4 = O-Gruppen und den N_3-H-Gruppen zweier gegenüberliegender Basen ausgebildet. Dies folgt unter anderem daraus, daß die Frequenzlage der C_2 = O Valenzschwingung bei 1695 cm^{-1} (Abb. 3) durch die Helixbildung kaum beeinflußt wird, während die C_4 = O Valenzschwingung bei 1658 cm^{-1} in 2 Frequenzen bei 1641 cm^{-1} und 1675 cm^{-1} aufspaltet.

Ramanspektroskopische Untersuchungen werden auch an weiteren Modellsubstanzen, z.B. an den anderen Homopolymeren Polyadenylsäure (Poly A), Polycytidylsäure (Poly C), Polyguanylsäure (Poly G) sowie deren Komplexen und an natürlich vorkommenden Nukleinsäuren durchgeführt [2-14]. Zwei ausgewählte Beispiele, welche die Vorteile der ramanspektroskopischen Methode besonders deutlich zeigen, sollen im folgenden skizziert werden:

1) Die Homopolymeren Poly A und Poly U bilden unter geeigneten Ionenbedingungen bei Zimmertemperatur einen doppelhelicalen Komplex [21]. Dieser Doppelstrang geht bei 50-60 ^{o}C kooperativ in die beiden Einzelstränge Poly A und Poly U über. Small und Peticolas [3] konnten nun durch Messen der Intensitäten der Uracil-Ringschwingung bei 1236 cm^{-1} und der Adenin-Ring-Atmungsschwingung bei 730 cm^{-1} zeigen, daß der Poly U-Einzelstrang oberhalb 60 ^{o}C völlig im Knäuelzustand vorliegt, während im Poly A-Einzelstrang auch oberhalb der Umwandlungstemperatur der Poly A × Poly U-Doppelhelix eine gewisse Ordnung verbleibt. Eine solche Differenzierung ist z.B. mittels UV-spektroskopischer Messungen nicht möglich, da die UV-Absorptionsbanden für alle Basen annähernd im selben Frequenzbereich liegen.

2) Aus den ramanspektroskopischen Untersuchungen von verschiedenen natürlich vorkommenden transfer-Ribonukleinsäuren (abgekürzt: t RNS) und ribosomaler Ribonuklein-

säure (abgekürzt: r RNS) durch G.J. Thomas et al. [8,9] konnten folgende Resultate gewonnen werden:

Die Sekundärstrukturen der 3 betrachteten transfer-Ribonukleinsäuren t RNS^{Val}, t $RNS^{f\ Met}$ und t $RNS^{Phe\ 2}$ sind sehr ähnlich. Jede enthält einen ähnlichen Anteil an gepaarten Basen, ähnliche Anteile von jedem Basentyp im gestapelten Zustand und ähnlich Konformation des Rückgrats.

Die Guaninbasen der transfer-Ribonukleinsäuren sind im Mittel stärker gestapelt als in r RNS. Die Adeninbasen der transfer-Ribonukleinsäuren sind im Mittel nicht so stark gestapelt wie in r RNS.

Die Pyrimidinbasen Uracil und Cytosin sind in den transfer-Ribonukleinsäuren und in r RNS etwa gleich stark gestapelt.

Da die natürlich vorkommenden Nukleinsäuren kompliziert aufgebaut sind, werden und wurden zur Untersuchung der physikalischen Eigenschaften oft Modellsubstanzen benutzt, welche einen einfacheren chemischen Aufbau besitzen, aber ähnliche Sekundärstrukturen bilden können. Solche Modellsubstanzen sind z.B. die bereits erwähnten Homopolymeren Poly U, Poly A, Poly C und Poly G, welche nur jeweils einen Basentyp enthalten. Als weitere Modellsubstanzen bieten sich aber auch die Monomeren (Mononukleotide), Dimeren (Dinukleotide) und Oligomeren (Oligonukleotide) an, die zum Teil ebenfalls Sekundärstrukturen, d.h.: intermolekulare Assoziationen über Wasserstoffbrücken, in wäßriger Lösung bilden können. Eine systematische ramanspektroskopische Untersuchung [22,23] der Assoziationsfähigkeit der 3', 5'-Dinukleosidmonophosphate (chemischer Aufbau siehe Abb. 5) lieferte folgende Resultate:

Unter den gewählten Bedingungen (Nukleotid-Konzentration: 0,02 m, Salzkonzentration: 0,1 m KCl, pH = 7) sind die folgenden Dinukleotide zur Sekundärstrukturbildung in wäßriger Lösung befähigt:

Guanylyl - 3', 5'- guanosin (GpG)
Guanylyl - 3', 5'- adenosin (GpA)
Adenylyl - 3', 5'- guanosin (ApG)
Guanylyl - 3', 5'- cytosin (Gpc)
Uridylyl - 3', 5'- guanosin (UpG)

Die Ausbildung von geordneten Strukturen zeigt sich durch hypo- und hyperchrome Effekte der Basenringschwingungen und durch Frequenz- und Intensitätsänderungen bei den C = O Valenzschwingungen.

Die Messungen zeigen, daß insbesondere die Guaninderivate zur intermolekularen Assoziation befähigt sind. Dies stimmt mit der Beobachtung überein, daß bereits die Guanin-Mononukleotide unter bestimmten Bedingungen assoziieren können [24-26]. Weiterhin zeigt sich, daß die sequenzisomeren Dinukleosidmonophosphate unterschiedliche Assoziationsfähigkeit besitzen.

Dies wird besonders deutlich an Beispiel der beiden isomeren Dinukleotide ApG und GpA. Diese beiden Isomeren unterscheiden sich nur bezüglich ihrer Sequenz: Im Falle des ApG ist die Adeninbase mit der Ribose verbunden, die in 3'-Stellung mit der Phosphatgruppe verestert ist, während die Guaninbase mit der Ribose verknüpft ist, welche die Phosphatgruppe in 5'-Stellung enthält. Im Falle des GpA ist es genau umgekehrt. Dieser Unterschied in der Sequenz hat nun zur Folge, daß sich der Typ der Assoziation und die thermische Stabilität der Sekundärstrukturen, welche diese beiden Sequenzisomeren bilden, erheblich unterscheiden. So beträgt die Umwandlungstemperatur der geordneten Struktur von ApG 18°C, im Falle des GpA jedoch 37°C. Aus den Ramanspektren der beiden Isomeren (Abb. 6 und 7) lassen sich folgende Modellvorstellungen für die Art der Assoziation ableiten:

In der geordneten Struktur von GpA sind die Guaninbasen in ähnlicher Weise angeordnet wie bei den Guanosinmonophosphaten [25], d.h.: sie bilden Tetramere mit Wasserstoffbrücken zwischen den einzelnen Guaninbasen (Abb.8). Die Sekundärstruktur von GpA wird zusätzlich stabilisiert durch weitere H-Brücken zwischen den Phosphatgruppen und den Ribosen gegenüberliegender GpA-Moleküle. Auch die Adeninbasen sind an der Assoziatbildung beteiligt.

Im Falle des ApG bilden sich Dimere mit Basenpaarung zwischen zwei Guaninbasen, während der Rest des Moleküls an der Assoziatbildung weitgehend unbeteiligt ist.

Es ist anzunehmen, daß die Assoziatbildung bei beiden Isomeren mit intermolekularer Stapelungswechselwirkung zwischen den Basen verbunden ist.

REFERENZEN

1. J.D. Watson, F.C. Crick, Nature 171 (1953) 737.
2. E.W. Small, W.L. Peticolas, Biopolymers 10 (1971) 69.
3. E.W. Small, W.L. Peticolas, Biopolymers 10 (1971) 1377.
4. S.C. Erfurth, E.J. Kiser, W.L. Peticolas, Proc. Natl. Acad. Sci. USA 69 (1972) 938.
5. E.W. Small, K.G. Brown, W.L. Peticolas, Biopolymers 11 (1972) 1209.
6. K.G. Brown, E.J. Kiser, W.L. Peticolas, Biopolymers 11 (1972) 1855.

7. S.C. Erfurth, P.J. Bond, W.L. Peticolas, Biopolymers 14 (1975) 1245.
8. G.J. Thomas, G.C. Medeiros, K.A. Hartman, Biochem. Biophys. Res. Comm. 44 (1971) 587.
9. G.J. Thomas, G.C. Medeiros, K.A. Hartman, Biochem. Biophys. Acta 277 (1972) 71.
10. L. Lafleur, J. Rice, G.J. Thomas, Biopolymers 11 (1972) 2423.
11. G.J. Thomas, M.C. Chen, K.A. Hartman, Biochim. Biophys. Acta 324 (1973) 37.
12. G.J. Thomas, K.A. Hartman, Biochim. Biophys. Acta 312 (1973) 311.
13. M.C. Chen, G.J. Thomas, Biopolymers 13 (1974) 615.
14. V. Gramlich, H. Klump, E.D. Schmid, Biochem. Biophys. Biophys. Res. Comm. 63 (1975) 906.
15. J.C. Thrierr, M. Dourlent, M. Leng, J.Mol.Biol. 58 (1971) 815.
16. W. Szer, Biochem. Biophys. Res. Comm. 20 (1965) 182.
17. A. Rabczenko, D. Shugar, Acta Biochem. Pol. 18 (1971) 387.
18. D. Bode, M. Heinecke, U. Schernau, Biochem. Biophys. Res. Comm. 52 (1973) 1234.
19. G. Zundel, in "Environmental Effects on Molecular Structure and Properties", B. Pullmann (ed.) S.371 ff.
20. V. Gramlich, E.D. Schmid, FEBS Letters, zur Veröffentlichung eingereicht (1978).
21. H.T. Miles, J. Frazier, Biochem. Biophys. Res. Comm. 14 (1964) 129.
22. V. Gramlich, R. Herbeck, P. Schlenker, E.D. Schmid, J. Raman Spectrosc. 7 (1978) 101.
23. V. Gramlich, E.D. Schmid, Biopolymers, zur Veröffentlichung eingereicht (1978).
24. J. Bang, Bioch. Ztschr. 26 (1910) 293.
25. M. Gellert, M.N. Lipsett, D.R. Davies, Proc. Natl. Acad. Sci. USA 48 (1962) 2013.
26. V. Gramlich, H. Klump, R. Herbeck, E.D. Schmid, FEBS Letters 69 (1976) 15.

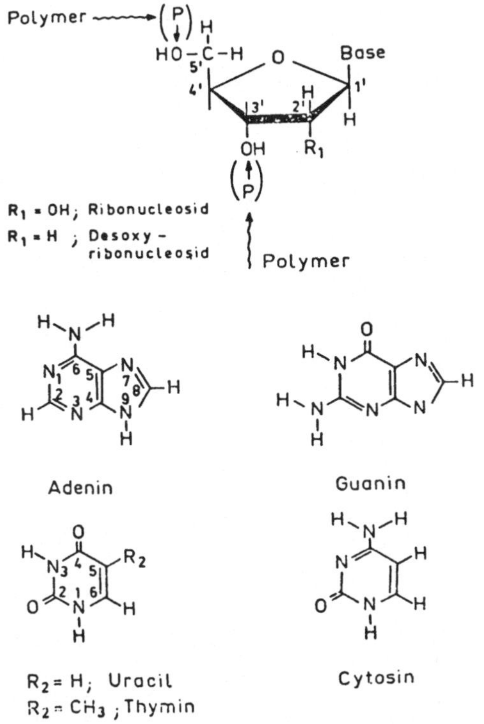

Polymer → (P) H HO–C–H 5' 4' O Base 1' 3' 2' H H OH R_1 (P) Polymer

R_1 = OH; Ribonucleosid

R_1 = H ; Desoxy-ribonucleosid

Adenin

Guanin

R_2 = H; Uracil

R_2 = CH_3 ; Thymin

Cytosin

Abb. 1

Chemische Struktur einer Nukleinsäureeinheit, Darstellung der Nukleobasen

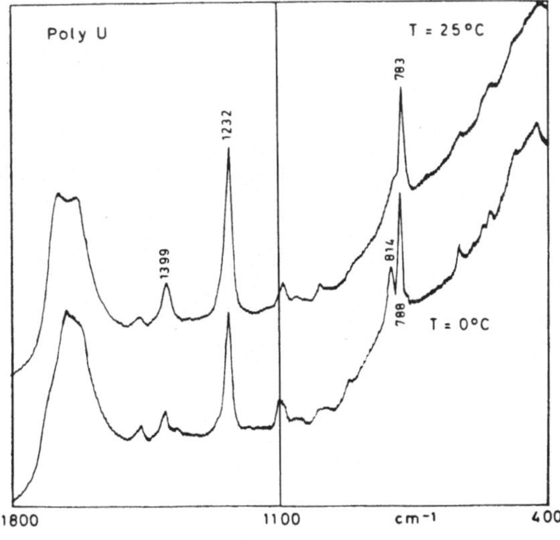

Abb. 2

Ramanspektren von 0,03m Poly U in H_2O bei 0^oC und 25^oC, pH = 7, [Athylendiammonium-dichlorid] = 0,015m

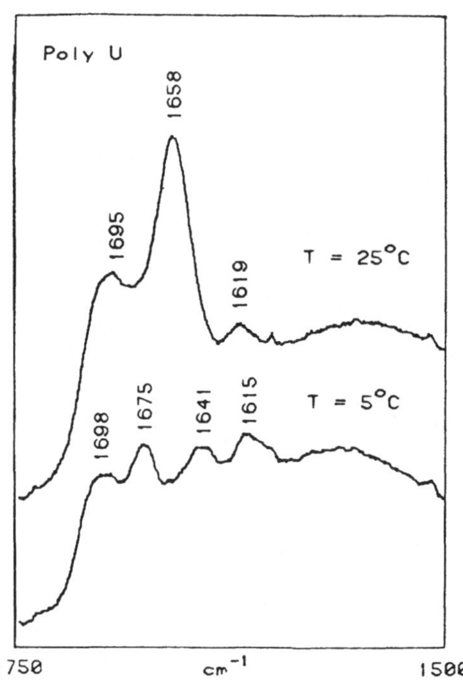

Abb. 3
Ramanspektren von 0,03m Poly U in D_2O bei 5°C und 25°C, pD=7, [Äthylendiammoniumdichlorid] = 0,015m

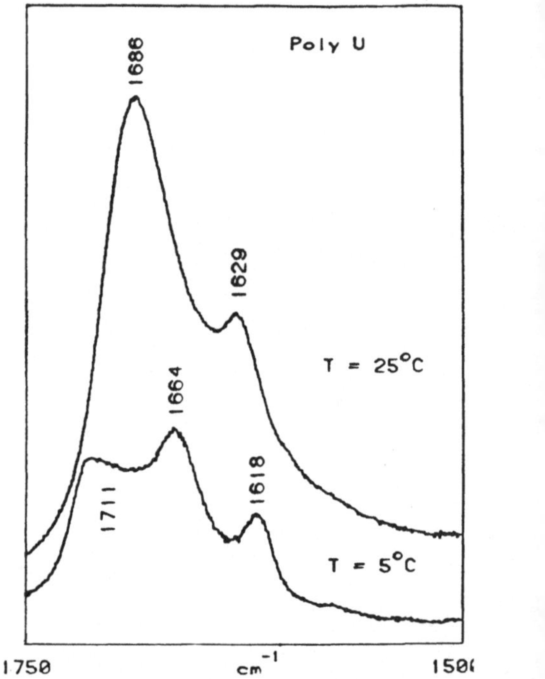

Abb. 4
Raman-Differenzspektren von 0,03m Poly U in H_2O bei 5°C und 25°C, pH = 7, [Äthylendiammoniumdichlorid] = 0,015m

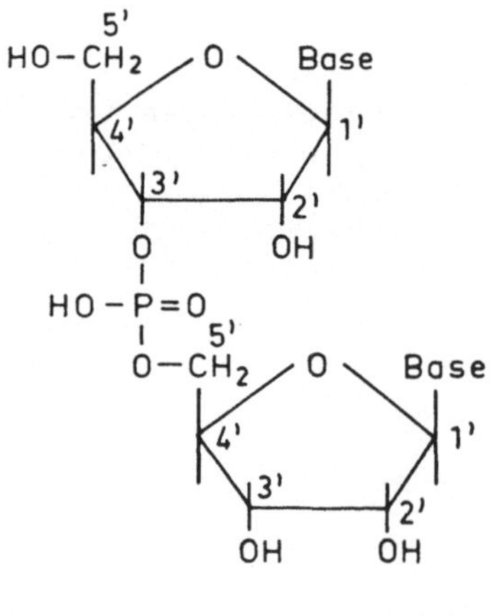

Abb. 5

Chemischer Aufbau eines 3',5'-Dinukleosidmonophosphats

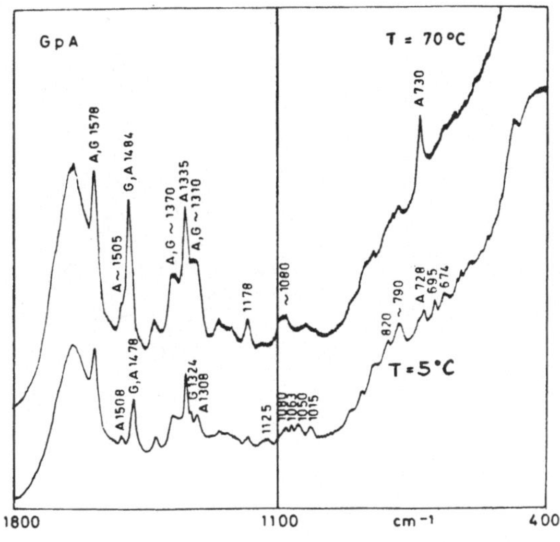

Abb. 6a

Ramanspektren von 0,02m GpA in H_2O bei 5°C und 70°C, pH = 7, [KCl] = 0,1m

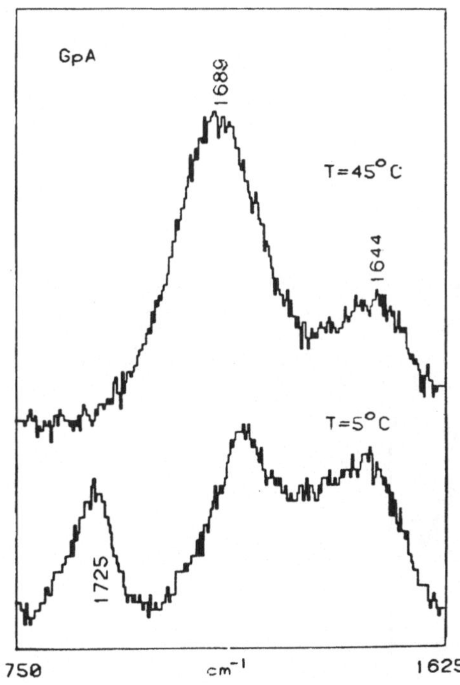

Abb. 6b

Raman-Differenzspektren von 0,02m GpA in H_2O bei 5°C und 45°C, pH = 7, [KCL] = 0,1m

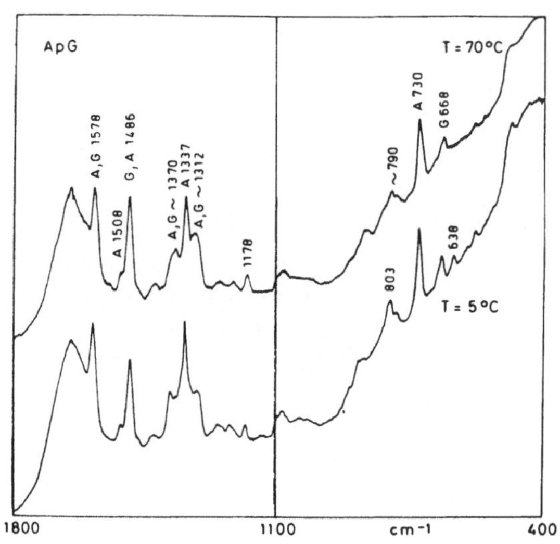

Abb. 7a

Ramanspektren von 0,02m ApG in H_2O bei 5°C und 70°C, pH = 7, [KCl]=0,1m

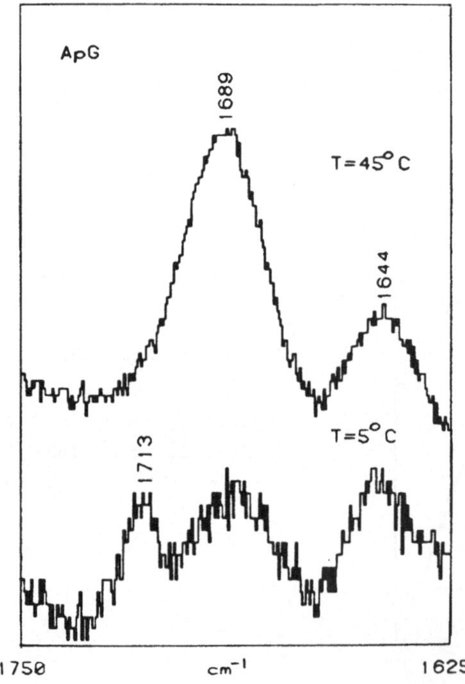

Abb. 7b

Raman-Differenzspektren von 0,02m ApG in H_2O bei 5°C und 45°C, pH = 7, [KCl] = 0,1m

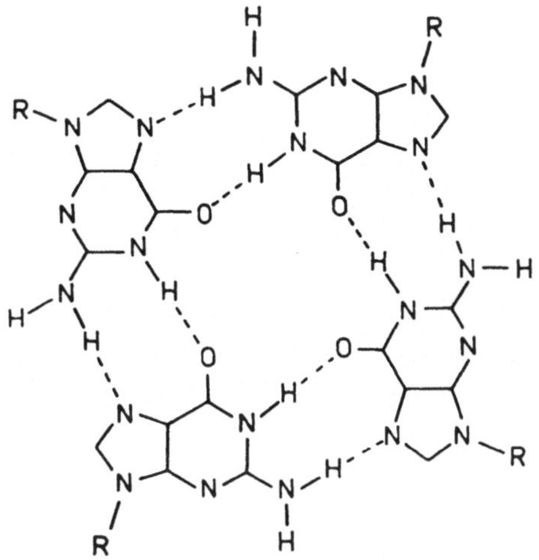

Abb. 8

Darstellung des Basenpaarungsschemas der Guanosinmonophosphate[25] und von GpA

Acta Physica Austriaca, Suppl. XX, 91–106 (1979)

RAMANSPEKTROSKOPIE IN HALBLEITERN+

W. RICHTER
I. Physikalisches Institut der
Rheinisch-Westfälischen Technischen Hochschule
Aachen, BRD

ABSTRACT

In this paper Raman scattering in semiconductors is reviewed. Two aspects, both taking advantage of the tunable dye-laser, are discussed specifically. The first is Resonant Raman scattering. The resonance of phonon - as well as of electron - scattering processes is discussed. For phonon Raman scattering the possibility of evaluating electron-phonon coupling constants is shown in detail.

The second aspect discussed is the usefulness of the tunable laser in measuring $\Omega(K)$ relations of elementary excitations: i.e. dispersion curves. As an example the measurement of a LO-phonon-plasmon dispersion curve is given.

+Vortrag gehalten anläßlich der Fachtagung "Laser-spektroskopie", Graz, 19.-21. Juni 1978.

1. EINLEITUNG

Der starke Aufschwung der Ramanspektroskopie in den letzten 10 Jahren ist fast ausschließlich durch die Entwicklung der Laser bedingt. Ihre gute räumliche und zeitliche Kohärenz und die großen Intensitäten erlaubten das Studium neuer Effekte und neuer Materialien. Die Untersuchungen an Halbleitern sind fast ausschließlich mit Hilfe der Laser-Ramanspektroskopie durchgeführt worden.

Halbleiter sind bezüglich ihrer optischen Eigenschaften durch zwei Aspekte charakterisiert:

1. gegenüber Isolatoren liegt die kleinste Energielücke für Valenz-Band-Leitungsbandanregungen bei sehr niedrigen Energien ($\sim$ 1 eV) (siehe Abb. 1).
2. Im Vergleich zu Metallen sind ihre freien Ladungsträgerkonzentrationen gering und im allgemeinen auch variierbar.

Das hat zur Folge, daß im üblichen spektralen Lichtstreubereich ($\hbar\omega_i$ = 1...4 eV) die optischen Konstanten der Halbleiter nicht durch die freien Ladungsträger wie bei Metallen, sondern durch die elektronischen Interbandübergänge mit Absorptionskonstanten bis zu 10^4 cm^{-1} bestimmt sind. Daraus resultieren Eindringtiefen für die elektromagnetische Strahlung in der Größenordnung von 100...1000 Å. Die Messung der Lichtstreuung in solch kleinen Streuvolumina wird erst durch die hohen Laserintensitäten ermöglicht. Ein weiterer entscheidender Vorteil des Lasers ist die geringe räumliche Divergenz des Laserstrahls, die es ermöglicht, Wellen- und Polarisationsvektor in definierter Weise in Bezug auf die Kristallachsen festzulegen. Dies erlaubt das detaillierte Testen von Auswahlregeln und Streumechanismen.

Eine ganz neue Dimension in die Ramanstreuung haben jedoch die frequenzveränderlichen Laser gebracht. Durch die Frequenzvariation des Lasers ist es möglich, die erregende Strahlung in Resonanz mit den elektronischen Interbandübergängen zu bringen. Die dadurch bedingte Erhöhung der Streuintensitäten wird in der Resonanten Ramanstreuung untersucht. Sie erlaubt Rückschlüsse auf den Kopplungsmechanismus der Anregungen an die Elektronen. Die Frequenzvariation ermöglicht es aber auch den im Streuprozeß übertragenen Wellenvektor zu variieren und somit Dispersionskurven von elementaren Anregungen des Halbleiters zu messen.

Diese beiden Punkte sollen im folgenden näher diskutiert werden. Da mehrere Vorträge das Thema Ramanspektroskopie behandeln, soll hier nicht näher auf die grundlegenden und apparativen Details eines Ramanstreuexperimentes eingegangen werden.

2. RESONANTE RAMANSTREUUNG

2.1 Streuquerschnitt

Der differentielle Ramanstreuquerschnitt S läßt sich schreiben [1]

$$S = \frac{dP_s}{LP_i d\Theta} = \frac{|\chi(\omega_i,\omega_s)|^2 V\omega_s^4}{c^4} \qquad (1)$$

wobei P_i, P_s einfallende und gestreute Leistung, L die Länge des Streuvolumens V und Θ den erfaßten Raumwinkel des Streulichts angibt. Die entscheidende Materialgröße ist $\chi(\omega_i,\omega_s)$, eine elektrische Suszeptibilität, die das erregende elektrische Feld der Frequenz ω_i mit einer Polarisation der Frequenz ω_s verknüpft. Diese Polarisation führt dann zur Emission einer Strahlung der Frequenz ω_s. $\chi(\omega_i,\omega_s)$ nennt man auch den Ramantensor. In der adiabatischen Näherung beschreibt $\chi(\omega_i,\omega_s)$ die durch die elementare Anregung verursachte Änderung in der elektrischen Suszeptibilität $\chi(\omega_i)$.

2.2 Phononische Resonante Streuung

Der 1-Phonon Raman Streuprozeß wird durch einen dreistufigen mikroskopischen Streuprozeß beschrieben (Abb. 2b), der zweimal die Elektron-Photon-Wechselwirkung (p·A-Näherung) und einmal die Elektron-Phonon-Wechselwirkung enthält. In Störungsrechnung dritter Ordnung erhält man den Ramantensor durch Summation über alle möglichen Zwischenzustände von Elektron-Lochpaaren [2]

$$\chi(\omega_i,\omega_s) \sim \sum_{l,m} \Big[\frac{\langle 0|p|m\rangle\langle m|H_{EL}|l\rangle\langle l|p|0\rangle}{(E_m-\hbar\omega_s)\;(E_l-\hbar\omega_i)} \tag{2}$$

+ 5 andere Terme für verschiedene Zeitordnungen] .

Im Vergleich zur elektrischen Suszeptibilität (siehe Abb. 2a)

$$\chi(\omega_i) \sim \sum_l \frac{\langle 0|p|l\rangle\langle l|p|0\rangle}{E_l-\hbar\omega_i} \tag{3}$$

erkennt man, daß die wesentliche zusätzliche Information in der Ramanstreuung die Elektron-Phonon-Wechselwirkung ist: $\langle m|H_{EL}|l\rangle$. Der ausgeschriebene Term in (2) ist der resonanteste, da beide Faktoren im Nenner klein werden für

$$E_l \approx \hbar\omega_i , \qquad E_m \approx \hbar\omega_s \quad . \tag{4}$$

Diese Bedingung charakterisiert die resonante Ramanstreuung. Die anderen Terme in (2), die für eine andere Zeitordnung des in Abb.2b gezeigten Ramanprozesses auftreten, werden weit außerhalb der Resonanz ($|E_{l,m} - \hbar\omega_{i,s}| >> 0$) bedeutend. Da in der Summation über die Zwischenzustände l, m der Elektron-Loch-Paare in (2) dann auch viele Energiebänder gleichwertig beitragen, ist es im Allgemeinen unmöglich, den gemessenen Streuquerschnitt außerhalb der Resonanz bezüglich der Elektron-Phonon-Wechselwirkung zu analysieren.

In der Nähe der Resonanz ist es jedoch fast immer ausreichend, nur den ersten Term in (2) zu berücksichtigen und die Summation über zwei oder drei Energiebänder durchzuführen. Gewöhnlich sind dies ein Leitungsband und zwei energetisch dicht benachbarte Valenzbänder. Es ist dann weiterhin nützlich 2- und 3-Bandprozesse zu unterscheiden, je nachdem ob die Zwischenzustände in gleichen oder verschiedenen Bändern liegen (Abb. 3). Der 2-Band-Prozeß zeigt im allgemeinen eine stärkere Resonanz, da die Resonanzbedingung (4) besser erfüllt werden kann. In der adiabatischen Näherung entspricht der 3-Bandprozess einer phononinduzierten Mischung der Wellenfunktionen der entsprechenden Bänder und damit einer Änderung der Matrixelemente in (3), während der 2-Band-Prozeß einer Verschiebung der Energieeigenwerte entspricht.

Als experimentelles Beispiel wollen wir die TO-Phonon-Streuung in InSb und Ge am E_1-gap (siehe Abb. 1) diskutieren. Wegen der dicht benachbarten Spin-Bahn aufgespaltenen (Δ_1) Valenz-Bänder, sind sowohl 2-Band- als auch 3-Band-Prozesse zu betrachten. Die Elektron-Phonon-Wechselwirkung wird durch die Deformation des Gitters bewirkt und durch Deformationspotentiale beschrieben. Man erhält für den Ramantensor [1]

$$\chi(\omega_i, \omega_i - \omega_{TO}) = \{- \frac{2\sqrt{2}}{\sqrt{3}} (\frac{\chi^+ - \chi^-}{\Delta_1}) d^5_{3,0} + \frac{1}{2\sqrt{3}} (\frac{d\chi}{dE_1}) d^5_{1,0}\} \frac{\langle \xi^2 \rangle^{1/2}}{a} . \quad (5)$$

Der erste Term in der Klammer gibt die 3-Band-Prozesse, wobei $\chi^{\pm}$ die Beiträge zur elektrischen Suszeptibilität vom E_1- bzw. $E_1 + \Delta_1$-gap sind. Der zweite Term mit der Ableitung der Suszeptibilität nach der Gapenergie beschreibt die 2-Band Prozesse. $d^5_{3,0}$ und $d^5_{1,0}$ sind die entsprechenden Deformationspotentiale und der letzte Faktor beschreibt die mittlere Deformation des Gitters. Die Terme in (5) enthalten Beiträge von den E_1-gaps in allen vier äquivalenten [111]-Richtungen. Diese Beiträge lassen sich mit Hilfe eines uniaxialen Drucks variieren und erlauben einen eleganten Test von (5). Messungen an Ge und InSb sind in Abb.4a und 5a gezeigt. Der Phononstreuquerschnitt als Funktion der Energie der erregenden Photonen ist für verschiedene [111] Drucke aufgetragen. Ein solcher Druck läßt den 3-Band-Beitrag unverändert aber verstärkt den 2-Band-Term. In InSb, wo von vorneherein die 2-Band-Terme dominieren, erkennt man ein starkes Anwachsen des Streuquerschnittes im Maximum. In Ge wo bei p = 0 die 3-Band-Terme dominieren, sieht man wie ein scharfer Peak, der den 2-Band-Termen zugeordnet werden muß, herauswächst. Eine Anpassung mit Hilfe einer für den Druck modifizierten Form von (5) mit der aus Reflexionsmessungen bekannten elektrischen Suszeptibilität liefert die Kurven der Abb. 4b, 5b. Aufgrund der guten Übereinstimmung lassen sich dann quantitative Aussagen über die Deformationspotentiale machen.

2.3 Elektronische Resonante Streuung

Streuprozesse bei denen die im Festkörper erzeugte oder vernichtete Anregung nicht ein Phonon sondern elektronischer Natur ist, lassen sich gerade in Halbleitern beobachten. Solche Anregungen sind Intraband- oder Interband-Anregungen eines einzelnen Elektrons und die kollektiven Anregungen des freien Elektronensystems, die Plasmonen. Wir wollen hier als Beispiel die Resonanz eines elektronischen Interband Ramanprozesses behandeln. Ein Beispiel für einen solchen Streuprozeß ist in Abb.6 dargestellt. Das höhere Leitungsband dient als Zwischenzustand, das untere ist der Endzustand für das angeregte Elektron. Störungsrechnung zweiter Ordnung liefert für den resonanten Term im Ramantensor [3]

$$\chi(\omega_i,\omega_s) \sim \sum_\alpha \frac{\langle f|p|\alpha\rangle\langle\alpha|p|0\rangle}{\hbar\omega_i - E_\alpha} \quad . \qquad (6)$$

Die Resonanzbedingung

$$\hbar\omega_i \approx E_\alpha \qquad (7)$$

ergibt eine Resonanzerhöhung wenn die einfallende Photonenenergie gleich der Energie des Zwischenzustandes ist. Als experimentelles Beispiel sind in Abb. 7 zwei Ramanspektren von InSb dargestellt. Die auf einem abfallenden Untergrund sitzende Struktur bei 0,2 eV wird einer Interbandanregung über den E_0-gap ($E_0 = E_f = 0{,}2$ eV) zugeordnet. Die Resonanzerhöhung für $E_i = 2{,}7$ eV gegenüber $E_i = 2{,}5$ eV läßt sich erklären, wenn man als Zwischenzustand das nächst höhere Leitungsband (E_α = 3 eV) annimmt. Resonante Ramanstreuung von gekoppelten LO-Phonon-Plasmon-Moden ist auch beobachtet worden [5]. Der Ramanprozeß verläuft dann wahrscheinlich ähnlich wie in Abb. 2b.

3. MESSUNG VON DISPERSIONSKURVEN

Wie in allen Streuexperimenten lassen sich Energie- und Impulsübertrag innerhalb gewisser Grenzen variieren. Das bedeutet, daß man die Eigenfrequenzen der Anregungen auch als Funktion des Wellenvektors messen kann. Für den Lichtstreuprozeß ergibt sich der meßbare Bereich aus der Energie- und Wellenvektorerhaltung:

$$\hbar\omega_i - \hbar\omega_s = \hbar\Omega \qquad (8)$$

$$\hbar\vec{k}_i - \hbar\vec{k}_s = \hbar\vec{K} \,. \qquad (9)$$

Mit Hilfe von $|\vec{k}_{i,s}| = n_{i,s} \cdot \omega_{i,s}/c$ (n = Brechungsindex) erhält man die Bedingung

$$|\vec{K}| = [n^2(\omega_i)\omega_i^2 + n^2(\omega_s)(\omega_i-\Omega)^2 - 2n(\omega_i)n(\omega_s)\omega_i(\omega_i-\Omega)\cos\varphi]^{1/2}/c \qquad (10)$$

Für ein gegebenes Material mit Brechungsindex $n(\omega)$ definiert diese Gleichung die möglichen $\Omega(K)$ Funktionen die man durch Variation der erregenden Frequenz ω_i oder des Streuwinkels φ realisieren kann. Lösungen von (10) sind für typische Parameter in Abb. 8 gezeigt. Im Einzelexperiment (ω_i, φ sind festgelegt) wird mit Hilfe des Monochromators dann eine solche Kurve durchfahren und die Schnittpunkte mit den Dispersionskurven (gestrichelte

Linien) ergeben die jeweilige Frequenzlage des Streupeaks.

Für Phononen (repräsentiert durch die untere gestrichelte Kurve) findet man in diesem Bereich, der ca. 1% der Brillouinzone entspricht, keine Dispersion bis auf den "Polaritonbereich" bei IR-aktiven Phononen und kleinen Streuwinkeln. Mit den üblichen (und experimentell bequemeren) 90° oder 180° Streuwinkeln kommt man jedoch zu Wellenvektorüberträgen ($10^{5}...10^{6}$ cm^{-1}) bei denen die Phononfrequenz konstant ist. Der Streuvektor K wird deshalb in der Phonon-Raman-Streuung gewöhnlich nicht angegeben. Für die obere schematische Dispersionskurve wäre eine solche Angabe jedoch notwendig. Anregungen mit einer merklichen Dispersion in diesem Bereich sind z.B. die Plasmonen oder die gekoppelten LO-Plasmon-Moden. Die Eigenfrequenzen $\Omega(K)$ dieser longitudinalen Anregungen gewinnt man aus der Bedingung, daß die dielektrische Funktion $\varepsilon(K,\Omega) = 0$ ist. Für die Existenz von gekoppelten LO-Phonon-Plasmon-Moden muß $\varepsilon(K,\Omega)$ Beiträge von den Phononen und den freien Ladungsträgern enthalten. Mit einem LO-Phonon (Ω_{LO}) und einem Plasmon (Ω_{p}) ergeben sich dann aus $\varepsilon(K,\Omega) = 0$ zwei Lösungen für mögliche gekoppelte Moden: $\Omega^{-}(K)$ und $\Omega^{+}(K)$. Rechnungen von Lemmens und Devreese [6] die einen klassischen Oszillator für die Phononen und den Lindhard Ausdruck für den Beitrag der freien Ladungsträger benutzt haben, sind in Abb.9 als gestrichelte Linien gezeigt. Experimentell erkennt man die Frequenzverschiebung der Ω^{-},Ω^{+}-LO-Phonon-Plasmon Moden in dem in Abb.10 gezeigten Spektrum von GaAs. Eine Dispersionskurve, erhalten aus mehreren solchen Spektren, zeigt Abb.11. Solche Dispersionskurven wurden auch von Murase eta l. [7] und Pinczuk et al. [8] gemessen.

DANKSAGUNG

Meinen Mitarbeitern J. Geurts, U. Nowak und G. Sachs danke ich für ihre Mithilfe bei dieser Arbeit.

REFERENZEN

1. Siehe zum Beispiel W.Richter in, Springer Tracts in Modern Physics, Springer Verlag, Vol. 78, (1976) p.121 ff.
2. R. Loudon, Proc. Roy. Soc. A275 (1963) 218.
3. G. Baym, Lectures on Quantum mechanics, W.A. Benjamin, New York 1969.
4. J. Geurts, W. Richter, Verhandl. DPG (VI) 13 (1978) 72.
5. G. Abstreiter, A. Pinczuk, R. Trommer und M. Cardona, in Lattice Dynamics, ed. by M. Balkanski, Flammarion Science, Paris, 1977, p. 191.
6. L.F. Lemmens und J.T. Devreese, Solid State Commun. 14 (1974) 1339.
7. K. Murase, S.Katayama, Y. Ando und H. Kawamura, Phys. Rev. Lett. 33 (1974) 1481.
8. A. Pinczuk, G. Abstreiter, R. Trommer und M. Cardona, Solid State Commun. 21 (1977) 959.

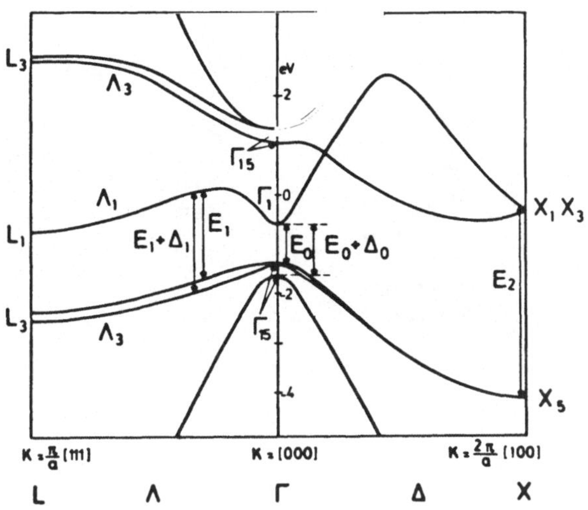

Abb.1
Typische Energiebandstruktur eines Halbleiters (Germanium).

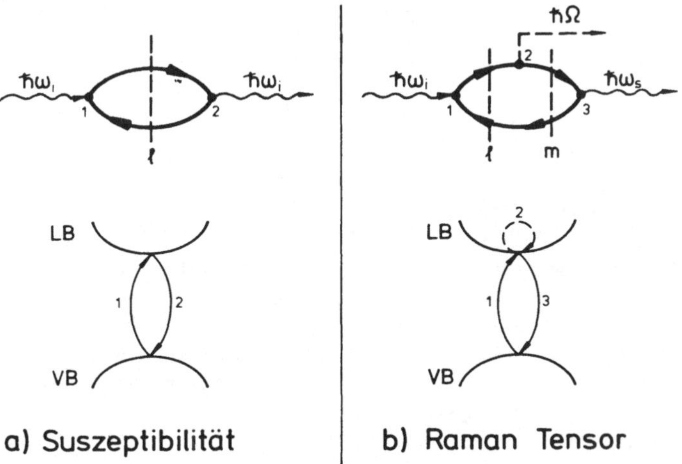

Abb. 2
Wechselwirkungsdiagramme und Übergänge von einem Valenzband in ein Leitungsband für

a) die elektrische Suszeptibilität

b) den Raman Tensor.

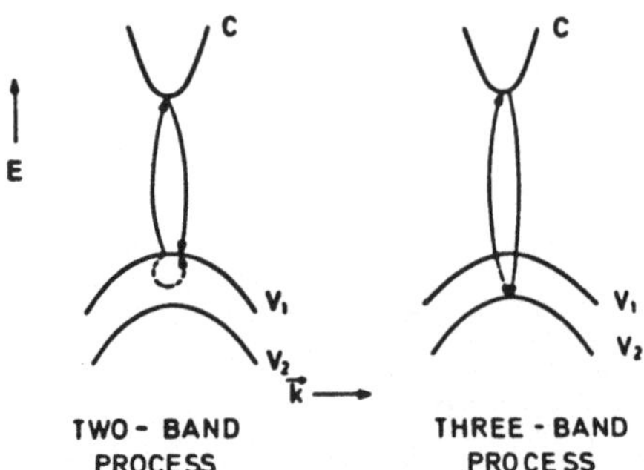

Abb. 3

Übergänge zwischen Valenz und Leitungsbändern für einen 2-Band und 3-Band Ramanprozeß

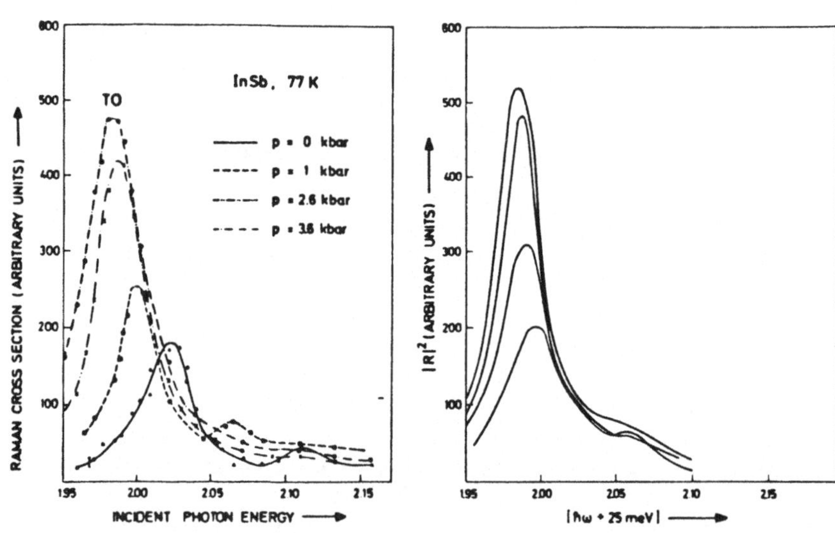

a) Experiment

b) Rechnungen nach einer modifizierten Form von(5).

Abb. 4

TO-Phonon-Streuquerschnitt in InSb am E_1-gap als Funktion der Energie der erregenden Photonen für verschiedene uniaxiale [111] Drucke. Aus [1].

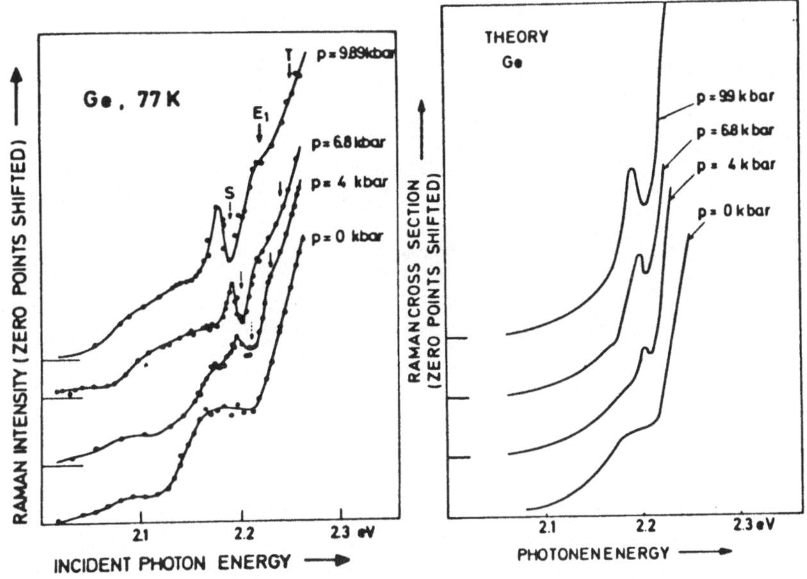

Abb. 5

Wie Abb. 4 jedoch für Germanium.

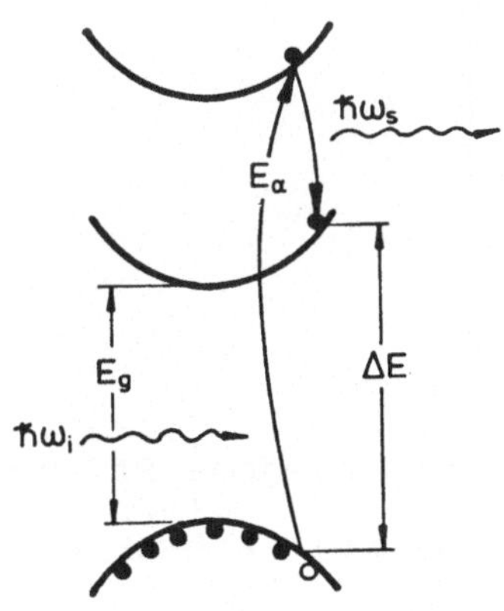

Abb. 6

Valenzband-Leitungsband-Übergänge für einen elektronischen Interband Raman Prozeß.

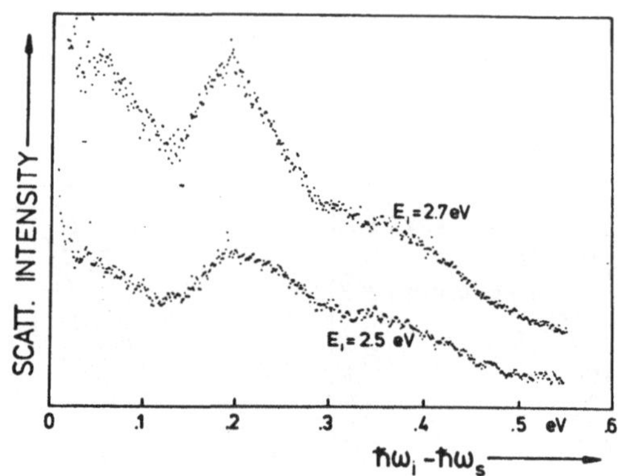

Abb. 7
Ramanspektrum von InSb für zwei verschiedene Laserfrequenzen. Der Peak bei 0.2 eV wird einem elektronischen Interband Ramanprozeß zugeordnet.

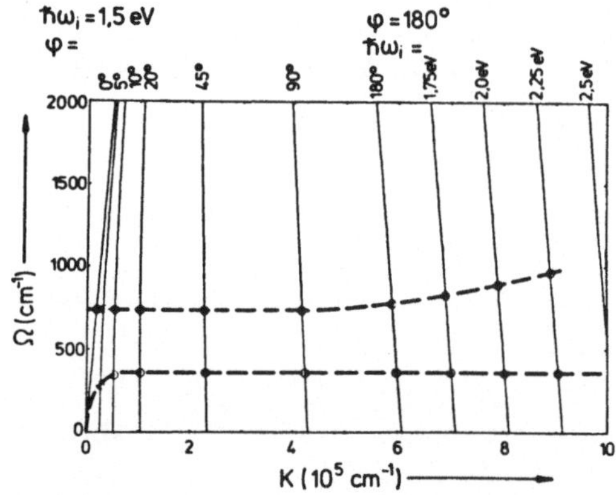

Abb. 8
Experimentell mögliche $\Omega(K)$ Kurven für verschiedene Streuwinkel φ und Photonenenergien $\hbar\omega_i$, berechnet für einen Brechungsindex n = 4. Gestrichelte Linien: hypothetische Dispersionskurven.

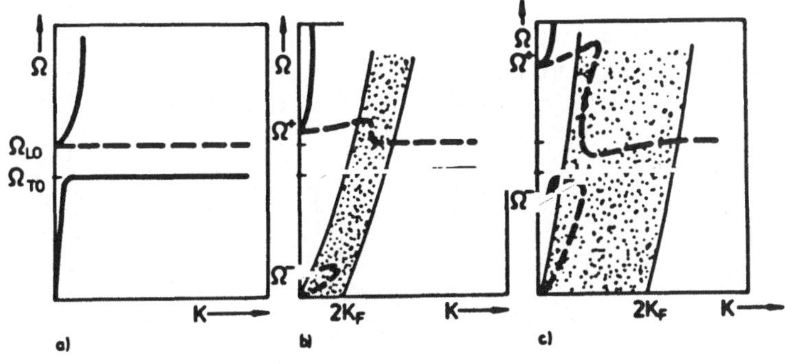

Abb. 9

Schematische Dispersion von transversalen (ausgezogene Linien) und longitudinalen (gestrichelte Linien) Moden in einem Halbleiter mit einem nicht entarteten TO-LO-Phonon und freien Ladungsträgerkonzentrationen: a) null, b) mittel, c) hoch.

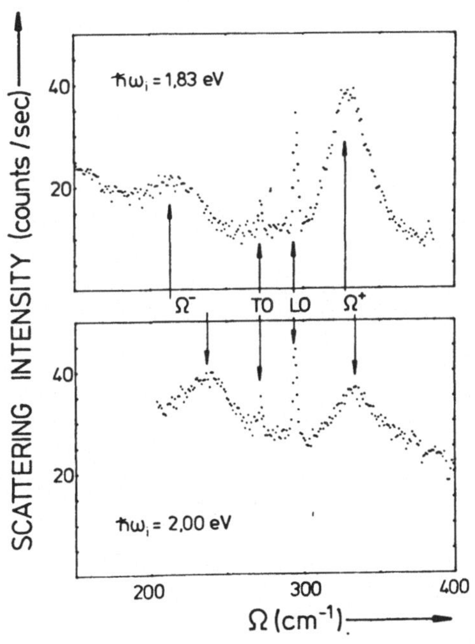

Abb. 10

Ramanspektrum von GaAs ($n = 6.10^{17} cm^{-3}$) für zwei verschiedene Laserfrequenzen.

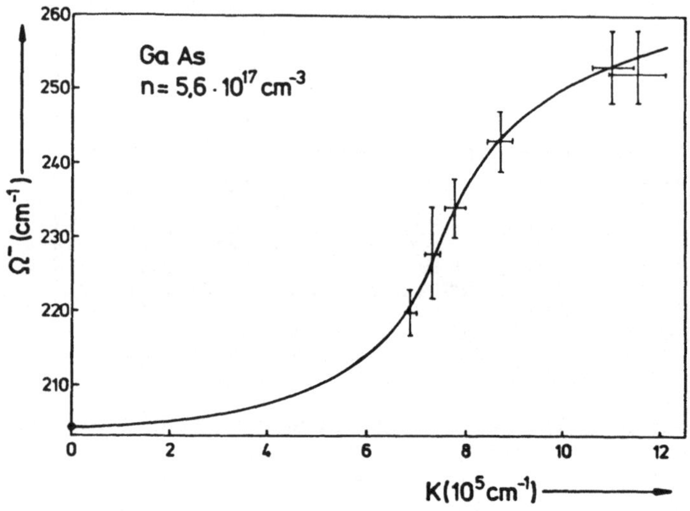

Abb. 11

Gemessene Dispersionskurven einer gekoppelten LO-Phonon-Plasmon-Mode in GaAs ($n = 6.10^{17} cm^{-3}$).

Acta Physica Austriaca, Suppl. XX, 107-116 (1979)

THEORIE ULTRAKURZER IMPULSE UND IHRER WECHSELWIRKUNG MIT KONDENSIERTER MATERIE+

H. HAKEN
Institut für theoretische Physik
Universität Stuttgart,BRD

ABSTRACT

In the first part of my talk I describe an analytical treatment of the build-up and stationary form of ultrashort laser pulses in a ring laser with homogeneously broadened atomic line. In the second part I describe selfinduced transparency of excitons and a new kind of polariton dispersion curves for ultrashort pulses.

1. ULTRAKURZE LASERIMPULSE

Ultrakurze Laserimpulse können, wie bekannt, auf verschiedene Weise erzeugt werden, z.B. durch Verlustmodulation oder durch das Einsetzen sättigbarer Absorber in den Laserlichtweg innerhalb von Resonatoren. Ultrakurze Impulse können aber auch bereits in einem üblichen Lasermaterial auftreten, wenn dieses nur hoch genug gepumpt wird. Diese neue Laserinstabilität war vor einer Reihe von Jahren von Graham und mir [1] sowie von Risken

+Vortrag gehalten anläßlich der Fachtagung "Laserspektroskopie", Graz, 19.-21. Juni 1978.

und Nummedal [2] vorhergesagt worden. Die entsprechenden Impulse waren von den letzteren Autoren mit Hilfe einer Computerrechnung bestimmt worden. In neuerer Zeit ist es uns nun gelungen, eine Methode zu entwickeln [3], die es gestattet, die hier auftretenden Laserimpulse auch analytisch zu behandeln [4]. Hierzu denken wir uns einen Ringlaser, in dem das Laserlicht nur in einer Richtung umlaufen kann. Das System beschreiben wir durch die elektrische Feldstärke E, die Polarisation P des Mediums und dessen Inversion D. Wir zerlegen, wie üblich, E und P in einen rasch oszillierenden Teil, der mit der Übergangsfrequenz des Lasermaterials oszilliert und einen langsam veränderlichen Teil [5]. Die entsprechenden Anteile von Feldstärke und Polarisation nennen wir E und P, die Inversion D. In guter Näherung genügen dann E, P und D den folgenden Gleichungen

$$(\frac{\partial}{\partial t} + \gamma_{\perp})\ P = \gamma_{\perp}\ ED$$

$$(\frac{\partial}{\partial t} + \gamma_{\parallel})\ D = \gamma_{\parallel}(\lambda+1) - \gamma_{\parallel}\ \lambda EP$$

$$(\frac{\partial}{\partial t} + \kappa + c\ \frac{\partial}{\partial x})\ E = \kappa P\ , \qquad (1.1)$$

wobei wir E, P und D so normiert haben [2] , daß die stationäre Lösung gerade durch E = P = D = 1 gegeben ist. $\gamma_{\perp}$ ist die optische Linienbreite des Lasermaterials, $\gamma_{\parallel}$ die inverse Pumpzeit, λ ist ein Pumpparameter, κ ist proportional zur inversen Lebensdauer der Photonen im Resonator, c ist die Lichtgeschwindigkeit. Um die Stabilität der stationären Lösung zu prüfen, machen wir, wie üblich, einen Ansatz der Form

$$\begin{pmatrix} E \\ D \\ P \end{pmatrix} = \begin{pmatrix} 1 \\ 1 \\ 1 \end{pmatrix} + \begin{pmatrix} e \\ \delta \\ p \end{pmatrix} \tag{1.2}$$

wobei der 2. Summand in (1.2) eine kleine Größe sein soll. Setzen wir (1.2) in (1.1) ein und linearisieren diese Gleichungen und machen wir ferner für e, δ und p den Ansatz einer Exponentialfunktion in Raum und Zeit, so können wir die Stabilität von E,D,P untersuchen. Wie sich zeigt, ergibt sich ein exponentieller Anstieg für den Lösungsvektor e, δ, p, falls λ größer als eine bestimmte kritische Größe ist, nämlich

$$\lambda > \lambda_c = 4 + 3\varepsilon^2 + 2\sqrt{2(1+\varepsilon^2)(2+\varepsilon^2)} \tag{1.3}$$

mit

$$\varepsilon = \sqrt{\frac{\gamma_\parallel}{\gamma_\perp}} \quad . \tag{1.4}$$

Wie sich zeigt, ist diese Instabilität mit dem Auftreten einer Oszillation verknüpft. Wir betrachten nun das System (1.1) mit dem Ansatz (1.2) als ein exaktes, d.h. wir nehmen die Nichtlinearität voll mit. Wird die Feldstärke als eine Superposition von Wellen dargestellt, so lassen sich gemäß [3] und [4] die Amplituden der Oberwellen eindeutig als Funktion der Amplitude der Grundwelle berechnen. Spalten wir die Amplitude der Grundwelle in eine reelle Amplitude und einen Phasenfaktor, so ergibt sich, daß diese reelle Amplitude der folgenden Gleichung genügt [4]

$$\frac{\partial R}{\partial t} = \beta R + aR^3 - bR^5 \equiv - \frac{\partial V}{\partial R} \quad . \tag{1.5}$$

Darin läßt sich V als das Potential eines Teilchens mit der Koordinate R interpretieren.

Durch die Lösung der Gl.(1.5) ist das Verhalten der Laserimpulse eindeutig bestimmt, sofern wir von Fluktuationen absehen. Der Verlauf des Potentials V hängt ab von den Vorzeichen von β und a. Der Koeffizient b ist immer positiv. β ist durch den Pumpparameter λ bestimmt und ändert seine Vorzeichen. a hingegen hängt von der Länge des Lasers ab. Die Abhängigkeit dieser beiden Größen von der Laserlänge L ist in Abb. 1 dargestellt. Die darin ausgezogene Kurve für β verschiebt sich mit wachsendem Pumpparameter nach oben, so daß für kleine Pumpparameter die Abszisse noch nicht gekreuzt wird, dann die β-Kurve die Abszisse berührt und schließlich, wie in Abb. 1 angegeben, diese in 2 Punkten schneidet. Wie sich zeigen läßt, entspricht $a < 0$ einem Nichtgleichgewichts-Phasenübergang 2. Ordnung mit dem Auftreten einer Soft Mode, im Fall $a > 0$ einem Phasenübergang 1. Ordnung verbunden mit Hysterese. Ein Beispiel für die Deformation des Potentials V als Funktion des Pumpparameters ist in Abb. 2 im Falle des Phasenübergangs 1. Ordnung gegeben. Ersichtlich springt die Amplitude R plötzlich von Null auf einen von Null verschiedenen Wert. Gelingt es, den Laser entsprechend zu präparieren, so kann man aber auch bei der mittleren Kurve einen ultrakurzen Impuls erzeugen, selbst wenn die eigentliche Pulsbedingung $\lambda > \lambda_c$ noch nicht erfüllt ist. Diese Situation scheint für praktische Anwendungen interessant, da man hier eine Möglichkeit hätte, den eigentlichen Laser mit Hilfe eines kleinen Lasers zum Aussenden von ultrakurzen Impulsen zu triggern. Beispiele für einen stationären Laserpuls sind in Abb. 3 gegeben. Auch der

Einschwingvorgang läßt sich mit unserer an anderem Ort beschriebenen Methode behandeln [3]. Abb.4 zeigt, wie die Laserlichtamplitude von einem gestörten Zustand zur Zeit $t = 0,0$ bis zu einem stationären Wert anwächst.

2. WECHSELWIRKUNG ULTRAKURZER IMPULSE MIT MATERIE: SELBSTINDUZIERTE TRANSPARENZ VON EXZITONEN

Ultrakurze Laserimpulse können natürlich in verschiedenster Weise mit Materie in Wechselwirkung treten. Ein besonders interessanter Effekt ist hierbei die sogenannte selbstinduzierte Transparenz, die zuerst von McCall und Hahn [6] für Systeme nicht-wechselwirkender Atome gefunden wurde. Hierbei handelt es sich um Folgendes: Läßt man Licht auf Atome fallen, so daß der atomare Übergang der Lichtfrequenz entspricht, so wird Licht bekanntlich absorbiert. Wie nun McCall und Hahn fanden, gilt dies nicht mehr, wenn die Dauer des Lichtimpulses viel kürzer als die Relaxationszeiten der Atome ist.

Wir haben nun untersucht, ob es selbstinduzierte Transparenz auch in andersartigen Quantensystemen gibt [7,8]. Da in kristallinen Festkörpern optische Absorption häufig mit der Bildung von Exzitonen verbunden ist, ergab sich die interessante Aufgabe zu untersuchen, ob dieser Effekt auch bei Exzitonen erwartet werden kann. Dies ist deshalb nicht sicher, weil Exzitonen keine atomaren Anregungszustände sind, sondern über das Gitter verteilt sind. Zur Beschreibung der Wechselwirkung zwischen Licht und Exzitonen gehen wir aus von einem Hamiltonoperator, der die Exzitonenenergie, die Lichtfeldenergie und die Wechselwirkungsenergie enthält [9]. Der Hamiltonoperator gibt Anlaß zu Heisenbergschen Bewegungsgleichungen für die Operatoren von Exzitonen und Lichtfeld. Mit Hilfe der Methode der sogenannten quantenklassischen Korrespondenz [10] denken wir uns diese Gleichungen in klassische Bewegungsgleichungen überführt, was bei kohärenten Feldern in guter Näherung möglich ist. Bezeichnen wir die Amplitude der Exzitonenwelle am Gitterpunkt L mit B_L^+ und das Vektorpotential des Lichtfelds in einer ausgezeichneten Richtung am Orte L mit A_L^- (minus deutet den negativen Frequenzanteil an) und ist schließlich N_L die mittlere Exzitonenzahl am Ort L, so lauten die Bewegungsgleichungen

$$\dot{B}_L^+ = \frac{i}{\hbar} E_O B_L^+ + \frac{i}{\hbar} \sum_{L'} E(L-L') B_L^+$$

$$- \frac{2i}{\hbar} \sum_{L'} W(L-L') B_L^+ N_{L'} - g A_L^- (2N_L - \phi(O)) \quad . \qquad (2.1)$$

Hierzu kommen noch Gleichungen für N_L und A_L^-. Hierin sind E_O, E und W aus der Exzitonentheorie gegebene Energieausdrücke, $\phi(O)$ die Amplitude der Wellenfunktion eines Wannier-Exzitons bei verschwindendem Elektron-Loch-Abstand. Da wir kurze Impulsdauern annehmen, haben wir alle Relaxationszeiten vernachlässigt. Wir haben die Gleichungen (2.1) etc. unter Annahme eines stationären Laser-Exzitonen-Pulses gelöst [8]. Hierbei ergibt sich eine interessante Dispersionsbeziehung zwischen der Zentralfrequenz Ω und dem Zentral-Wellenzahlvektor K. Diese Abhängigkeit ist in Abb.5 dargestellt. Die Ziffern 1-4 beziehen sich auf verschiedene Pulsdauern. 1-3 ist eine Reihenfolge wachsender Pulsdauern. Wir sehen, daß für immer längere Impulse sich die Kurven immer mehr der Polaritonkurve nähern. Für kurze Pulsdauern (4) hingegen nähert sich der Puls immer mehr der Licht-Dispersionskuve. Interessant ist die teilweise negative Steigung der Kurven. Aus der Steigung darf man jedoch nicht auf die Gruppengeschwindigkeit schließen, da es sich hier um nichtlineare Effekte handelt. Es wäre interessant für Experimentalphysiker, die neuartigen Dispersionskurven zu messen.

Unsere Vorhersage der selbstinduzierten Transparenz von Exzitonen wurde inzwischen experimentell bestätigt. Zweifellos wäre es aber wünschenswert, noch weitere experimentelle Untersuchungen durchzuführen, um insbesondere die Dispersionskurven und Geschwindigkeiten der Pulsausbreitung nachzuprüfen. Wegen der hohen f-Werte von Exzitonen können erhebliche Verzögerungsraten bei Laufzeiten erwartet werden.

REFERENZEN

1. R. Graham, H. Haken, Z. Phys. 213 (1968) 420.
2. H. Risken, K. Nummedal, J. Appl. Phys. 39 (1968) 4662; Phys. Lett. 26A (1968) 275.
3. H. Haken, Z. Physik B21 (1975) 105; B22 (1975) 69; B23 (1976) 388 sowie in H. Haken: Synergetics, An Introduction. Springer Berlin, Heidelberg, New York 1977.
4. H. Haken, H. Ohno, Opt. Comm. 16 (1976) 205; H. Ohno, H. Haken, Physics Lett. 59A (1976) 261 and to be published.
5. siehe z.B. H. Haken, Laser theory, Encyclopedia of Physics, Vol. XXV, 2c, Springer Berlin, Heidelberg, New York, 1970.

6. S.L. McCall, E.L. Hahn, Phys. Rev. Lett. 18 (1967) 908; Phys. Rev. 183 (1969) 457.
7. A. Schenzle, H. Haken, Opt. Comm. 6 (1972) 96.
H. Haken, A. Schenzle, Z. Phys. 258 (1973) 231.
8. J. Goll, H. Haken, Opt. Comm. 24 (1978) 1.
9. H. Haken, Quantenfeldtheorie des Festkörpers, Teubner 1973.
10. H. Haken, Hdb. der Physik XXV/2c, Light and Matter Vol. Ic, ed. S. Flügge, p.65, Springer Berlin, Heidelberg, New York, 1970.

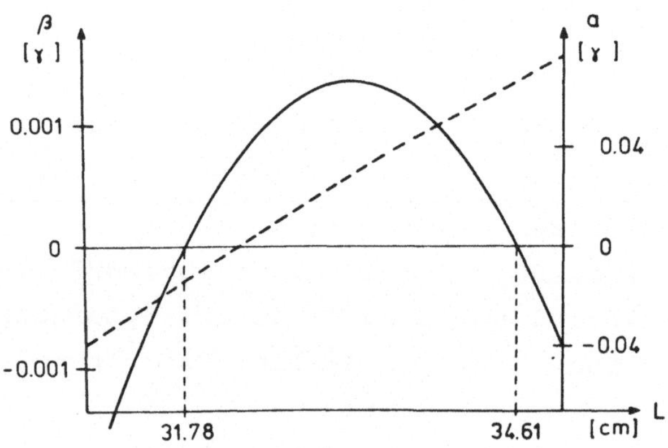

Abb. 1

Die Koeffizienten β und a von Gl.(1.5) in Abhängigkeit von der Länge L des Ringlasers. L dimensionslos. Gestrichelt: a, ausgezogen: β

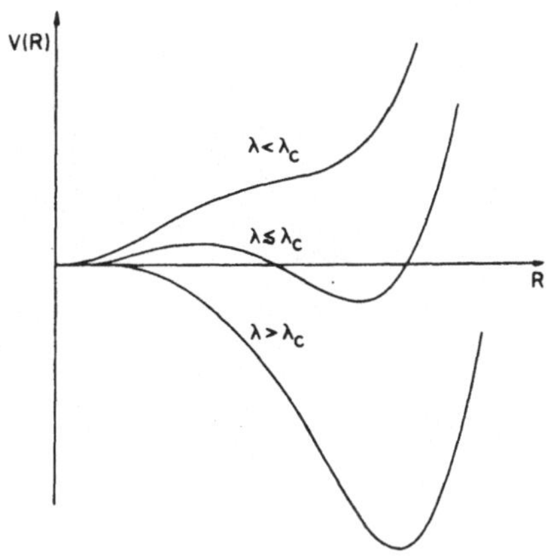

Abb. 2

Das Potential V von Gl.(1.5) für a > O und verschiedene Pumpparameter λ

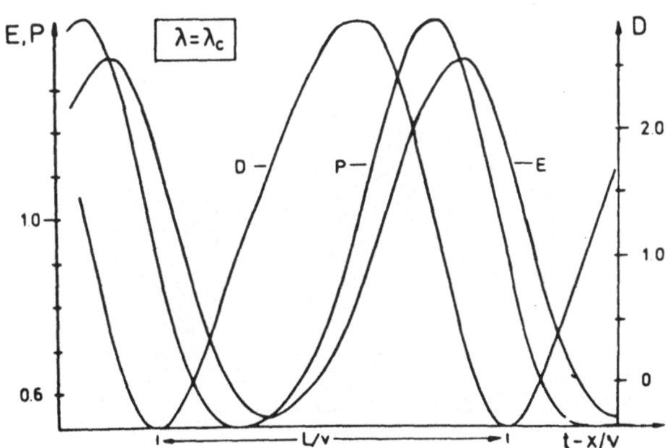

Abb. 3

Die stationären Pulse von E,D,P, für $\lambda = \lambda_c$ als Funktion von t - x/v (v: Pulsgeschwindigkeit)

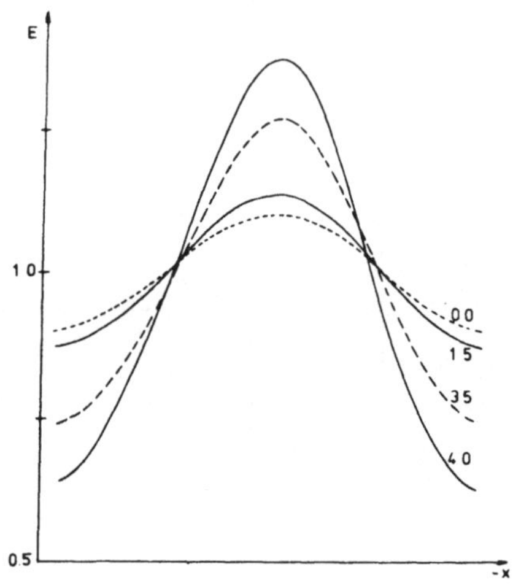

Abb. 4

Aufbau der Pulsamplitude E im Laufe der Zeit

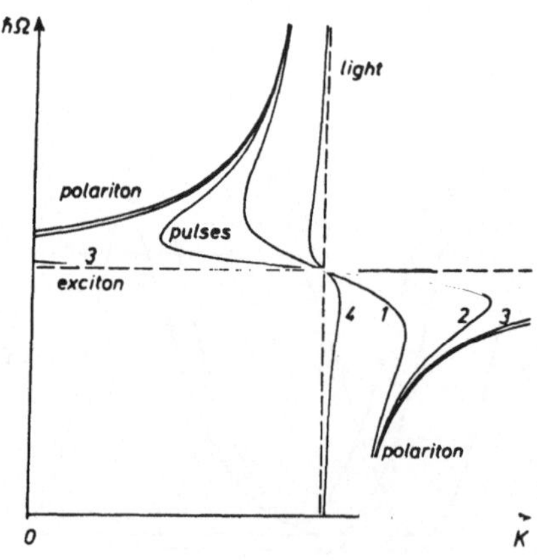

Abb. 5

Dispersionsgesetz des Laserlichtimpulses für verschiedene Pulsdauern

Acta Physica Austriaca, Suppl. XX, 117-132 (1979)

MULTIPHOTON PHENOMENA IN PHOTOELECTRON EMISSION PROCESSES OF METALS AT HIGH LASER INTENSITIES[+]

Gy. FARKAS
Central Research Institute for Physics
Budapest, Hungary

I. THEORETICAL BACKGROUND

Before the advent of lasers, photoeffect was known in the form of the linear photoeffect characterised by Einstein's equation

$$h \quad = A + \frac{1}{2} mv^2$$

and by the linear relation $j \propto I$ between the photocurrent j and the light intensity I. When, however, the work function A of a metal characterized by the Fermi energy of the Sommerfeld-type conduction electron gas is higher than the photon energy $h\nu$ of the irradiating laser light, multiphoton surface photoeffect may occur. The detailed description of the problems related to the multiphoton photoeffect is published in form of the review papers [1,2,3].

[+]Vortrag gehalten anläßlich der Fachtagung "Laserspektroskopie", Graz, 19.-21. Juni 1978.

The electrons move freely in the metal except in the direction normal to the surface, therefore the photoeffect depends only on the laser electric field component $E_\perp$ which is perpendicular to the surface. The first theoretical works applying the higher order perturbation approximation [4-9] determined the photocurrent by calculating the transition probability from the fundamental bound state to the free electron final state. The well known result showed that the photocurrent j is proportional to the n_o-th power of the square of the perpendicular laser electric field component $E_\perp$ or the corresponding laser intensity I

$$j \propto E_\perp^{2n_o} \propto I^{n_o}, \qquad \text{with} \qquad n_o = [A/h\nu + 1] \; . \qquad (1)$$

Since the validity of the simple perturbation calculation is limited to relatively low light intensities, Keldysh and his followers 10-14 elaborated a more general method in which they took into account the presence of the strong laser field outside the metal and therefore the final state is a Volkov state [23] instead of a pure free electron state. The results are summarized in Fig.1. It can be seen that depending on the parameter $\gamma = \frac{2\pi\nu\sqrt{2mA}}{E_\perp e}$ (e and m are the electron charge and mass, respectively) in the case $\gamma >> 1$ the order (1) perturbation n_o-th power law is reobtaned while for $\gamma << 1$ the optical tunnel emission is predicted.

For the critical light intensities at which the power law loses its validity and a deviation from it occurs, the different theories give different values depending on their initial assumptions for the process.

The overall conclusion drawn from these theories was that the existence of the multiphoton surface photoeffect might be verified by experiment taking into consideration several phenomena predicted by the theories, namely: polarization dependence, intensity dependence, work function dependence, photoelectron energy distribution dependence, coherence dependence, etc.

The experimental works, which are described in a detailed form in the review papers [1-3] verified unambigously the existence of the pure multiphoton photoeffect of metals for Au, Ag, Ni, Hg, etc. In these experiments nanosecond duration laser pulses were used. The effect might be observed however, using nanosecond laser pulses up to several MW/cm^2 laser intensities only, because of the occurrence of the thermionic emission at higher intensities. Therefore the behaviour of the multiphoton photoeffect at the theoretically predicted interesting critical laser intensities could not be investigated owing to the masking effect of thermionic emission.

The theoretical works [15] and [16,17] showed how to bypass the intensity limit for the investigations in the hight intensity range, and how to take into consideration here the influence of the thermal effects in general. Reducing the laser pulse duration and at the same time increasing the light intensity, the thermal processes of the crystal lattice become negligible in comparison with the multiphoton processes. It turned out, that in general, the influence of the thermal processes result in increasing the exponent n of the $j \propto I^n$ relation in form $n > n_o$.

These theories [18] also have shown, that by varying the laser frequency ν, a strong resonance occurs in the photoemission when $n_o h\nu = A$. By varying ν, at this condition the $n(\nu)$ relation exhibits a resonance curve form of which the half width value corresponds roughly to the initial cathode temperature T_o. In these considerations the more general $n = \frac{d \log j}{d \log I}$ definition is used for n.

Finally the new theories [22-25] have shown, that in the strong laser field the emitted electrons may not be considered as quite free ones, they are coupled to the laser photons. This follows by solving the Dirac equation with e.m. plane wave potential which furnishes exact solution for this case, and which is called Volkov solution [19-23]. Among the many interesting results obtained in this case, the most important one is for us that an electron with initial energy E_i will have in the laser beam a descrete energy set $E_n = E_i \pm nh\nu$, with $n = 0,1,2...$, in contrast with the simple classical expectations. Therefore we may perform direct experiments to decide, whether electrons may absorb integer number of light quanta from a light beam.

II. EXPERIMENTAL RESULTS

1. Intensity dependence

After the verification of the existence of the multiphoton photoeffect [24,25] as a first experimental step we, in Budapest [26] have proven that the earlier mentioned theoretical predictions [16] using ultrashort picosecond duration laser pulse enable the pure multiphoton photoeffect up to 100 MW/cm^2 to be observed without any background of classical thermoemission for n_o = 2,3,4,5 combining different cathodes and lasers (Fig.2). Grazing light incidence was used which further reduced the heating, thereby reducing the light absorption by the Au mirror-like cathode. After this, increasing the laser intensity, we performed the first experiments [27,28] demonstrating the existence of the predicted deviation from the n_o-th power law. Using ultrashort pulse trains (Fig. 3) of a mode-locked Nd laser we found a deviation at an $E_{\perp crit}$ value for which the tentative qualitative estimation gave the $10^{6.6}$ V/cm value, which is somewhat less than the theoretically predicted $10^{7.3}$ V/cm in [12] and much higher than the 10^5 V/cm value expected in [13].

To eliminate the possible effects due to the laser pulse trains, the experiment was repeated using single electrooptically selected regular as well as irregular pulse of the train [29]. The results showed that these experiments coincide with the theoretical predictions of the multiphoton photoeffect, but only for the case of short and regular bandwidth-limited laser pulses.

Experiments performed with longer but also single bandwidth-limited 30 ps duration Nd:YAG laser pulses confirmed this conclusion: Bloembergen et al. [30] who carried out an investigation on a tungsten cathode found the same to be true. The result gave a theoretical value of n_o = 4, indicating pure multiphoton photoeffect (Fig.4). The same results were obtained by the same authors for tantalum and molybdenum [31].

A similar experiment was performed in Saclay in

France [32] just at the same time. The selected single transverse mode Nd:YAG laser pulse was amplified and the pulse shape and duration were controlled by a fast streak camera showing a gaussion-shaped pulse with a duration of 30 ps. The laser beam reached the Au cathode under grazing incidence and the total electric vector E of the light was perpendicular to the cathode surface: $E = E_{\perp}$. The results are shown in Fig. 5. Up to several GW/cm^2 intensity values the $j \propto E^{2n_o} \propto I^{n_o}$ relation again holds with the theoretically predicted $n_o = 5$. Around $E = 10^{6.48 \pm 0.48}$ V/cm a deviation from this power dependence was observed. This value coincides very well with that predicted in the theoretical work [12,47], therefore we can state that these are the correct theories. We see that the $n > n_o$ power intensity dependence was not observed with bandwidth-limited pulses up to ~ 10 GW/cm^2, i.e. the electrons behave if they were always at $T_o \sim 0^o$ temperature, no influence of the fast electron heating was detected.

To confirm that the observed multiphonon photoeffect is a surface one, we carried out very sensitive polarization measurements [40] in the intensity range where the n_o-th power law is valid. The direction of the polarization of the light incident on the cathode is obtained by insertion of a Glan-Thompson prism in the path of the light beam. This direction could be varied by rotating the prism. The geometrical configurations and the results are presented in Fig. 6, which shows the theoretically predicted dependences.

Summarizing these results we may conclude that the emission process observed in our experiments using bandwidth limited laser pulses is purely that of the surface multiphoton photoeffect of gold. Its experimental behaviour towards the higher intensities support the recent theoretical predictions.

2. Resonance

Considering that the work function A of our metal is characterized by two levels, namely the Fermi level and the vacuum level, the question arises whether resonance effects might occur by varying the laser frequency at $A = n_o h\nu$. It should be noted of course that at first sight the resonance, if any, may not be very sharp owing to the $kT_o \sim 10^{-2}$ eV energy spread of the Fermi electron at room temperatures. By tuning the laser wavelength a bypass from the n_o-1 photon interaction to the n_o photon one is expected, accompanied by a resonance phenomenon in which case very strange intensity dependence relations may hold.

The experiments [33] were performed in Saclay using a tunable picosecond Nd laser oscillator [34] with an amplifying system and by automatic recording of the tuned wavelength and the duration and time shape of the laser pulse. The spectral bandwidth and the duration of the bandwidth limited laser pulse were 1.5 Å and 15 ps, respectively, the tuning range was 80 Å.

Two experiments were performed: in the first one the gold cathode was situated in a static vacuum bulb at 10^{-8} torr, baked and degassed during two days; in the second, the gold cathode was polished again and was closed in a vessel with dynamic vacuum of less than

10^{-9} torr, but baked for only about 8 hours.

The experimental results are summarized in Fig.7 where the exponent $n = \frac{d \log j}{d \log I}$ of the intensity dependence relation is plotted against the wavelength λ. It can be seen that an unexpectedly sharp resonance exists at the wavelength $\lambda_o = 10598$ Å with a width of $\Delta\lambda \sim 10$ Å. It can also be seen that the place of the resonance does not depend on the different treatments of the cathode, but a certain damping of the resonance was found in the second experiment.

At wavelength less than $\lambda_o = 10598$ Å, $n_o = 4$ order and at those higher than λ_o, $n_o = 5$ order multiphoton photoeffect occurs. The experimentally found λ_o value enables us to determine the work function of gold with a very high precision: $A = 4.679 \pm 0{,}02$ eV. We must add, however, that this value was found in the presence of a strong e.m. field. As a control, no n-variation was found for nickel cathode, as theoretically expected.

It can be concluded that the preliminary experimental resonance curves coincide more with those theoretical ones for which the initial cathode temperature $T_o \sim 0^o$, just as it was stated in the case of the intensity dependence.

3. Photon-Free Electron Interaction

In the course of the experiments performed for the investigation of the multiphoton ionization of atoms and for the multiphoton photoeffect of metals unexpectedly high electron energies may be observed after the ionization or photoemission [25,35,36]. This phenomenon may be explained, if we suppose that the already "free" emitted electron may absorbe several photons.

Therefore we decided to follow the suggestion of the theorists who urged experimentalists to investigate the problem directly, i.e. the possible absorption of nhν quanta from the running laser beam in a simple process.

For the investigation of the photon-free electron interaction we have performed [37] the following preliminary experiment (**Fig.** 8). A heated oxide cathode at $\sim 800^{o}$ K emitted electrons of kT $\sim 10^{-2}$ eV thermal energies with density $\sim 10^{10}$ electron/cm^{2}. In front of the cathode a tungsten mesh was situated with a 4 cm spacing. Between the cathode and the mesh a negative variable potential was applied. When the polarity of the potential of the mesh is negative and has a value of several Volts, the electrons with low thermal energies can not penetrate through the mesh. When, however, the electron cloud is shot by an intense laser pulse, according to the prediction of different theories, there are electrons which may absorbe 1,2,...,n quanta. Since the quantum energy of Nd laser light hν = 1.17 eV, these electrons acquire energy enough to pass through the negative grid. Unfortunately no quantitative numerical value for the probability of the process was given in the theoretical work. Nevertheless it is sure that it is very low. Therefore to be able to detect these electrons, if any, we built - behind the grid - an electron multiplier with a gain value of 10^{6} (EMI-6903) at a pressure of 10^{-8} torr. The emitted and multiplied electrons gave a signal. From this value the number of interacting electrons may be roughly determined.

For the number of the interacting electrons an I^n power law function is to be expected since this is the form generally taken by the n photon interaction. The experiment was performed in Saclay, where we used the same laser system as in the photoeffect experiments. We used an Nd:YAG laser pulse duration 30 ps and of maximum intensity of 10 GW/cm^2. The unfocused beam diameter was 0.5 cm. As for the grid potential we must keep in mind that owing to the contact potential, a 4 V potential existed a priori on the mesh, with which we corrected always the measured values [38].

The experiment consisted of the determination of the multiplier anode signals as a function of the laser intensity with mesh potential being the parameter. The results are shown in Fig. 9. It can be seen that the experimentally found n values of the I^n power law intensity dependence and the respective grid potentials correspond more or less to the $nh\nu$ values expected for n photon interactions.

We may conclude that this very preliminary experiment shows the existence of the photon energy absorption by an electron in a strong laser beam. For the correct interpretation of the process, however, more serious experiments and theoretical estimations are required.

REFERENCES

1. Gy.Farkas in: Multiphoton Processes, John Wiley and Sons, New York 1978.
2. S.I. Anisimov, V.A. Benderskii,Gy.Farkas, Usp.Fiz. Nauk 122 (1977) 185.
3. P.P. Barashev, Phys. Stat. Sol. a9 (1972) 9.
4. R.E.B. Makinson, M.J. Buckingham, Proc. Roy. Phys. Soc. 64A (1951) 135.
5. R.L. Smith, Phys. Rev. 128 (1962) 2225.
6. I. Adawi, Phys. Rev. 134A (1964) 788.
7. M.E. Marinchuk, Phys. Rev. Lett. 34A (1971) 97.
8. P.P. Barashev, Fiz. Tverd. Tela 12 (1970) 1973.
9. M.C. Teich, G.J. Wolga, Phys. Rev. 171 (1968) 809.
10. L.V. Keldysh, Zh. Eksp. Teor. Fiz. 47 (1964) 1945.
11. F.V. Bunkin, M.V. Fedorov, Zh. Eksp. Teor. Fiz. 48 (1965) 1341.
12. A.P. Silin, Fiz. Tverd. Tela 12 (1970) 3553.
13. A.M. Brodskii, Yu.Ya. Gurevich, Teorija Elektronnoi.
14. A.M. Brodskii, Phys. Stat. Sol. (b)83 (1977) 331.
15. S.I. Anisimov, Ya.A. Imas, G.S. Romanov, Yu.V.Khodyko, Deistvie Izlushenia Bolshoi Moshnosti na Metally, Nauka, Moscow, 1970.
16. F.V. Bunkin, A.M. Prokhorov, Zh, Eksp. Teor. Fiz. 52 (1967) 1610.
17. S.I. Anisimov, N.A. Inogamov, Yu.P. Petrov, Phys. Lett. 45A (1976) 449.
18. I. Kantorovich, Pismo Zh. Techn. Fiz. 3, 230; 3 (1977) 280.
19. F. Ehlotzky, many papers, see in 21.
20. H. Mitter, in Multiphoton Processes, John Wiley and Sons, New York 1978.
21. J.H. Eberly, Progress in Optics VII (1969) 361 North Holland.

22. J.H. Eberly, Proc. International Conf. on Optical Pumping and Atomic Line Shape, Warsaw, 1968 p.311.
23. D.M. Volkov, Z. für Physik 94 (1935) 250.
24. E.M. Logothetis, P.L. Hartman, Phys. Rev. 187 (1969) 460.
25. Gy.Farkas, I. Kertész, Zs. Náray, P. Varga, Phys. Lett. 25A (1967) 572.
26. Gy.Farkas, Z. Horváth, I. Kertész, G. Kiss, Nuovo Cim. Lett. 1 (1971) 314.
27. Gy.Farkas, Z. Gy.Horváth, I. Kertész, Phys. Lett. 39A (1972) 231.
28. Gy.Farkas, Z.Gy.Horváth, Opt. Comm. 12 (1974) 392.
29. Gy.Farkas, Z.Gy.Horváth, L.A. Lompré, G. Petite, Phys. Stat. Sol. (a)39 (1977) K25.
30. J.H. Bechtel, W.L. Smith, N. Bloembergen, Opt. Comm. 12 (1975) 392.
31. J.H. Bechtel, W.L. Smith, N. Bloembergen, Phys. Rev. 315 (1977) 4557.
32. L.A. Lompré, J.Thébault, Gy.Farkas, Appl. Phys. Lett. 27 (1975) 110.
33. L.A. Lompré, G.Mainfray, C.Manus, J. Thébault, Gy.Farkas, Z.Horváth, Appl. Phys. Lett. in press.
34. L.A. Lompré, G.Mainfray, J.Thébault, J. Appl. Phys. 48 (1977) 1570.
35. L.A. Lompré, G.Mainfray, J.Thébault, Saclay Preprint to be published.
36. E.A. Martin, L.Mandel, Appl. Opt. 15 (1976) 2378.
37. Gy.Farkas,L.A.Lompré, G.Mainfray, C.Manus, J.Thébault, to be published.
38. P.A. Redhead et al., The Physical Basis of Ultrahigh Vacuum 1968. Chapman and Hall.

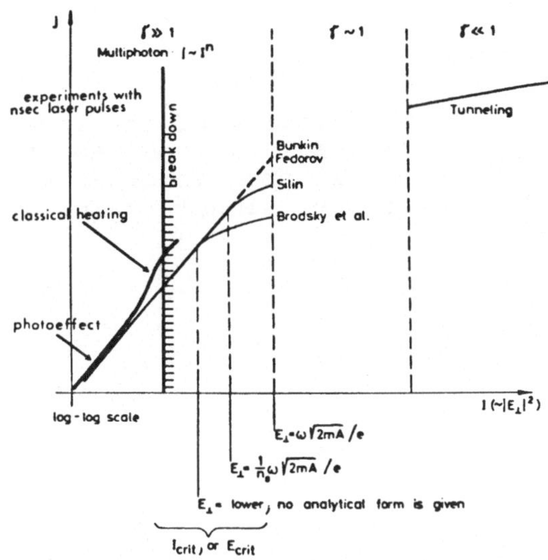

Fig. 1

The quantitative summary of the theoretical results.

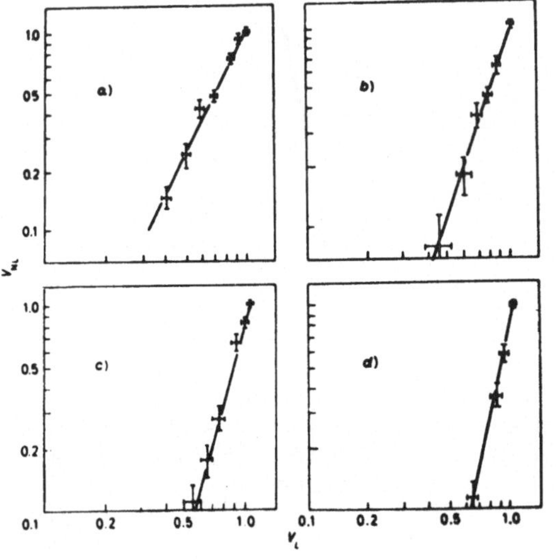

Fig. 2

Intensity dependence of the 2 nd-, 3 rd-, 4 th-, and 5 th-order photoeffect. Horizontal: laser intensity (a.u.) vertical: multiphoton signal (a.u.).

a) Nd-Cs_3Sb, $n_o = 2$;
b) ruby-Au, $n_o = 3$;
c) Nd-Au, $n_o = 4$;
d) Nd-Ni, $n_o = 5$.

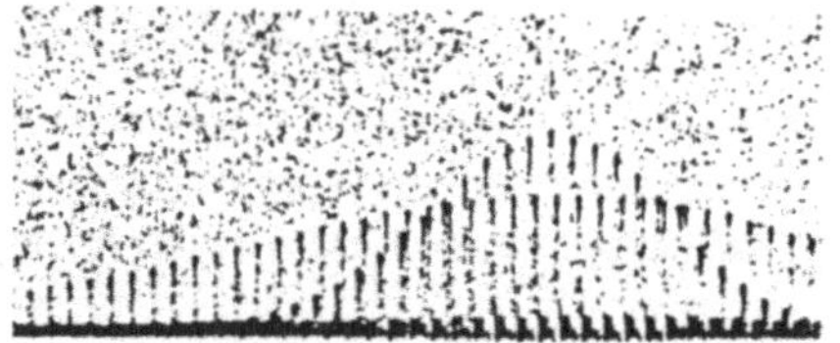

Fig. 3

Oscillogram of the laser (longer envelope) and the multiphoton (shorter envelope) signal trains.

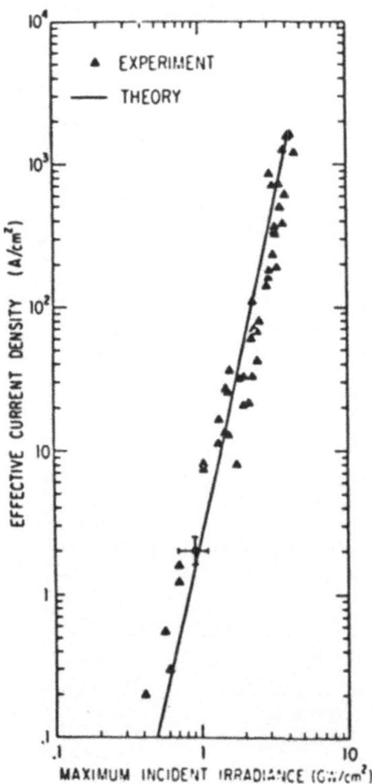

Fig. 4

Intensity dependence curve of tungsten with single laser pulses.

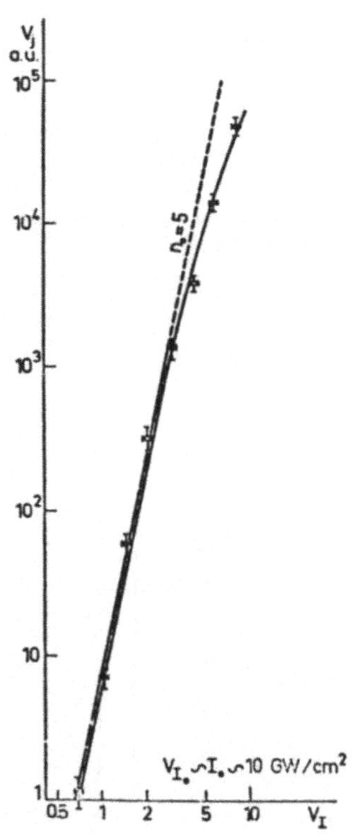

Fig. 5

Intensity dependence curve of gold with single laser pulses showing the theoretically predicted departure.

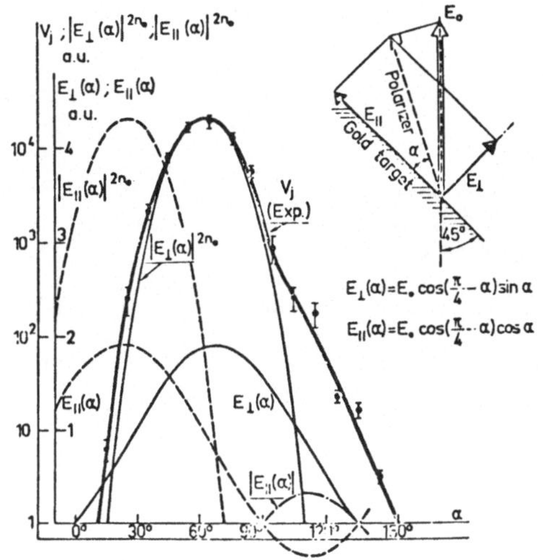

Fig. 6

Polarization dependence of the multiphoton photoeffect.

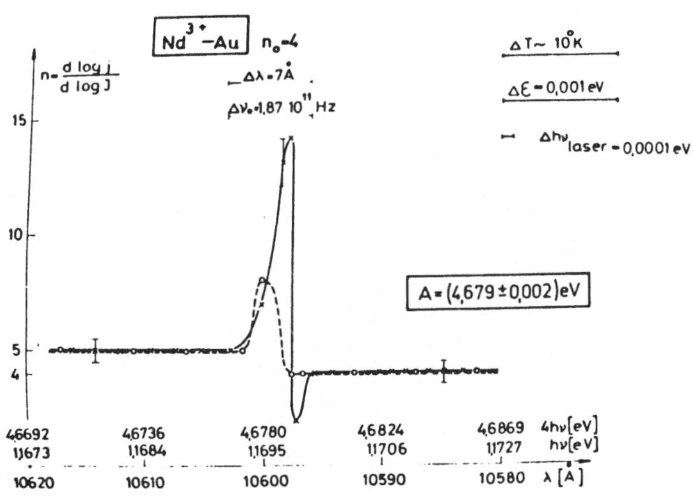

Fig. 7

The experimental dependence of the order of nonlinearity n on the laser frequency ν.

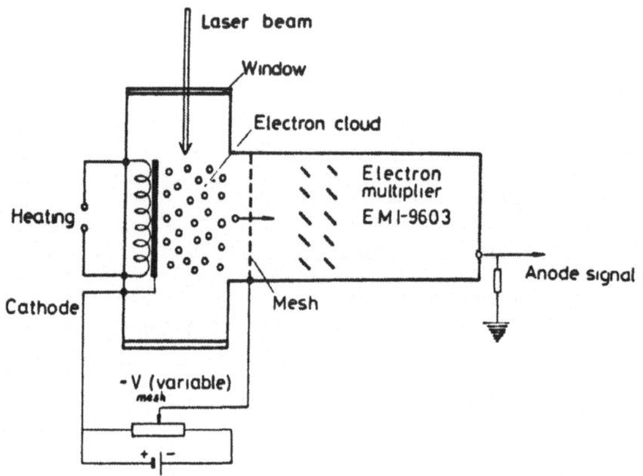

Fig. 8

Experimental arrangement for the study of the photon-free electron interaction.

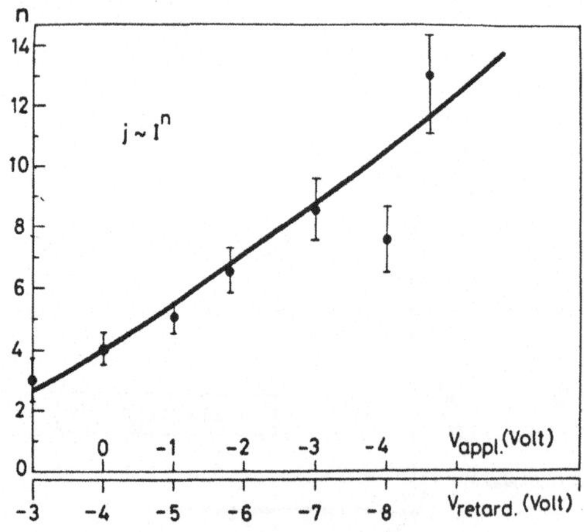

Fig. 9

The observed n values of the intensity dependence of the n quantum absorption process against the retarding potential.

Acta Physica Austriaca, Suppl. XX, 133–155 (1979)

LASERUNTERSUCHUNGEN AN CHEMISCHEN REAKTIONEN IN DER GASPHASE+

J. WANNER
Max-Planck-Gesellschaft zur Förderung
der Wissenschaften e.V.
Projektgruppe für Laserforschung
D-8046 Garching

ABSTRACT

The importance of lasers in gas phase reaction dynamics is summarized. A brief account is given on chemiluminescence and chemical lasers. The application of tunable dye lasers as a powerfull tool for product state analysis is demonstrated. The present state of laser controlled chemical reactions under molecular beam conditions is discussed. A few examples of laser induced chemical reactions in bulk systems are selected mainly with respect to laser isotope separation.

Laser gewinnen zunehmend an Bedeutung für verschiedene Bereiche der Chemie. Zusammenfassende Darstellungen der Anwendungen des Lasers in der Chemie sind unlängst publiziert worden [1,2,3,4]. Eine besondere Bedeutung kommt dem Laser in der Reaktionsdynamik zu,

---

+Vortrag gehalten anläßlich der Fachtagung "Laserspektroskopie", Graz, 19.-21. Juni 1978.

da chemische Reaktionen einerseits zum Pumpen von Lasern geeignet sind und zum anderen Reaktionen mit dem Laser als Werkzeug in neuartiger und umfassender Weise untersucht und beeinflußt werden können.

Eine Reihe chemischer Reaktionen führt zu angeregten Reaktionsprodukten, bei denen die Besetzungen interner Freiheitsgrade invertiert sind. Sie können daher zum Pumpen von chemischen Lasern benutzt werden. Die Pump- und Desaktivierungsprozesse der auf Schwingungs- und Rotationsinversion basierenden chemischen Laser waren noch vor wenigen Jahren Gegenstand sehr intensiver Untersuchungen. Sie sind heute weitgehend bekannt. Die Entwicklung dieser Lasersysteme im infraroten Spektralbereich ist damit im wesentlichen abgeschlossen [5,6]. Dagegen wird weiter nach chemischen Pumpreaktionen für Laser mit elektronischen Übergängen gesucht [7].

Die Anwendung des Lasers auf die Untersuchung des Ablaufs und der Beeinflussung chemischer Reaktionen wird häufig unter dem Begriff Laserchemie zusammengefaßt. Das monochromatische, intensive Laserlicht kann dazu benutzt werden, Reaktanden selektiv in den inneren Anregungszuständen zu präparieren und somit chemische Umsetzungen kontrolliert zu steuern. Mit dieser Möglichkeit verbinden sich Hoffnungen auf eine industrielle laserinduzierte Prozessführung.

Das ideale Werkzeug für die Laserchemie wäre ein vom Vakuum-UV bis ins IR abstimmbarer Laser hoher Leistung. Ein solches Instrument gibt es nicht. Im sichtbaren Spektralbereich entsprechen die sowohl im Impulsbetrieb als auch kontinuierlich im Wellenlängenbereich von 300 - 1000 nm arbeitenden Farbstofflaser weitgehend dieser Forderung. Im Infraroten gibt es zwar frequenzveränderliche

Laser, die auf verschiedenen Prinzipien basieren, jedoch waren diese bislang noch zu leistungsschwach, um - von Ausnahmen abgesehen - für die Induzierung chemischer Reaktionen Anwendung zu finden. Daher werden in diesem für die Schwingungsanregung von Reaktanden wichtigen Spektralbereich molekulare Festfrequenzlaser verwendet. Neben dem CO_2- und CO-Laser sind die chemischen Fluorwasserstoff-, Deuterofluorwasserstoff- und Chlorwasserstofflaser von Bedeutung, insbesondere da sie aufgrund von Resonanzabsorption die Schwingungsanregung der entsprechenden Halogenwasserstoffe ermöglichen. Alle diese Laser arbeiten sowohl im Impulsbetrieb als auch kontinuierlich. Mit einer großen Zahl von Festfrequenzen überdecken die chemischen Laser den Bereich des nahen Infrarot von 2,7 - 4μ, CO- und CO_2-Laser emittieren Linienspektren im Bereich von 5-6μ und bei 9,6 bzw. 10,6μ. Gegenwärtig werden erhebliche Anstrengungen unternommen, leistungsfähige Laser im ultravioletten Spektralbereich zu entwickeln. Mit den Edelgasdimeren- und den Edelgashalogenidlasern ist bereits ein wesentlicher Durchbruch gelungen [8].

Im folgenden soll versucht werden, einen kurzen Überblick über die Anwendung des Lasers in der Reaktionskinetik zu geben. Dabei scheint es sinnvoll, weitgehend der historischen Entwicklung zu folgen. Am Anfang stand die experimentell gewonnene Erkenntnis der spezifischen Anregung innerer Freiheitsgrade von Produktmolekülen in spontan ablaufenden chemischen Reaktionen. Darauf folgte die praktische Nutzanwendung in chemischen Lasern. Aufgrund der mikroskopischen Reversibilität wurde schließlich geschlossen, daß nicht spontan ablaufende Reaktionen durch energiespezifische Anregung effektiv beschleunigt werden sollten. Durch die Verfügbarkeit von Lasern wurde die experimentelle Prüfung dieses Konzepts möglich. Dabei haben sich eine Reihe von Möglichkeiten für eine praktische Anwendung laserinduzierter Reaktionen abgezeichnet, die abschließend diskutiert werden.

CHEMOLUMINESZENZ UND CHEMISCHER LASER

Ein wesentlicher Schwerpunkt der Reaktionskinetik liegt in der Untersuchung des detaillierten Ablaufs chemischer Reaktionen. Dieser wird durch zustandsspezifische Geschwindigkeitskonstanten beschrieben, die die Bildung des Reaktionsproduktes in den einzelnen Quantenzuständen angeben. Für den einfachsten Fall einer spontan ablaufenden Elementarreaktion des Typs $A+BC \rightarrow AB+C$ sind die Reaktanden, also das Atom A und das Molekül BC, durch eine thermische Energieverteilung charakterisiert, die der Temperatur ihrer Umgebung entsprechen. Die in der Reaktion freiwerdende Energie steht zur Anregung von inneren Freiheitsgraden des Produktmoleküls AB sowie zur Translationsanregung von AB und C zur Verfügung. Bei einigen Reaktionen reicht die freigesetzte Energie zur elektronischen Anregung des Produktes aus. Die Energieverteilung des Produktmoleküls kann in diesen Fällen aus der als Folge der Anregung auftretenden sichtbaren Chemolumineszenz bestimmt werden. Dies gelang erstmals Ottinger und Zare im Jahre 1970 [9]. In den meisten Fällen ist jedoch aus energetischen Gründen nur eine Anregung von Vibration und Rotation des Reaktionsprodukts im elektronischen Grundzustand möglich. Folglich ist eine Vielzahl exothermer chemischer Elementarreaktionen in ihrem Verlauf von einer spontanen Emission im Infraroten begleitet. Durch die systematische Untersuchung der IR Chemolumineszenz entwickelte J.C. Polanyi eine Meßmethode, die in sehr umfassender Weise unsere Kenntnis der Reaktionsdynamik von Atom-Molekülreaktionen des Typs A+BC $\rightarrow$ AB+C erweitert hat. Tabelle 1 zeigt eine Zusammenstellung von Reaktionsprodukten, bei denen die interne Zustandsanalyse aus der Chemolumineszenz im Sichtbaren und Infraroten erfolgen konnte. Zu den aufgeführten Molekülen gehört eine Vielzahl von Bildungsreaktionen, deren detaillierter Verlauf auf diese Weise erstmals untersucht werden konnte.

Bereits bei dem anfänglich untersuchten Reaktionssystem von $H+Cl_2 \rightarrow HCl+Cl$ fanden Charters und Polanyi das Produkt HCl schwingungsinvertiert. Dieses Ergebnis veranlaßte Polanyi auf die Möglichkeit chemischer Laser in einer 1960 entstandenen Arbeit mit dem Titel "Proposal for an Infrared Maser dependent on Vibrational Excitation" hinzuweisen [10]. 1964 wurde der erste chemische Laser von Kasper und Pimentel unter Ausnutzung der Reaktion von $H+Cl_2 \rightarrow HCl+Cl$ in der Chlorknallgaskette realisiert [11]. In der Folge hat die IR Chemolumineszenzmethode verläßliche Daten über die Produktenergieverteilung in einer Vielzahl von Reaktionen geliefert, die zum Pumpen chemischer Laser geeignet sind. Unter diesen ist die Pumpreaktion für den Fluorwasserstofflaser $F+H_2 \rightarrow HF+H$ wohl die bisher am gründlichsten untersuchte chemische Elementarreaktion.

Es sei an dieser Stelle darauf hingwiesen, daß chemische Laser nicht nur eine praktische Nutzanwendung der Reaktionskinetik darstellen, sondern darüber hinaus aus der Analyse ihres Emissionsverhaltens wertvolle Einsichten in die sie treibenden Mechanismen zulassen [12,13].

PRODUKTANALYSE IN CHEMISCHEN REAKTIONEN MIT ABSTIMMBAREN FARBSTOFFLASERN

Die Methode der Chemolumineszenz ist ungeachtet ihrer großen Bedeutung nur auf eine begrenzte Zahl von chemischen Reaktionen anwendbar. 1972 gelang es erstmals Schultz, Cruse und Zare die laserinduzierte Fluoreszenz auf die Untersuchung der internen Zustandsverteilung von Reaktionsprodukten unter Molekularstrahlbedingungen anzuwenden [14]. Dadurch ist eine neue Technik verfügbar, mit der inzwischen eine große Zahl von Reaktionsprodukten untersucht werden konnte (Tabelle 1).

Tabelle 1: Moleküle für die eine interne Produktzustandsanalyse unter Einzelstoßbedingungen durchgeführt werden konnte.

Methode	Produktmoleküle	
Sichtbare Chemolumineszenz	BaX	X = Cl, Cl_2, I
	MCl	M = Ca, Sr, Ba
	MO	
	AlX	X = F, Cl, Br, I
	AlO	
	IF	
	S_2	
IR Chemolumineszenz	HX, DX	X = F, Cl, Br, I
	CO	
	OH	
Laserinduzierte Fluoreszenz	BaX	X = F, Cl, Br, I
	CaCl	
	MF	M = Ca, Sr, Ba
	MCN	
	M'O	M' = Ba, Sc, Y, Al
	OH	
	IF	

Die Tabelle macht deutlich, daß die laserinduzierte Fluoreszenz und die Infrarotchemolumineszenz in Bezug auf die untersuchten Moleküle komplementär sind. Dort wo sie anwendbar sind, gestatten beide Methoden im wesentlichen ähnliche Aussagen. Im folgenden soll versucht werden, am Beispiel der unlängst von Stein, Wanner, Figger und Walther untersuchten Reaktionen aus dem Bereich der Interhalogenchemie die laserinduzierte Fluoreszenzmethode zu erläutern und ihre Leistungsfähigkeit zu demonstrieren [15].

Im Zusammenhang mit den chemischen Lasern wurde erwähnt, daß in den vergangenen 10 Jahren die Produktenergieverteilung von Fluorwasserstoff in Reaktionen von F-Atomen mit Wasserstoff und wasserstoffhaltigen Verbindungen umfassend untersucht wurde. Über andere Reaktionen von F-Atomen, z.B. mit Halogenverbindungen, war der detaillierte Reaktionsablauf bislang unbekannt. An den Reaktionsprodukten, z.B. Jodmonofluorid (IF), sind unlängst von Clyne und McDermid laserspektroskopische Untersuchungen durchgeführt worden [16]. Diese lassen den Schluß zu, daß eine Produktzustandsanalyse in exothermen Reaktionen des Typs

$$F + RI \rightarrow IF + R \; ; \qquad R = CH_3, CF_3$$

und

$$F + ICl \rightarrow IF + Cl$$

unter Molekularstrahlbedingungen möglich sein sollte.

Um die initial in einer Reaktion erzeugte Produktenergieverteilung zu messen, muß die Reaktion unter Einzelstoßbedingungen, also in einem Molekularstrahlexperiment untersucht werden. Eine geeignete Apparatur ist in Abb.1 gezeigt. Die Reaktanden, bestehend aus dem F-Atomstrahl und dem Halogenidstrahl, werden unter einem Winkel von 90° gekreuzt. Senkrecht zu der von den Strahlen gebildeten Ebene strahlt ein frequenzveränderlicher kontinuierlicher Farbstofflaser in das Streuzentrum. Die laserinduzierte Fluoreszenz wird mit einem Photonenvervielfacher und einem Photonenzähler registriert.

Abb. 2 zeigt das Prinzip der Untersuchungsmethode in einem vereinfachten Schema. Dabei wird angenommen, daß die chemische Reaktion die rechts unten angedeutete Vibrationsverteilung N(v") in den Produktmolekülen erzeugt. Wird der Farbstofflaser im entsprechenden Wellenlängenbereich durchgestimmt, so werden die sich in den einzelnen Quantenzuständen v" befindlichen Moleküle in die entsprechenden Schwingungszustände des elektronischen Niveaus A angeregt. Beobachtet wird die insgesamt emittierte Fluoreszenz, die proportional zur Besetzung N(v") ist. Beim Durchstimmen des Lasers erhält man so ein Fluoreszenzspektrum, das als Anregungsspektrum bezeichnet wird. Die laserinduzierte Fluoreszenzmethode ist somit an die Existenz eines elektronischen Zustandes gekoppelt, dessen Anregung mit den gegenwärtig vorhandenen abstimmbaren Farbstofflasern möglich ist und dessen Strahlungslebensdauer die Größenordnung von 1 ms nicht übersteigt. Da bei vielen Molekülen und Radikalen elektronische Zustände erst im ultravioletten Spektralbereich angeregt werden können, wird die Entwicklung abstimmbarer Laser in diesem Spektralbereich eine dramatische Erweiterung dieser Methode mit sich bringen.

Abb. 3 zeigt oben ein Anregungsspektrum von Jodmonofluorid, gebildet in der Reaktion $F + CF_3I \rightarrow IF + CF_3$, das beim Durchstimmen des Lasers in vier verschiedenen Farbstoffbereichen erhalten wird. Aus diesem Spektrum läßt sich die relative Vibrationsverteilung von IF bestimmen. Dazu sind die auf die Laserleistung bezogene Fluoreszenzintensität und die Franck-Condon-Faktoren notwendig. Beim langsamen Durchstimmen des Lasers läßt sich, wie der untere Teil der Abb. 3 zeigt, die Rotationsstruktur auflösen. Für hohe Rotationsquantenzahlen wird sogar die Aufspaltung in P- und R-Zweig beobachtet. Bei der hier gezeigten Auflösung ist daher auch eine Analyse der Rotationsenergieverteilung des Reaktionsproduktes möglich. Die Nachweisempfindlichkeit der laserinduzierten Fluoreszenzmethode ist prinzipiell sehr hoch, da die Detektion im sichtbaren Spektralbereich erfolgt [17]. Durch die bei dieser Messung verwendeten kontinuierlichen Farbstofflaser konnte sie noch um einen Faktor von 10^3 erhöht werden. Damit ist der Nachweis von etwa 10^2 Molekülen/cm^3 möglich, die sich in einem Quantenzustand befinden.

Abb. 4 zeigt relative Vibrationsbesetzungen N(v) von IF für die Reaktionen von F-Atomen mit RI bzw. ICl-Molekülen. Für den einfachsten Fall, die Reaktion F+ICl $\rightarrow$ IF+Cl, werden ähnlich wie bei der bereits diskutierten Pumpreaktion des chemischen Fluorwasserstofflasers $F+H_2 \rightarrow HF+H$ nahezu 60% der insgesamt freiwerdenden Energie in Schwingungsanregung des Reaktionsproduktes umgesetzt. Die Verteilung ist invertiert. Solche Verteilungen sind bisher als Folge direkter Reaktionen beobachtet worden. Ein deutlich verschiedenes Ergebnis wird in den Reaktionen mit den polyatomaren RI-Molekülen erhalten. Dabei bildet sich ein stabiler Zwischenzustand RIF, der lange genug lebt, um eine weitgehende Verteilung der in der Reaktion freigesetzten Energie auf die verschiedenen internen Freiheitsgrade zu ermöglichen. Die Folge ist eine weitgehend statistische Verteilung der Vibration und Rotation des IF nach dem Zerfall des Komplexes.

LASERUNTERSUCHUNGEN AN REAKTIONEN MIT ZUSTANDSSELEKTIERTEN REAKTANDEN

Ziel der Reaktionskinetik ist es, die Umsetzung einzelner Energiezustände der Reaktanden in die verschiedenen Produktzustände verfolgen zu können. In diesem Zusammenhang sind zwei Fragen von besonderem Interesse:

- Wie beeinflußt die zusätzlich oberhalb der Reaktionsschwelle zugeführte Energie die Geschwindigkeit und Produktenergieverteilung der Reaktion?
- Wie werden nicht spontan ablaufende Reaktionen durch gezielte Anregung innerer Freiheitsgrade der Reaktanden beschleunigt?

Während durch Erhitzen, in Entladungen und durch chemische Reaktionen nur eine relativ unspezifische Anregung innerer Freiheitsgrade von Reaktionspartnern möglich ist [18], gelingt mit dem Laser unter geeigneten Bedingungen die Zustandspräparation einzelner Quantenzustände. Dies wurde in einem Experiment von Lang, Polanyi und Wanner gezeigt, bei dem mit Hilfe eines chemischen HF-Lasers einzelne Rotationszustände des ersten Vibrationszustandes von Fluorwasserstoffgas angeregt wurden [19]. Die selektive Anregung ließ sich durch laserinduzierte Fluoreszenz im Infraroten nachweisen. Abb. 5 zeigt oben die Fluoreszenz des Zustandes HF ($v = 1$, $J = 3$). Wird die rigorose Bedingung des Molekularstrahles nicht mehr eingehalten, z.B. durch Druckerhöhung in der Apparatur, so geht die Selektivität der Anregung durch Rotationsrelaxation verloren. Das Fluoreszenzspektrum (Abb.5 unten) zeigt als Folge nun auch die Besetzung benachbarter Rotationszustände. Bei weiterer Druckerhöhung würde schließlich auch die Schwingungsaktivierung einsetzen. Diese Arbeit macht deutlich, daß die Untersuchung der Reaktivität einzelne

Quantenzustände nur in Molekularstrahlexperimenten durchgeführt werden kann.

Die direkte Anregung von Schwingungszuständen mit Infrarotlasern ist wegen der geringen Übergangswahrscheinlichkeit auf sehr niedrige Niveaus beschränkt. Ein Ausweg aus dieser Schwierigkeit ist zumindest für einige polyatomare Moleküle durch die IR-Multiphotonenabsorption (siehe unten) bei moderaten Anregungsenergien möglich. Eine direkte Präparation höherer Schwingungszustände ist dagegen im elektronisch angeregten Zustand vieler Moleküle mit Hilfe von Farbstofflasern möglich.

Bislang sind erst wenige laserzustandskontrollierte Reaktionen unter Molekularstrahlbedingungen untersucht worden. Abgesehen von zwei Beispielen stammen die Angaben der Tabelle 2 aus Konferenzmitteilungen des laufenden Jahres. Ein eindrucksvolles Beispiel für die effektive Beschleunigung einer Reaktion durch Schwingungsanregung ist die von Karny und Zare untersuchte Umsetzung des Typs

$$\mathrm{Sr} + \mathrm{HF}(v=1) \rightarrow \mathrm{SrF}(v \leq 3) + \mathrm{H} .$$

Die Reaktion der Sr-Atome mit HF im Grundzustand ist endotherm. Durch die Anregung des Fluorwasserstoffs mit einem chemischen HF-Laser wird die Reaktion exotherm. Dabei wurde eine Erhöhung der Reaktionswahrscheinlichkeit um einen Faktor von mehr als 10^4 beobachtet. Die im Überschuß zur Reaktionsschwelle zugeführte Schwingungsenergie des Fluorwasserstoffs wird zu einem erheblichen Anteil in Vibration des Produktmoleküls SrF umgesetzt. Dieses Experiment ist eine eindrucksvolle Bestätigung des theoretischen Konzepts von Polanyi, demzufolge Schwingungsenergie endotherme Reaktionen effektiv beschleunigt [24].

Tabelle 2: Laserzustandskontrollierte Reaktionen: † bedeutet Produktvibrationsanregung im elektronischen Grundzustand
* bedeutet elektronische Anregung

Reaktandenanregung	Reaktion	Produktzustandsanalyse	
Vibration im elektronischen Grundzustand	Ba + HF(v=1) $BaF^{\dagger}$ H		Pruett, Zare 1976 [20]
	Ca + HF(v=1) $CAF^{\dagger}$ H Sr $SrF^{\dagger}$ + H		Karny, Zare 1978 [21a]
		Laserinduzierte Fluoreszenz	
Elektronisch	$Sr(^3P_1)$ + HF → $SrF^{\dagger}$ + H HCl → $SrCl^{\dagger}$ + H		Solarz, Johnson Preston 1978 [22]
	$I_2(B^3\pi) + F_2 \rightarrow 2\ IF^*$		
Vibronisch	$I_2(B^3\pi)$ + In → InI^* + I	Sichtbare Chemolumineszenz	Engelke, Whitehead Zare 1976 [23]
	$I_2(B^3\pi)$ + Tl → TlI^* + I		Estler, Zare 1978 [21b]

LASERINDUZIERTE CHEMISCHE REAKTIONEN UNTER MAKROSKOPISCHEN BEDINGUNGEN

Die im letzten Abschnitt gezeigten Beispiele geben Anlaß zu der Hoffnung auf eine laserkontrollierte Chemie, die nicht in der idealisierten Welt von Molekularstrahlexperimenten, sondern auch unter den gewohnten Bedingungen chemischer Prozeßführung abläuft, d.h. bei vergleichsweise hohen Drucken. Das Problem ist hierbei jedoch die molekulare Relaxation in Stößen, die in Konkurrenz zur laserinduzierten chemischen Reaktion tritt. Bei kleinen, insbesondere zweiatomigen Molekülen mit relativ großen Abständen der Energiezustände kann bei hinreichend niedrigen Drucken (im Bereich von $\sim$ 1 mbar) in einem herkömmlichen Reaktionsgefäß zumindest die Anregung einzelner Freiheitsgrade, wenn auch nicht die eines einzelnen Quantenzustandes bis zur reaktiven Umsetzung aufrecht erhalten werden [1,25].

Laserinduzierte chemische Reaktionen zweiatomiger Moleküle haben eine Bedeutung für die Isotopentrennung. Die Laserisotopentrennung basiert auf der Isotopenverschiebung im Absorptionsspektrum. Sie ist dann anwendbar, wenn im Absorptionsspektrum eine hinreichend große Verschiebung auftritt und ein geeigneter Laser zur Verfügung steht, mit dem nur ein Isotop angeregt werden kann. Dieser erste Schritt ist für alle Lasertrennverfahren gleich. Die Unterschiede liegen im zweiten Schritt, der Abtrennung der angeregten Isotope [26,27]. Eine Möglichkeit dazu liegt in der Ausnutzung der erhöhten Reaktivität der angeregten Spezies.

Ein Beispiel ist das von Arnoldi, Kaufman und Wolfrum gefundene Reaktionsschema zur Trennung der Chlorisotope [27]. Das natürliche Isotopieverhältnis von $^{35}Cl/^{37}Cl$

beträgt ∿ 3/1. Chlorwasserstoffgas läßt sich durch sukzessives Pumpen mit einem chemischen HCl-Laser bis in den Schwingungszustand v = 2 anregen. Der HCl-Laser emittiert bevorzugt Linien des Isotops $H^{35}Cl$ wegen der höheren Verstärkung aufgrund des natürlichen Isotopieverhältnisses. Folglich werden überwiegend $H^{35}Cl$ Moleküle angeregt. Die Abtrennung erfolgt nach folgendem Reaktionsschema

$$H^{35}Cl(v=2) + Br \rightarrow HBr + {}^{35}Cl \quad (1)$$

$${}^{35}Cl + Br_2 \rightarrow {}^{35}ClBr + Br \ . \quad (2)$$

Entscheidend dabei ist die Reaktion (1), die um einen Faktor 10^{11} schneller abläuft als die entsprechende Reaktion von HCl im Grundzustand.

Ein weiteres von Brenner, Datta und Zare entwickeltes Trennschema für die Chlorisotope beruht auf der unterschiedlichen Reaktivität von elektronisch angeregtem Jodmonochlorid (ICl) gegenüber Jodmonochlorid im Grundzustand. Dabei wird $I^{37}Cl$ mit einem kontinuierlichen Farbstofflaser isotopenselektiv angeregt. Die angeregten Moleküle können durch Reaktion, z.B. mit Brombenzol, abgefangen werden. Mit diesem Verfahren gelang die Darstellung von sechsfach an ${}^{37}Cl$ angereichertem Chlorbenzol in Milligramm-Mengen innerhalb von zwei Stunden [29].

Im allgemeinen laufen chemische Reaktionen unter Beteiligung mehratomiger Moleküle ab. Bei diesen sind die Zustandsdichten sehr hoch und die Energieabstände benachbarter Niveaus entsprechend klein. Die Wahrscheinlichkeit für die Desaktivierung angeregter Zustände durch inter- und intramolekulare Wechselwirkung ist daher entsprechend größer als bei zweiatomigen Molekülen. Darin liegt offenbar die Ursache für die bisher vergebliche Suche nach laserinduzierten Reaktionen aufgrund einer bindungsspezifischen Anregung vielatomiger Moleküle. Nichtsdestoweniger sind in der Gasphase laserspezifische Reaktionen großer Moleküle gefunden worden, die im wesentlichen auf Laserphotolyse und Multiphotonenanregung zurückzuführen sind.

Die Laserphotolyse kann zur Bildung von hochreaktiven Zwischenprodukten führen, die nur unter der Bedingung der Laseranregung vorliegen. Dadurch ist in einigen Fällen die Synthese von Produkten möglich, die auf andere Weise, z.B. durch Pyrolyse, nicht oder nur in geringen Ausbeuten herzustellen sind. Der Grund hierfür liegt in der Beschleunigung der homogenen Reaktionen in der Gasphase durch die Laserheizung, während im Gegensatz zur üblichen Heizung die wand-katalysierten Reaktionen unbeeinflußt bleiben.

Ein weiteres wichtiges Anwendungsgebiet der Laserphotochemie liegt in der Reinigung von Substanzen. Durch gezielte Laserphotolyse im UV ist es gelungen, Verunreinigungen von AsH_3, PH_3 und B_2H_6 aus Silan (SiH_4) zu entfernen [30]. Dieses Verfahren ist möglicherweise von erheblicher praktischer Bedeutung, da SiH_4 in hochreiner Form Ausgangsmaterial für die Halbleiterherstellung ist.

Die Dissoziation durch Multiphotonenabsorption ist eine Fragmentierung von Molekülen unter starker IR-Lasereinstrahlung. Sie wurde bisher für etwa 40 Moleküle beobachtet [27,31]. Im Fall von SF_6 als Beispiel nimmt ein Molekül mehr als 30 Photonen des CO_2-Lasers gleichzeitig auf und dissoziiert anschließend. Dieser Prozess setzt bei Schwellenergien von 1 J/cm^2 ein. Da dieser Effekt auch unter Molekularstrahlbedingungen beobachtet wurde, ist er nicht an die Energieübertragung in molekularen Stößen gebunden [32]. Für die Absorption werden zwei Energiebereiche unterschieden. Im unteren mit diskreten Niveaus erfolgt die Schwingungsanregung weitgehend durch Resonanzabsorption und ist daher isotopenselektiv. Im oberen Bereich mit höherer Zustandsdichte (Quasikontinuum) geht die Selektivität verloren. Die Grenze zwischen beiden Bereichen liegt etwa zwischen dem 3. und 10. Schwingungszustand. Der Mechanismus der Multiphotonenanregung ist noch nicht vollständig verstanden.

Die Multiphotonendissoziation ist ideal für die Isotopentrennung geeignet, da die Isotopenselektivität der ersten Schritte bis zur Fragmentierung erhalten bleibt. Im Fall von Schwefelhexafluorid (SF_6) wird $^{32}SF_6$ zu $^{32}SF_4$ zersetzt, während $^{34}SF_6$ im Gas verbleibt. ^{32}S kann als $Ba^{32}S$ abgeschieden werden. Fuß, Kompa und Schmid erreichten im Labormaßstab mit einem gepulsten CO_2 Laser (Pulsfolge $\sim$ 3 Hz) die Trennung von etwa 1 g hochangereichertem $Ba^{32}S$ in ca. 15 Stunden [33]. Die Kosten dieses Verfahrens sind im Vergleich zur herkömmlichen Anreicherung konkurrenzlos niedrig. Die Isotopentrennung durch Multiphotondissoziation wurde auch für andere Atome erreicht: B, C, Cl, H, O, Os, Si [34]. Die Ausdehnung dieses Konzepts auf die Trennung der Uranisotope ^{235}U und ^{238}U wird gegenwärtig in mehreren Arbeitsgruppen untersucht. Da für UF_6 eine entsprechende Schwingungsmode bei 16 µ liegt, ist eine Entwicklung von leistungsfähigen Lasern in diesem Spektralbereich notwendig.

Die im letzten Abschnitt diskutierten, ausgewählten Beispiele für laserinduzierte Gasphase-Reaktionen stellen nur einen kleinen Ausschnitt der Anwendungen des Lasers auf chemische Prozesse dar. So ist z.B. noch wenig über die primären photochemischen und photophysikalischen Prozesse in kondensierter Phase und die damit verbundene Möglichkeit laserinduzierter Prozesse bekannt. Die Photokatalyse an Oberflächen z.B. läßt die gezielte Umsetzung laserangeregter Moleküle erwarten.

Ein weiteres bereits sehr weit entwickeltes Anwendungsgebiet des Lasers in der Chemie liegt in der Messung kleiner Konzentrationen gasförmiger Verunreinigungen in der Atmosphäre über lange Strecken oder großflächigen Gebieten. Dadurch ist auch die Messung aktueller industrieller Schadstoffemission möglich und somit die Grundlage für eine industrielle chemische Prozesskontrolle gegeben.

Für wertvolle Diskussionen bei der Zusammenstellung dieser Arbeit danke ich Dr.K.Hohla, Dr.K.L.Kompa, Dipl.-Phys.L.Stein, Dr.D.Proch, Dr.W.Schmid, Dr.K.Schröder und Prof.H.Walther an dieser Stelle herzlich.

REFERENZEN

1. S. Kimel, S. Speiser, Chem. Rev. 77, 437 (1977).
2. Lasers in Chemistry, hrsgg. von M.A. West, Elsevier, Amsterdam 1977.
3. Application of Lasers in Chemistry and Biochemistry, Vol. I - III, hrsgg. von C.B. Moore, Academic Press, New York.
4. The Laser Revolution in Energy-Related Chemistry, National Science Foundation, Washington CL 2055, Energy-Related General Research Program Office.
5. K.L. Kompa, Fortschritte der chemischen Forschung 37, Springer Verlag, 1973.

6. Handbook of Chemical Lasers, hrsgg. von R.W.F. Gross, J.F. Bott, J. Wiley, 1976.
7. S.N. Suchard in High-Power Lasers and Applications, hrsgg. von K.L. Kompa, H.Walther, Springer Verlag, 1978, S.59.
8. Ch.A. Brau ibid S.3.
9. C. Ottinger, R.N. Zare, Chem. Phys. Lett. 5, 243 (1970).
10. J.C. Polanyi, J. Chem. Phys. 34, 347 (1961).
11. J.V.V. Kasper, G.C. Pimentel, Phys. Rev. Lett. 14, 352 (1965).
12. K.L. Kompa, J.Wanner, Chem. Phys. Lett. 12, 560 (1972).
13. M. Berry in Molecular Energy Transfer, hrsgg. von R. Levine, J. Jortner, Keter Publishing House Jerusalem Ltd. 1976, S.114.
14. A. Schultz, H.W. Cruse, R.N. Zare, J. Chem. Phys. 57, 1354 (1972).
15. L. Stein, J. Wanner, H. Figger, H. Walther, 77. Bunsentagung, Konstanz, Mai 1978.
16. M.A.A. Clyne, I.S. McDermid, J.Chem.Soc. Faraday Transac.II, a) 72, 2242 (1976) b) ibid 72, 2252 (1976) c) ibid 73, 1094 (1977).
17. R.N. Zare, P.J. Dagdigian, Science 185, 739 (1974).
18. a) D.J. Douglas, J.C. Polanyi, J.J. Sloan, Chem. Phys. 13, 15 (1976)
b) J.C. Polanyi, J.J. Sloan, J.Wanner, Chem. Phys. 13, 1 (1976).
19. N.C. Lang, J.C. Polanyi, J. Wanner, Chem. Phys. 24, 219 (1977).
20. J.G. Pruett, R.N. Zare, J.Chem. Phys. 64, 1774 (1976).
21. a) Z. Karny, R.N. Zare, b) P.J. Dagdigian, L.Pasternack, c) R.C. Estler, R.N. Zare; Annual Meeting of the American Chemical Soc. Anaheim, 1978.

22. R.W. Solarz, S.A. Johnson, R.K. Preston, 10th International Quantum Electronics Conference 1978, Atlanta.
23. F. Engelke, C. Whitehead, R.N. Zare, Faraday Discussion 62, 222 (1977).
24. J.C. Polanyi, Accounts of Chem. Res. 5, 161 (1972).
25. I.W.M. Smith in Gas Kinetics and Energy Transfer, The Chemical Society, Burlington House, London, Vol. 2, 1977, S.1.
26. V.S. Letokhov, C.B. Moore, Sov. J. Quant. Electron 6, 129 (1976), ibid 6, 259 (1976).
27. Laser Photochemistry, Tunable Lasers and other Topics (Physics of Quantum Electronics, Vol. 4) hrsgg. von S.F. Jakobs, M. Sargent III, M.O. Scully, C.T. Walker, Addison-Wesley 1976, Part A,B.
28. D. Arnoldi, K. Kaufman, J. Wolfrum, Phys. Rev. Lett. 34, 1597 (1975).
29. R.N. Zare, Scientific American Bd. 236, 86 (1977).
30. H. Clark, R.G. Anderson, Appl. Phys. Lett. 32, 46 (1978).
31. N. Bloembergen, E. Yablonovitch, Physics Today May 1978, S. 23.
32. F. Brunner, T.P. Cotter, K.L. Kompa, D. Proch, J. Chem. Phys. 67, 1547 (1977).
33. W. Fuß, K.L. Kompa, W. Schmid, private Mitteilung.
34. J.P. Aldridge III, J.H. Birely, Cyrus D. Cantrell III, D.C. Cartwright in Laser Photochemistry, Tunable Lasers and other Topics (Physics of Quantum Electronics, Vol. 4) hrsgg. von S.F. Jakobs, M. Sargent III, M.O. Scully, C.T. Walker, Addison-Wesley 1976, S. 57.

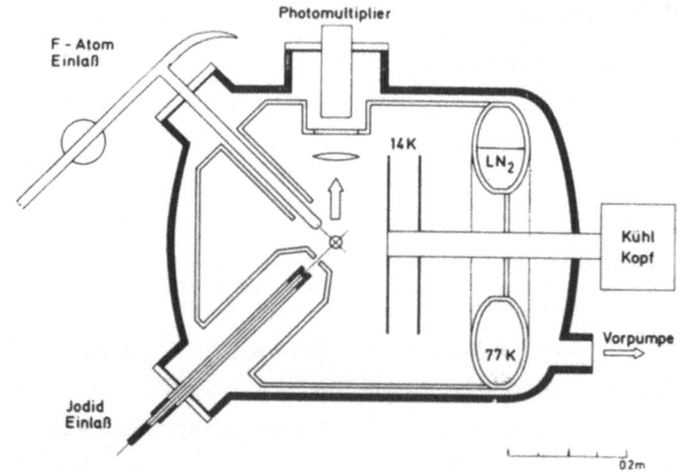

Abb. 1
Molekularstrahlapparatur zur Untersuchung von chemischen Reaktionen mit Hilfe von Lasern.
oben: Gesamtansicht der Apparatur
unten: Querschnitt durch die in eine Kryopumpe integrierte Streukammer. Die 14 K Flächen werden durch einen Kryogenerator mit geschlossenem He-Kreislauf gekühlt.

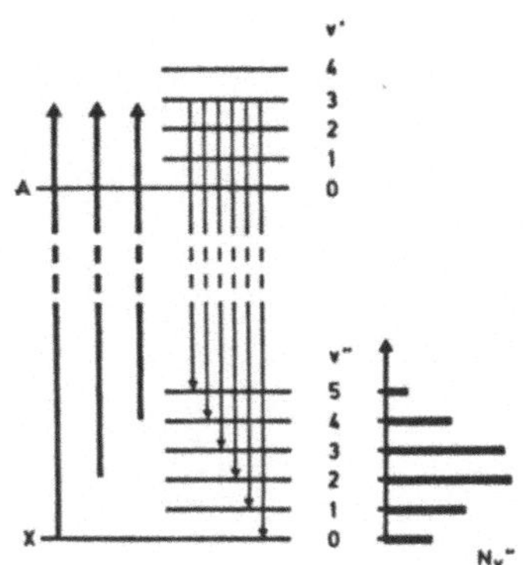

Abb. 2

Vereinfachte schematische Darstellung der laserinduzierten Fluoreszenzmethode.

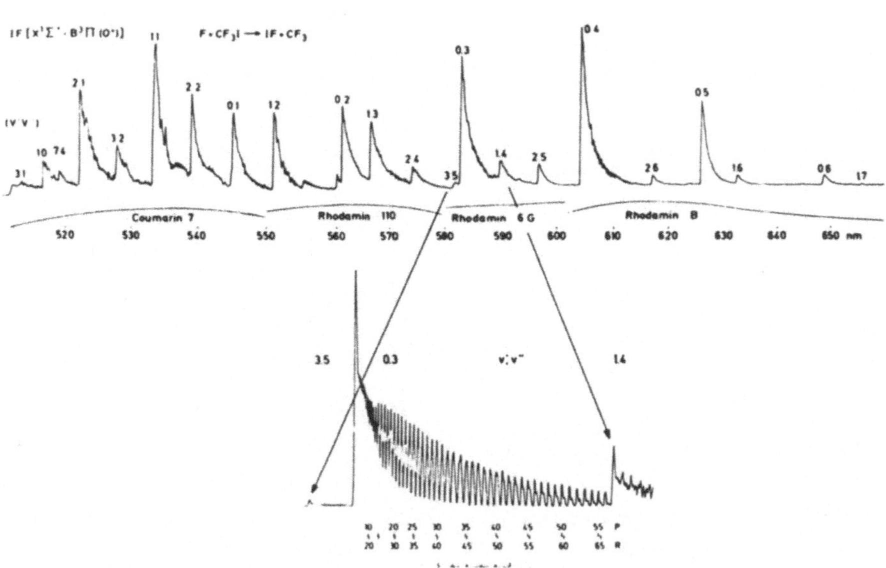

Abb. 3

oben: Anregungsspektrum von Jodmonofluorid als Produkt der Reaktion von F-Atomen mit CF_3I.

unten: Ausschnitt mit hoher spektraler Auflösung.

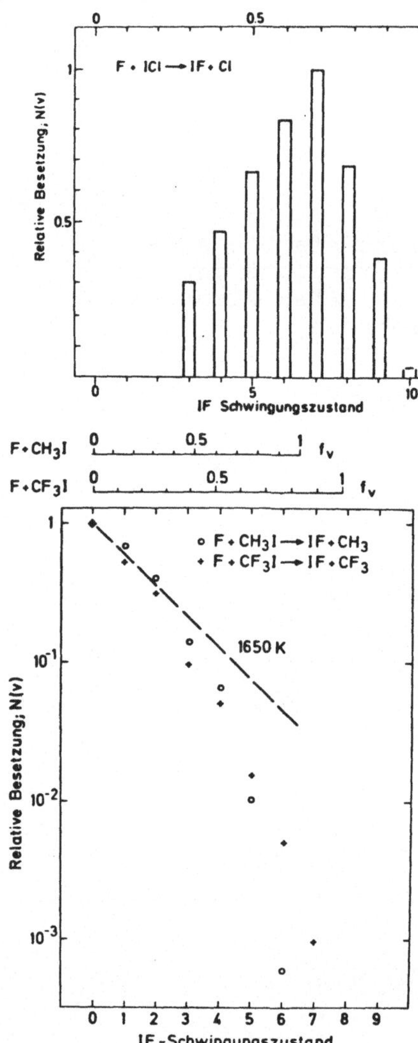

Abb. 4

Vibrationsanregung von IF in Reaktionen von F-Atomen mit einfachen Iodiden. Die f_V geben den Anteil der Reaktionsenergie an, der in Schwingung des Reaktionsprodukts umgesetzt wird.

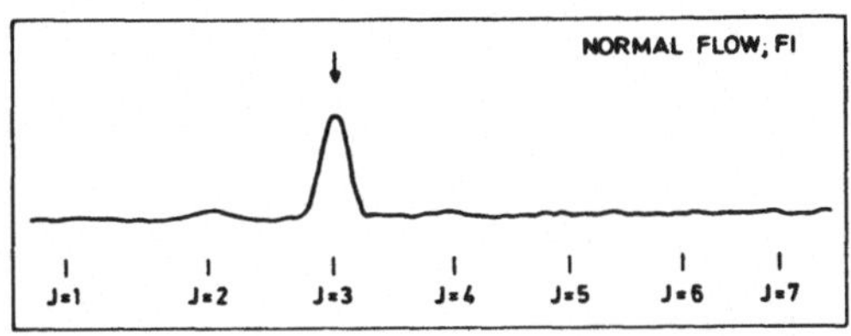

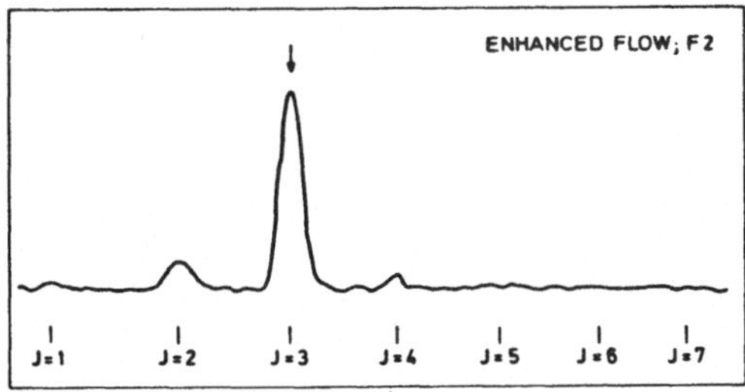

Abb. 5

Reaktandenpräparation in einzelnen Quantenzuständen.

oben: Fluoreszenzlinie 1R2 des Vibrations-Rotationszustandes $v = 1$, $J = 3$ von HF

unten: Bei Druckerhöhung geht die selektive Anregung verloren.

Acta Physica Austriaca, Suppl. XX, 157-166 (1979)

KOLLISIONSINDUZIERTE LICHTSTREUUNG AN EINFACHEN ATOMAREN UND MOLEKULAREN FLÜSSIGKEITEN+

H.A.POSCH
Institut für Experimentalphysik
Universität Wien, Austria

ABSTRACT

The effect of various mechanisms on intensity and line shape of collision induced depolarized light, scattered from dense atomic and molecular fluids, is examined. The central Lorentzian found in these spectra is primarily due to the diffusive motion of the particles in the first neighbour shell. An empirical relationship for the half width of this lorentzian involving the diffusion coefficient and the mean free path is found to hold for various fluids. In molecular liquids composed of tetrahedral molecules the contribution of the collision induced rotational Raman-effect to the line shape and frequency dependent polarization ratio is discussed.

+Vortrag gehalten anläßlich der Fachtagung "Laserspektroskopie", Graz, 19.-21. Juni 1978.

1. ATOMARE FLÜSSIGKEITEN

Das an dichten Edelgasen oder Edelgasflüssigkeiten depolarisiert gestreute Licht ist durch ein breites Spektrum gekennzeichnet, das für große Frequenzverschiebungen ω nahezu exponentiell mit ω abfällt [1]. Im Bereich kleiner ω rund um die erregende Laserfrequenz ist zusätzlich eine spektrale Komponente feststellbar, die näherungsweise durch eine Lorentzkurve beschrieben werden kann [2]. Ein ähnliches Verhalten findet man auch in molekularen Gasen und Flüssigkeiten, deren isolierte Moleküle durch einen sphärischen Polarisierbarkeitstensor ausgezeichnet sind (z.B. CH_4, CCl_4 [3], SF_6 [4]). Das depolarisierte Streulicht rührt von kurzzeitigen anisotropen Fluktuationen des Polarisierbarkeitstensors eines Moleküls her, die durch dynamische Wechselwirkungen mit Nachbarmolekülen erzeugt werden.

Der dipolinduzierte Dipoleffekt (DID) liefert den größten Beitrag zur Polarisierbarkeitsanisotropie $\beta(r)$ eines wechselwirkenden Molekülpaares [1]. Hiebei wird durch das elektrische Feld $\underline{E}_o$ des einfallenden Laserlichtes in einem Molekül 2 ein primärer Dipol induziert, der wiederum mittels seines Dipolfeldes in einem Nachbarmolekül 1 einen sekundären Dipol $\underline{\mu}$ erzeugt. Die zu $\underline{E}_o$ senkrechte Komponente von $\underline{\mu}$ führt zum depolarisiert gestreuten Licht. Bei starker Annäherung der Moleküle kommt es zu einer Überlappung und Deformation der Ladungsdichteverteilungen (Elektronenhüllendeformation, ED). Die damit verknüpfte Polarisierbarkeitsanisotropie wirkt dem DID-Effekt entgegen und reduziert die Streuintensität.

Unter Berücksichtigung dieser beiden Effekte erhält man für die Polarisierbarkeit zweier Moleküle 1 und 2 mit der relativen gegenseitigen Lage $\underline{r} = \underline{r}_2 - \underline{r}_1$ und dem Abstand $r = |\underline{r}|$:

$$\underline{\alpha}(\underline{r}) = \beta(r)\left[\frac{\underline{r}\underline{r}}{r^3} - \frac{1}{3}\underline{1}\right] = 2\,\alpha_o^2\,\underline{T}^{(2)}(\underline{r}) \; . \tag{1}$$

Dabei ist α_o die Polarisierbarkeit eines freien Moleküls. Die Polarisierbarkeitsanisotropie $\beta(r) = \alpha_{\parallel} - \alpha_{\perp}$ ($\parallel$, $\perp$ beziehen sich auf die Richtung von $\underline{r}$) nimmt näherungsweise die Form

$$\beta(r) = \frac{6\alpha_o^2}{r^3} - \lambda \exp(-r/r_o) \tag{2}$$

an. Das 1. Glied in Gl. (2) gibt den asymptotischen Beitrag des DID-Effektes für große r. Der 2. Term, der den Beitrag des ED-Effektes näherungsweise beschreibt, ist nur für einige Edelgasstoßkomplexe mit einiger Genauigkeit bekannt [5-7]. Der durch Gl. (1) definierte Modulationstensor $\underline{T}^{(2)}(\underline{r})$ ist irreduzibel vom Rang 2 und ist im Grenzfall des reinen DID-Effektes identisch mit dem bekannten Dipol-Dipol-Tensor $\underline{\nabla}\underline{\nabla}(1/r)$.

In einem dichten Fluid wird die effektive Polarisierbarkeit $\underline{\alpha}_{eff}$ eines Moleküls von allen seinen Nachbarn moduliert. Nimmt man an, daß $\underline{\alpha}_{eff}$ durch die halbe Summe aller möglichen Paarpolarisierbarkeiten approximiert werden kann, so enthält der Ausdruck für die Streuintensität Ensemblemittelwerte über 2-, 3- und 4-Teilchenkonfigurationen [1,8]. Der 3-Teilchenterm ist negativ und kompensiert weitgehend die übrigen Terme, so daß es schwierig ist, durch getrennte Berechnung der einzelnen Beiträge zu einer Darstellung des Streuspektrums zu gelangen. Es ist daher zweckmäßig, das Spektrum direkt und ohne Aufteilung in n-Teilchenterme zu berechnen. Madden hat gezeigt, daß das depolarisierte Streuspektrum in guter Näherung dargestellt werden kann durch [9]

$$I(\underline{k},\omega)\propto\lim_{\underline{k}\to 0}\alpha_o^4\int_{-\infty}^{+\infty}e^{i\omega t}\int d\underline{k}'\,|T_{\underline{k}'}^{xz}|^2\langle n_{-\underline{k}+\underline{k}'}n_{-\underline{k}'}(0)n_{\underline{k}-\underline{k}'}(t)n_{\underline{k}'}(t)\rangle \tag{3}$$

($\underline{k}$ = Streuvektor). $T_{\underline{k}'}^{xz}$ ist die Fouriertransformierte der xz-Komponente des Modulationstensors $\underline{T}^{(2)}$:

$$T_{\underline{k}'}^{xz} = \int_{V-\sigma} e^{i\underline{k}'\cdot\underline{r}}\,T_{xz}^{(2)}(\underline{r})d\underline{r} \quad . \tag{4}$$

Um Selbstpolarisation zu vermeiden, muß ein kugelförmiger Bereich vom Radius σ, der dem Moleküldurchmesser entspricht, von der Integration ausgeschlossen werden. $n_{\underline{k}'}$ ist die Fouriertransformierte der Teilchendichte $n(\underline{r})$:

$$n_{\underline{k}'}(t) = \sum_j e^{i\underline{k}'\cdot\underline{r}_j(t)} \tag{5}$$

$\underline{r}_j(t)$ ist der Ort des j-ten Moleküls zur Zeit t. $\langle\ldots\rangle$ bedeutet einen Ensemblemittelwert. Führt man die Integration in (4) mit Hilfe von Gl.(1) durch, so erhält man

$$I(\underline{k},\omega) \propto \lim_{\underline{k}\to 0}\frac{\alpha_o^4}{\sigma^2}\int_{-\infty}^{+\infty}dt\;e^{i\omega t} \;.$$

$$\cdot\int_0^{\infty}dk'G_{k'}\langle n_{-\underline{k}+\underline{k}'}(0)n_{-\underline{k}'}(0)n_{\underline{k}-\underline{k}'}(t)n_{\underline{k}'}(t)\rangle \tag{6}$$

wobei

$$G_{k'} = (k'\sigma)^2 [\int_0^\infty dr\, r^2 \frac{\beta(r)}{6\alpha_o^2} j_2(k'r)]^2 \qquad (7)$$

ein Gewichtsfaktor im k'-Raum ist, der den Einfluß der Modulation auf das Streuspektrum enthält. $j_2(x)$ ist eine sphärische Besselfunktion. In Abb.1 ist $G_{k'}$ für flüssiges Argon gezeigt, wobei für σ ein effektiver Kugeldurchmesser $\sigma(T = 84K) = 0.350$ nm, der nach der Methode von Barker-Henderson [10] ermittelt wurde, Verwendung fand. Die gestrichelte Kurve entspricht dem reinen DID-Effekt, während die glatte Kurve mit einer realistischen Polarisierbarkeitsanisotropie [5]

$$\frac{\beta(r)}{6\alpha_o^2} = \frac{1}{r^3} - \frac{13.7}{6a_o^3} \exp(-r/0.83\, a_o) \qquad (8)$$

erhalten wurde. a_o ist der Bohrsche Radius. Man erkennt, daß das "Einschalten" eines Elektronenhüllendeformationsbeitrages zu $\beta(r)$ den Gewichtsfaktor fast im gesamten k'-Raum ziemlich gleichmäßig reduziert. Dieser Befund erklärt, warum die integrale Streuintensität durch den ED-Effekt wesentlich beeinflußt wird [11], die Linienform dadurch aber nahezu nicht verändert wird [9].

Madden konnte auch zeigen [9], daß die zentrale Lorentzkurve im Spektrum fast ausschließlich von jenem k'-Bereich des Integranden in Gl.(6) herrührt, der dem ersten Maximum des Strukturfaktors S(k') (punktiert in Abb.1) entspricht: $k'' \approx 2\pi/\sigma$. Das bedeutet, daß die zentrale Lorentzkurve vorwiegend durch die diffusionsartige Molekülbewegung in der ersten Nachbarschale bewirkt wird und damit rein kollektiver Natur ist. Die exponentiellen Flügeln werden jedoch vorwiegend durch

Moden mit größeren k'-Vektoren verursacht und sind somit durch die Details der binaren Stoßdynamik bestimmt.

Experimentell findet man einen Zusammenhang zwischen der Breite Γ der zentralen Lorentzkurve und der mittleren freien Weglänge $<\ell>-\sigma$:

$$\left(\frac{D}{2\pi\Gamma}\right)^{1/2} = (D\tau_L)^{1/2} \propto <\ell>-\sigma \quad . \tag{9}$$

D ist der Diffusionskoeffizient, $\tau_L = (2\pi\Gamma)^{-1}$ ist eine charakteristische Zeit, und $<\ell>$ ist der mittlere Molekülabstand. In Abb. 2 ist nach Messungen von An et al. [12,4] die Größe $(D/2\pi\Gamma)^{1/2} = (D\tau_L)^{1/2}$ gegen $<\ell>$ für einige atomare und molekulare Flüssigkeiten aufgetragen. Die Messungen wurden hiebei mit einem Ar^+-Laser von etwa 1 Watt Lichtleistung bei λ = 514,5 nm durchgeführt. Die Analyse des Streulichtes erfolgte mit einem Doppelmonochromator von 1 cm^{-1} Auflösung, gekühltem Photomultiplier und Photonenzählelektronik. Man erkennt in der Abb. 2 den linearen Zusammenhang, der durch Gl.(9) beschrieben ist. Die Abszissenabschnitte liefern Werte für den effektiven Moleküldurchmesser σ, die gut mit den Ergebnissen anderer Methoden übereinstimmen.

2. MOLEKULARE FLÜSSIGKEITEN

Die oben genannten DID- und ED-Effekte reichen nicht aus, die großen Totalintensitäten und die große spektrale Dichte des depolarisierten Streulichts bei großen Frequenzverschiebungen ω für molekulare Gase, wie z.B. CH_4 zu erklären [13]. Buckingham und Tabisz [14] haben daher den kollisionsinduzierten Rotationsramaneffekt zur Erklärung dieser Diskrepanz herangezogen. Dieser Effekt besteht darin, daß der primär in Molekül 2 durch das einfallende Licht erzeugte primäre Dipol mittels des Gradienten seines Dipolfeldes mit der Dipol-Quadrupolpolarisierbarkeit $\underline{A}^{(3)}$ von Molekül 1 wechselwirkt und in Molekül 1 einen sekundären Dipol induziert. Ebenso vermag das primär in 2 induzierte Quadrupolmoment mittels seines Feldes und der Polarisierbarkeit α_o von 1 einen sekundären Dipol in 1 zu erzeugen. $\underline{A}^{(3)}$ ist ein Tensor 3. Ranges, der mit dem Molekül mitrotiert. Das kollisionsinduzierte Spektrum ist daher auch von der Rotationsbewegung der Moleküle beeinflußt. Macht man die Annahme, daß Rotations- und Translationsbewegungen statistisch voneinander unabhängig sind, so lassen sich einfache Ausdrücke für das kollisionsinduzierte Spektrum für polarisierte (VV) und depolarisierte (VH) Streuung angeben [15]:

$$I(\omega) \propto \frac{1}{2\pi} \int_{-\infty}^{+\infty} e^{i\omega t} J(t)dt \tag{10}$$

$$J_{VH}(t) = \frac{12}{5}\alpha_o^4 T_2(t) + \frac{96}{35}\alpha_o^2 A^2 R_3(t)T_3(t) \tag{11}$$

$$J_{VV}(t) = \frac{16}{5}\alpha_o^4 T_2(t) + \frac{1184}{105}\alpha_o^2 A^2 R_3(t)T_3(t) . \tag{12}$$

Dabei ist A der Betrag der für tetraedrische Moleküle nichtverschwindenden Komponenten von $\underline{A}^{(3)}$:

$$A \equiv A^{(3)}_{xyz} = A^{(3)}_{xzy} = A^{(3)}_{yxz} = A^{(3)}_{yzx} = A^{(3)}_{zxy} = A^{(3)}_{zyx} \tag{13}$$

$T_\ell(t)$ ist eine translatorische Tensorkorrelationsfunktion von Tensoren vom Rang ℓ:

$$T_\ell(t) = (2\ell+1)^{-1} \left\langle \frac{\underline{Y}^{(\ell)}(\underline{\Omega}(0))}{r^{\ell+1}(0)} \odot \frac{\underline{Y}^{(\ell)}(\underline{\Omega}(t))}{r^{\ell+1}(t)} \right\rangle . \qquad (14)$$

$\underline{\Omega}$ gibt die Orientierung von $\underline{r} = (r,\underline{\Omega})$ in Bezug auf das Laborsystem an, und $\underline{Y}^{(\ell)}$ steht für einen Satz von Kugelfunktionen $Y_{\ell m}$. $\odot$ bedeutet ein Skalarprodukt zweier irreduzibler Tensoren gleichen Ranges. Der Fall $\ell = 2$ entspricht dem DID-Effekt. $R_3(t)$ ist eine Rotationsautokorrelationsfunktion der Dipol-Quadrupolpolarisierbarkeit $\underline{A}^{(3)}$:

$$R_3(t) = \frac{\langle \underline{A}^{(3)}(\underline{\Omega}_1(0)) \odot \underline{A}^{(3)}(\underline{\Omega}_1(t))\rangle}{\langle \underline{A}^{(3)} \odot \underline{A}^{(3)}\rangle} . \qquad (15)$$

$\underline{\Omega}_1(t)$ steht für einen kompletten Satz Eulerscher Winkel, die die Orientierung des Moleküls 1 in Bezug auf das Laborsystem zur Zeit t angeben.

Man sieht von Gl.(10-12), daß das Polarisationsverhältnis für den DID-Effekt, $\rho_{DID}(\omega) = I_{VV}^{DID}(\omega)/I_{VH}^{DID}(\omega)$ unabhängig von ω ist und 4/3 beträgt, während das analoge Verhältnis für den Rotationsramaneffekt 37/9 ergibt. Experimentell findet man in flüssigem CCl_4 einen Anstieg des Polarisationsverhältnisses $\rho(\omega)$ mit ω, der für $\omega/2\pi = 120\ cm^{-1}$ den Wert 1.7 erreicht [15]. Daraus kann gefolgert werden, daß der kollisionsinduzierte Rotationsramaneffekt auch in flüssigem CCl_4 vorwiegend bei hohen Frequenzverschiebungen ω meßbar zum Spektrum beiträgt. Sein Anteil an der Intensität kann für $\omega/2\pi = 120\ cm^{-1}$ grob mit 13% abgeschätzt werden.

REFERENZEN

1. W.A. Gelbart, Adv. Chem. Phys. 26 (1974) 1.
2. S.C.An, C.J.Montrose and T.A. Litovitz, J. Chem. Phys. 64 (1976) 3717.
3. H.E. Howard-Lock and R.S. Taylor, Can. J. Phys. 52 (1974) 2436.
4. H.A.Posch and T.A.Litovitz, Molec.Phys.32 (1976) 1559.
5. D.W.Oxtoby and W.Gelbart, Molec.Phys. 29 (1975) 1569; 30 (1975) 535.
6. W.J. Kress and J.J.Kozak, J.Chem.Phys.66 (1977) 4516.
7. P.Lallemand, J.D.David and B.Bigot, Molec. Phys. 27 (1974) 1029.
8. B.J. Alder, J.J.Weis and H.L. Strauss, Phys. Rev. A7 (1973) 281.
   B.J. Alder, H.L. Strauss and J.J.Weis, J. Chem. Phys. 59 (1973) 1002.
9. P.A. Madden, Chem. Phys.Lett. 47 (1977) 174; Molec. Phys. (1978) in Druck.
10. J.A. Barker and D.Henderson, J.Chem. Phys. 47 (1967) 4714.
11. B.J. Alder, private Mitteilung.
12. S.C.An, H.A.Posch, C.J.Montrose and T.A.Litovitz, in Vorbereitung.
13. F.Barocchi, M.Zoppi, D.P.Shelton and G.C.Tabisz, Can. J. Phys. 55 (1977) 1962.
14. A.D. Buckingham and G.C. Tabisz, Optics Lett. 1 (1977) 220.
15. H.A. Posch, Molec. Phys. (1978), eingereicht zur Publikation.

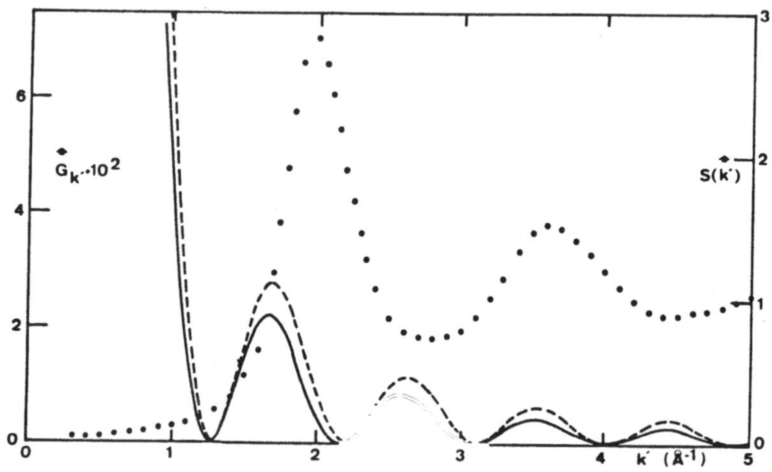

Abb.1

Die Gewichtsfunktion G_k für flüssiges Argon als Funktion von k'. Die strichlierte Kurve entspricht dem DID-Effekt. Die ausgezogene Kurve ist für ein realistischeres Modell der Polarisierbarkeitsanisotropie gerechnet [5]. Die Punkte geben den Strukturfaktor S(k').

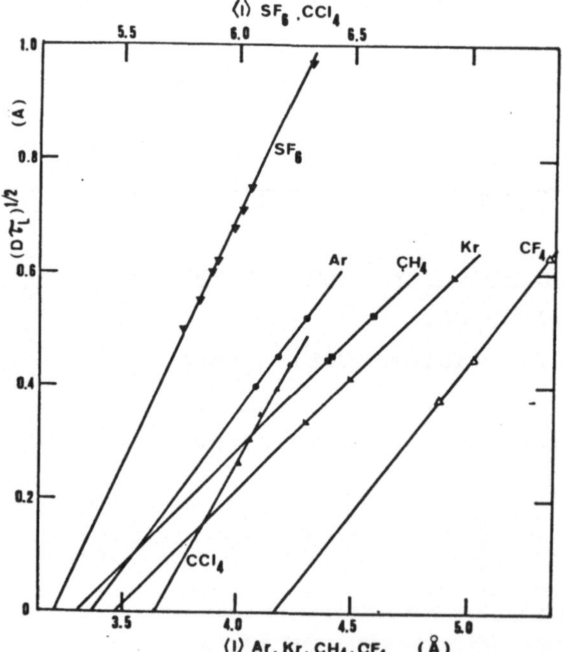

Abb.2

$(D/2\pi\Gamma)^{1/2} = (D\tau_L)^{1/2}$ als Funktion des mitt leren Molekülabstande <l> für eine Reihe atomarer und molekularer Flüssigkeiten nach Messungen von An et al.[12] und Posch et al. [4]. Die obere <l>-Skala gilt für SF_6 und CCl_4, die untere für Ar, Kr, CH_4 und CF_4.

Acta Physica Austriaca, Suppl. XX, 167-179 (1979)

LASERSEITENBANDSPEKTROSKOPIE+

G. MAGERL, W. A. KREINER+, B. FURCH, E. BONEK
Institut für Hochfrequenztechnik
Technische Universität Wien, Austria

+Abteilung für Physikalische Chemie
Universität Ulm, BRD

ABSTRACT

An IR spectroscopy apparatus is discussed which combines spectral purity of a laser with tunability and ease of frequency assessment of microwaves. By electrooptic modulation of selectable, stabilized CO_2 laser lines with a tunable microwave source, tunable sidebands in the IR are generated. Spectroscopic investigations of CD_4 and of GeH_4 demonstrate a spectral purity of 3 MHz and an absolute (relative) frequency error of ± 30 MHz (± 10 MHz) of this source near 30 THz.

1. EINLEITUNG

Es soll ein Infrarot-Spektroskopiesystem vorgestellt werden, das die spektrale Reinheit von Laserstrahlung mit der Durchstimmbarkeit und der exakten

+Vortrag gehalten anläßlich der Fachtagung "Laserspektroskopie", Graz, 19.-21. Juni 1978.

Frequenzmessung von Mikrowellen vereint. Dieses System beruht auf der elektrooptischen Modulation auswählbarer, stabilisierter Linien eines CO_2-Lasers mit einer durchstimmbaren Mikrowellenquelle. Dabei entstehen im infraroten Spektralbereich Seitenbandfrequenzen, die - um die jeweilige Mikrowellenfrequenz von der Laserfrequenz versetzt - das durchstimmbare Infrarotsignal darstellen. Die Infrarotfrequenz wird einfach und direkt durch Summen- bzw. Differenzbildung von bekannter Laser- und gemessener Mikrowellenfrequenz bestimmt.

Diese Art von durchstimmbaren Strahlungsquellen wird gegenwärtig von mehreren Arbeitsgruppen entwickelt [1-9]. Erste spektroskopische Experimente mit dieser Quelle waren erfolgreich und vielversprechend [2,10]. In der vorliegenden Arbeit soll zunächst die Wirkungsweise der Strahlungsquelle erläutert und der Aufbau des Spektroskopiesystems skizziert werden. Im Anschluß daran werden Auflösungsvermögen und Frequenzgenauigkeit an Hand spektroskopischer Untersuchungen an CD_4 und an GeH_4 demonstriert. Schließlich werden Vorschläge zur weiteren Verbesserung des Systems diskutiert.

2. AUFBAU DES SPEKTROSKOPIESYSTEMS

Wird ein elektrooptischer Kristall wie GaAs oder CdTe mit einer elektrischen Feldstärke der Frequenz f_M beaufschlagt, dann ändert sich sein Brechungsindex im Takt der angelegten Spannung. Demzufolge wird in den Kristall eingestrahltes, linear polarisiertes Licht der Frequenz f_L in elliptisch polarisiertes übergeführt. Mit geeignetem Kristallschnitt [11] läßt sich erreichen, daß die normal zur ursprünglichen Richtung polarisierte Lichtkomponente im Idealfall lediglich die beiden Seitenbandfrequenzen $f_L \pm f_M$ enthält.

Auf diesem Effekt beruht der in Abb. 1 skizzierte Aufbau für die Laserseitenbandspektroskopie. Der mit dem Gitter G abstimmbare und mittels einer Piezokeramik PZT und einer Stabilisationsschaltung STAB (Lansing Lock-In-Stabilizer) auf Linienmitte stabilisierbare, im Durchfluß betriebene CO_2-Laser liefert die linear polarisierte Trägerfrequenz f_L. Die Ausgangsleistung des Lasers beträgt bei einer aktiven Länge von 0.5 m, einem Gasdruck von 10 Torr und einem Entladungsstrom von 12 mA bei den stärksten Linien 2W im transversalen Grundmodus.

Die Laserstrahlung wird mit Hilfe der Linse L1 in den Modulator MOD fokussiert. Der Modulator ist als Hohlraumresonator ausgebildet, der mit einem elektrooptischen GaAs-Kristall homogen gefüllt ist. Die Querschnittsabmessungen sind mit 2.20 x 2.20 mm^2 so gewählt, daß bei einer mittleren Modulationsfrequenz von 53.5 GHz Anpassung zwischen der Mikrowellenphasengeschwindigkeit und der Ausbreitungsgeschwindigkeit des Lasers erzielt wird. Die Länge des elektrooptischen Kristalls beträgt L = 25 mm. Die zur Modulation notwendige Mikrowellenleistung wird von einem Mehrkammerklystron EIO ("Extended interaction oscillator" der Firma Varian) geliefert, das im Bereich von 52 GHz bis 55 GHz eine Ausgangsleistung von 5 W bis 15 W abgibt. Ein 7 dB-Abschwächer sorgt für Entkopplung zwischen dem Mikrowellengenerator und dem resonanten Modulator. Damit wird die dem Modulator zugeführte Leistung zwar auf 1 W bis 3 W gesenkt, die vom Modulator in die Mikrowellenröhre reflektierte Leistung wird jedoch auf maximal 0.6 W begrenzt. Durch diese Maßnahme werden Frequenzsprünge der Mikrowellenröhre beim Durchstimmen weitgehend vermieden, die ohne Verwendung des Abschwächers lediglich eine punktweise Aufnahme der Spektren zuließen [10]. Die Mikrowellenfrequenz wird mit Hilfe eines Resonanzwellenmessers (F_M-Meter) gemessen und dem Modulator über einen durchbohrten Hohlleiterkrümmer zugeführt [8,12].

Die aus dem Modulator austretende Laserstrahlung wird vom Spiegel M1 umgelenkt und von den beiden gleich orientierten Gitterpolarisatoren GP1 und GP2 in zwei Anteile zerlegt: Der im wesentlichen unmodulierte, in der ursprünglichen Richtung polarisierte Träger der Frequenz f_L wird in einen "Laser Line Analyzer" reflektiert, der eine dauernde Überwachung der mit dem Gitter G eingestellten Laserlinie zuläßt. Die normal dazu polarisierten Seitenbandfrequenzen $f_L \pm f_M$ werden durch die Linsen L2 und L3 sowie mittels des Spiegels M2 in einen Gittermonochromator (Hilger & Watts Grating Spectrometer 1000) fokussiert, der die unerwünschte Seitenbandfrequenz und den restlichen Träger ausfiltert. Das für die Aufnahme des Spektrums erwünschte Seitenbandsignal wird mit dem Strahlteiler BS1 in einen Referenzstrahl REF und in einen Meßstrahl im Intensitätsverhältnis von 1:1 geteilt. Der mit zwei Lochreihen zu 19 und 20 Löchern ausgestattete mechanische Zerhacker CH unterbricht die beiden Strahlen mit unterschiedlicher Frequenz und Phasenlage und liefert Synchronisationssignale an die beiden phasenempfindlichen Verstärker LOCK-IN-A1 und 2. Hinter der Absorptionszelle ABS von 1 m Länge werden die beiden Strahlen am Strahlteiler BS2 kombiniert und mit der Linse L9 auf den mit flüssigem Stickstoff gekühlten HgCdTe-SAT-Detektor D fokussiert. Das vom Detektor gelieferte Signal wird von den beiden Dynatrac 391 A Verstärkern LOCK-IN-A1 und 2 mittels phasenstarrer Kopplung in Meß- und Referenzsignal getrennt und verstärkt. Der zweite Verstärker bildet außerdem den Quotienten von Meß- und Referenzsignal, sodaß am XY-Schreiber die relative Transmission der Meßzelle ABS aufgezeichnet werden kann.

Der Quotientenbildung kommt in Anbetracht der resonanten Struktur des Modulators besondere Bedeutung zu. In Abb. 2a ist der Frequenzverlauf des unteren Seitenbandsignals ($f_L - f_M$) bei Modulation der Linie P(20) im 10.4µm-Zweig des CO_2-Lasers mit Frequenzen f_M = 54.80 GHz bis 52.02 GHz dargestellt. In den Eigenresonanzen des Modulators bei 54.07 GHz und 52.49 GHz tritt eine starke Überhöhung des modulierenden elektrischen Mikrowellenfeldes auf, die sich in einem ausgeprägten Anstieg der Seitenbandintensität auf rund 100 µW bei 942.386 cm^{-1} und bei 942.443 cm^{-1} äußert.

Der starke Frequenzgang der Seitenbandleistung macht Einstrahlspektroskopie unmöglich; schwache Absorptionslinien in den Flanken des Seitenbandsignals wären kaum beobachtbar. Der Zweistrahlaufbau und die Quotientenbildung schaffen jedoch deutliche Abhilfe, wie aus Abb.2b hervorgeht. Der Durchstimmbereich ist im Vergleich zu Abb. 2a unverändert, die Resonanzen des Modulators werden durch die Quotientenbildung jedoch völlig unterdrückt. Der einzige verbleibende und meßbare Effekt ist eine starke Variation des Signal-Rausch-Verhältnisses. Abb.3 zeigt ein Liniendublett von CD_4 bei 8 Torr Druck im Bereich des Überganges $P_o(10)$ $F_2(3) \leftarrow F_1(2)$. Man erkennt eine deutliche Zunahme des Signal-Rausch-Verhältnisses im Bereich von 942.385 cm^{-1}, die von der Resonanz des Modulators bei 54.07 GHz verursacht wird (vgl.Abb.2a).

3. SPEKTRALE REINHEIT UND FREQUENZGENAUIGKEIT

Die spektrale Reinheit des Seitenbandsignals wird in erster Linie von der Kurzzeitstabilität des Lasers bestimmt. Frei schwingende Laser besitzen zwar hervorragende Kurzzeitstabilität im Bereich einiger zehn Kilohertz, zeigen jedoch über längere Zeiträume starke thermische Drift bis zu rund 30 MHz. Im Gegensatz dazu bewirkt die in Abb. 1 angedeutete elektronische Stabilisierung eine völlige Ausschaltung der Langzeitdrift, verursacht jedoch durch eine Wechselspannung an der Piezokeramik eine Frequenzmodulation des Lasers mit einer Bandbreite von 1 MHz bis 3 MHz. Dem gegenüber kann die um fast eine Zehnerpotenz schmälere Bandbreite des Mikrowellengenerators vernachlässigt werden. Der experimentelle Befund zeigt jedenfalls, daß die spektrale Reinheit des Seitenbandsignals eine Messung der Linienform dopplerverbreiterter Absorptionslinien zuläßt. Als Beispiel möge die in Abb. 4 gezeigte Absorptionslinie von GeH_4 bei 0.5 Torr Druck im Bereich der Q(11)-Linie dienen. Die gemessene Linienbreite von 40 MHz stimmt ausgezeichnet mit der nach [13] berechneten Dopplerbreite

$$\Delta\nu_D = \frac{214}{\lambda} \sqrt{\frac{T}{M}} \ (\mathrm{MHz})$$

überein, wobei λ die Wellenlänge in µm, T die Temperatur in K und M das Molekulargewicht bedeuten. Im Vergleich dazu wird in Abb. 5 eine Absorptionslinie des um rund einen Faktor 4 leichteren CD_4 gezeigt. Diese Linie wurde ebenfalls bei 0.5 Torr Druck aufgenommen und ist dem Übergang $P_+(12)F_1(2) \leftarrow F_2(2)$ zuzuordnen.

Ein weiterer, bereits kurz erwähnter Vorteil der Laserseitenbandspektroskopie liegt in der einfachen und genauen Frequenzbestimmung; die unbekannte Seitenbandfrequenz ergibt sich durch Addition bzw. Subtraktion von Laser- und Mikrowellenfrequenz. Da die Laserfrequenzen mit einer Genauigkeit von typisch ± 2 MHz bekannt sind [14-16], wird die Genauigkeit der beschriebenen Frequenzbestimmung im wesentlichen von der Messung der Mikrowellenfrequenz festgelegt. Da der verwendete Resonanz-Wellenmesser eine Absolutgenauigkeit von ± 25 MHz bietet, ist die Absolutgenauigkeit der Infrarot-Freuqenzmessung um rund eine Zehnerpotenz schlechter als die spektrale Reinheit. Frequenzdifferenzen können allerdings wesentlich genauer bestimmt werden, da in diesem Falle systematische Fehler des Wellenmessers weitgehend ausgeschaltet werden.

Für die relative Frequenzbestimmung kann daher eine Genauigkeit von ± 10 MHz angegeben werden, die durch die Auflösung der Frequenzskala am Wellenmesser (5.6 MHz), durch die Ablesegenauigkeit auf der Eichkurve des Wellenmessers (7 MHz), durch die Kurzzeitstabilität des Lasers (2 MHz) und durch die Genauigkeit der tabellierten Laserfrequenzen (2 MHz) zustande kommt. Bezogen auf die zu messende Seitenbandfrequenz von rund 30×10^{12} Hz stellt eine Unsicherheit in der Frequenzmessung von $\pm 25 \times 10^{6}$ Hz (bzw. $\pm 10 \times 10^{6}$ Hz) allerdings eine relative Genauigkeit von $\pm 8 \times 10^{-7}$ (bzw. $\pm 3 \times 10^{-7}$) dar. Diese Werte gehören zu den besten, die derzeit bei Frequenzmessungen mit vergleichbar einfachen Mitteln im infraroten Spektralbereich erzielt werden.

4. AUSBLICK

Trotz eines Durchstimmbereiches des Mikrowellengenerators von 3 GHz ist man im wesentlichen auf zufällige Koinzidenzen des Seitenbandsignales mit Absorptionslinien der Proben angewiesen. Eine wesentliche Verbesserung kann nur von einer Mikrowellenquelle mit großem Durchstimmbereich und relativ hoher Ausgangsleistung ($\geq$ 1 W) - also einem Mikrowellenwobbelsender mit nachgeschaltetem Wanderfeldröhrenverstärker - erwartet werden. Allerdings macht sich bei einer Vergrößerung des Abstimmbereiches um etwa eine Zehnerpotenz die Bandbreite der Modulatoren bemerkbar: Wegen der unterschiedlichen Dielektrizitätskonstanten der geeigneten Modulatorkristalle bei Mikrowellen und im Infraroten muß der Kristall in einer Leiterstruktur verwendet werden, die die Mikrowellen-Phasengeschwindigkeit auf die Lichtgeschwindigkeit erhöht. Bisher wurde zur Beschleunigung der Mikrowelle ein passend an den Kristall anliegender Hohlleiter verwendet. Diesem Verfahren sind aber Grenzen gesetzt: Wegen der Hohlleiterdispersion ist die Bandbreite eines solchen Modulators mit ca. 10 GHz begrenzt [7]. Auch die ungewollte Anregung Wellen höherer Ordnung bei der Modulationsfrequenz bewirkt eine Einschränkung der Bandbreite.

Es ist geplant, die geringe Dispersion und die Erhöhung der Phasengeschwindigkeit im Steghohlleiter auszunützen, indem der Raum zwischen den beiden in den Hohlleiter ragenden Stegen mit dem elektrooptischen Kristall gefüllt wird. Erste Untersuchungen zeigen bereits eine hohe Sicherheit gegen das Auftreten von Wellen höherer Ordnung [17]. Eine gegenwärtig durchgeführte Studie der Phasengeschwindigkeit und Dispersion in Abhängigkeit von unterschiedlicher Konstruktion und Dimensionierung läßt für die Bandbreite Werte von rund 40 GHz erwarten.

Eine Steigerung der Genauigkeit in der Frequenzmessung ist zunächst nur durch eine genauere Bestimmung der Mikrowellenfrequenz zu erreichen. Da Frequenzzähler gegenwärtig nur bis zu einer oberen Frequenzgrenze von 18 GHz (mit reduzierter Empfindlichkeit bis 24 GHz) erhältlich sind, soll die Mikrowellenfrequenz mit einem stabilen lokalen Oszillator mit einer Frequenz f_{LO}=8 GHz bis 12 GHz in einem Harmonischenmischer gemischt und die Differenzfrequenz $f_{ZF} = |f_M \pm nf_{LO}|$ gezählt werden. Die Genauigkeit dieses Verfahrens wird lediglich von der spektralen Reinheit der Mikrowellenquelle bestimmt, die von den Herstellern mit besser als 350 kHz angegeben wird. Die Gesamtgenauigkeit der Frequenzbestimmung kann also auf diese Weise auf einige wenige Megahertz verbessert werden und wird mit der spektralen Reinheit der Seitenbandstrahlung vergleichbar.

Die Autoren danken dem Fonds zur Förderung der wissenschaftlichen Forschung für großzügige finanzielle Unterstützung im Rahmen des Forschungsschwerpunktes 2785/S "Plasma- und Halbleiterforschung in Elektrotechnik und Physik".

REFERENZEN

1. V.J. Corcoran,et al., Nonlinear optical effects using a CO_2 laser and a klystron, Appl.Phys.Lett.16 (1970) 316-318.
2. V.J. Corcoran, et al., Extension of microwave spectroscopy techniques to the infrared region, Appl. Phys. Lett. 22 (1973) 517-519.

3. P.K. Cheo, M.Gilden, High-power Integrated Optic IR Modulator at Microwave Frequencies, Appl. Phys. Lett. 28 (1976) 626-627.
4. P.K. Cheo, R. Wagner, Infrared electrooptic waveguides, IEEE J. Quantum Electron. QE-13 (1977) 159-164.
5. P.K. Cheo, M. Gilden, Continuous Tuning of 12 GHz in two Bands of CO_2 Laser Lines, Optics Letters 1 (1977) 38-39.
6. G. Schiffner, Probleme bei der Anwendung von CO_2-Lasern in Weltraumübertragungssystemen, NTZ 26 (1973) 285-291.
7. E. Bonek, et al., Proposed CO_2-Laser Standing-Wave Intracavity Coupling Modulator for a 53-GHz CW Signal, IEEE J. Quantum Electron. QE-20 (1974) 128-130.
8. E. Bonek, H. Korecky, Intracavity millimeter-wave coupling modulation of a CO_2 laser, Appl. Phys. Lett. 25 (1974) 740-741.
9. G. Magerl, E. Bonek, A 2.75-GHz tunable CO_2 laser infrared source, J. Appl. Phys. 47 (1976) 4901-4903.
10. G. Magerl, E. Bonek, W.A. Kreiner, Laser Sideband Spectroscopy in the ν_4 Fundamental of Silane, SiH_4. Chem. Phys. Lett. 52 (1977) 473-476.
11. S. Namba, Electro-Optical Effect of Zincblende, J. Opt. Soc. Am.51 (1961) 76-79.
12. E. Bonek, et al., Coupling and Tuning of Trapped-Mode Microwave Resonators, AEÜ 32 (1978) 209-214.
13. S.S. Penner, Quantitative Molecular Spectroscopy and Gas Emissivities, Addison-Wesley, Reading,Mass.,1959.
14. Ch. Freed, A.H.M. Ross, R.G.O'Donnell,Determination of Laser Line Frequencies and Vibrational-Rotational Constants of the $^{12}C^{18}O_2$, $^{13}C^{16}O_2$, and $^{13}C^{18}O_2$ Isotopes from Measurements of CW Beat Frequencies with Fast HgCdTe Photodiodes and Microwave Frequency Counters, J.Mol.Spectrosc. 49 (1974) 439-453.

15. G. Schiffner, Improved determination of accurate CO_2 laser transition frequencies and their stand and deviation, Opto-electronics 5 (1973) 411-413.
16. F.R. Petersen, et al., Proc. Laser Spectroscopy Conf., Vail, CO, 1973, ed. R.G. Brewer, A.Mooradian, Plenum, New York 1974, 555.
17. G. Magerl, Ridged Waveguides with Inhomogeneous Dielectric Slab Loading, IEEE Trans. Microwave Theory Tech. MTT-26 (1978),erscheint Juni 1978.

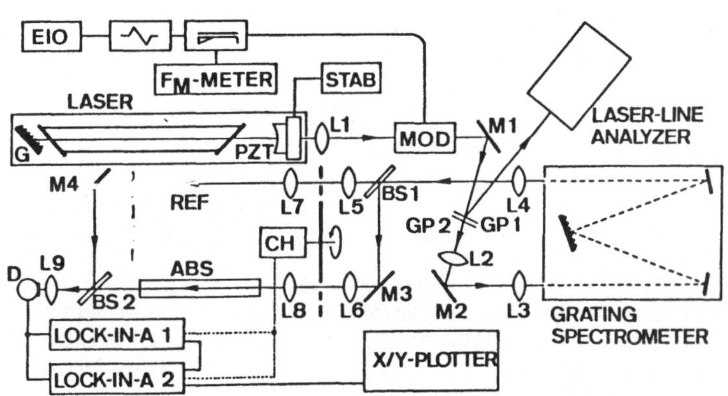

Abb. 1

Prinzipieller Aufbau des Laserseitenband-Spektroskopiesystems.

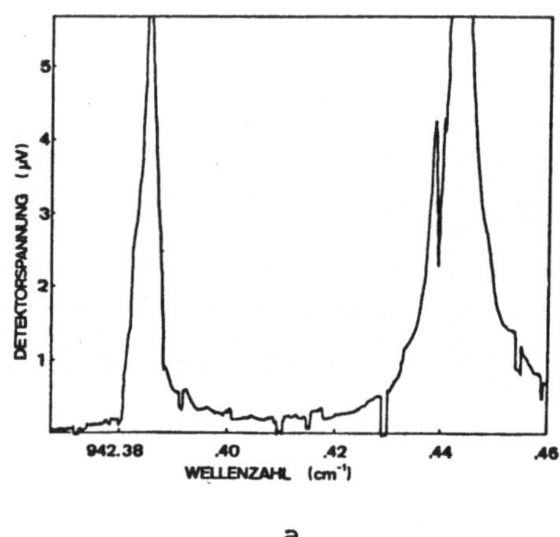

a

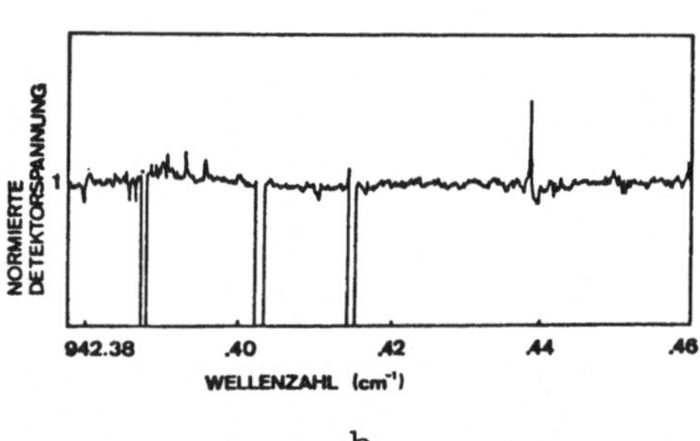

b

Abb. 2 a,b

Frequenzverlauf des Seitenbandsignals; die beiden im Durchstimmbereich der Mikrowellenquelle liegenden Eigenresonanzen des Modulators bewirken einen deutlichen Anstieg der Seitenbandleistung.

a) Einstrahlverfahren (oben)

b) Zweistrahlverfahren mit Quotientenbildung (unten).

Abb. 3

Linienduplett von CD_4 bei 8 torr Druck im Bereich des Überganges $P_o(10)F_2(3) \leftarrow F_1(2)$. Die deutliche Zunahme des Signal-Rauschabstandes wird von einer Eigenresonanz des Modulators verursacht (vgl. Abb.2,a).

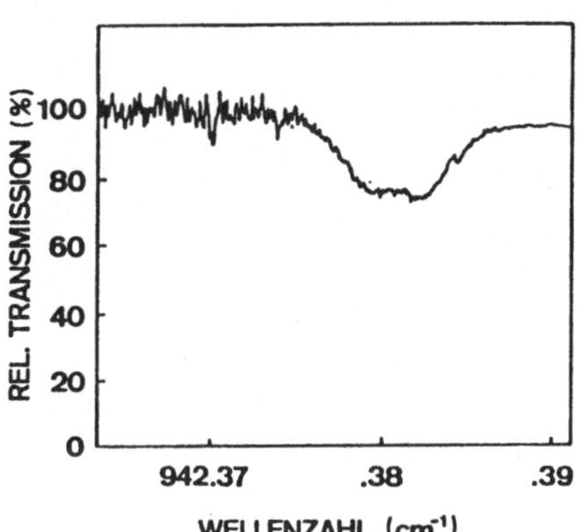

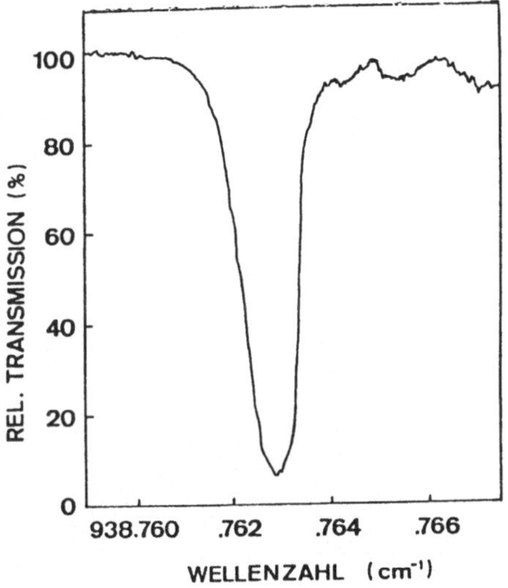

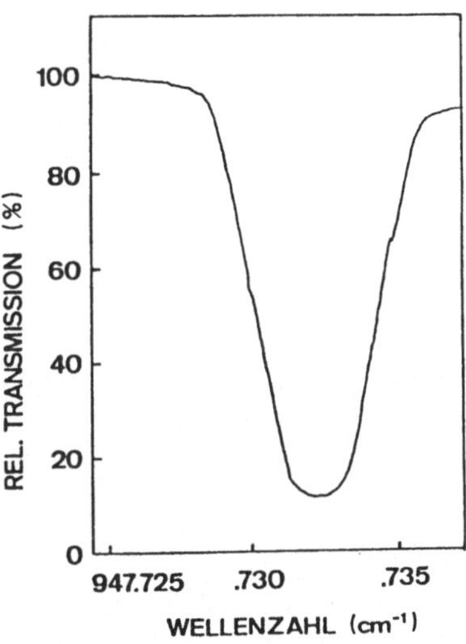

Abb. 4

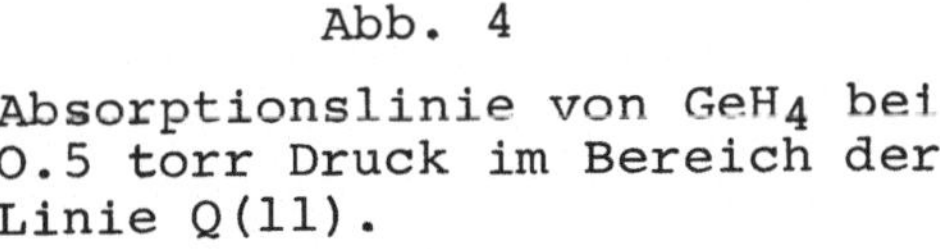
Absorptionslinie von GeH_4 bei 0.5 torr Druck im Bereich der Linie Q(11).

Abb. 5

Übergang $P_+(12)F_1(2) \leftarrow F_2(2)$ von CD_4 bei 0.5 torr Druck.

Acta Physica Austriaca, Suppl. XX, 181-188 (1979)

STARK EFFECT OBSERVATIONS IN THE "NONPOLAR" MOLECULES GeH_4 and CD_4⁺

W.A. KREINER
Abteilung für Physikalische Chemie
der Universität Ulm
D-7900 Ulm

INTRODUCTION

Methane-type molecules (symmetry group T_d) had been regarded as nonpolar for a long time and therefore no rotational spectrum and no Stark effect was expected to be observable. With high sensitive spectroscopic techniques, as molecular-beam [1], far infrared [2], microwave [3], radiofrequency infrared double resonance [4] and laser Stark spectroscopy [5] the existence of a permanent dipole moment could be proved for CH_4. This dipole moment arises from centrifugal distortion in the vibrational ground state.

Linear Stark effect in the vibrational ground state has been reported for CH_4 [1,3], SiH_4 [6] and GeH_4 and GeH_4 [7], the quadratic Stark effect, which is less sensitive and therefore needs higher electric fields,

⁺Vortrag gehalten anläßlich der Fachtagung "Laser-spektroskopie", Graz, 19.-21. Juni 1978.

has been observed so far only in SiH_4 [10]. In this paper we wish to report the observation of second order Stark effect in GeH_4.

There has been recently increased interest in the germane molecule because of its detection in the Jupiter atmosphere [8].

A small effect of an electric field on the level crossing signal of CD_4 has also been observed.

GENERAL

One of the most sensitive methods used to observe weak rotational spectra is radiofrequency-infrared double resonance. The technique is described elsewhere [4,9].

In these experiments a laser frequency must coincide with a ro-vibrational transition. The GeH_4 molecule has one fundamental, ν_2 at 930.7 cm^{-1} [11], in the frequency range of the N_2O and CO_2 lasers.

We investigated rotational transitions in the ground state which are connected to one of the IR transitions coinciding with one of the laser lines (Fig. 1). The rotational levels are split into so-called m-components by an electric field. The splitting is linearly dependent on the field $\vec{\varepsilon}$ for twofold degenerate or E levels and quadratic for A_1, A_2 (non degenerate) and F_1, F_2-levels (threefold degenerate), where the symbols A, E and F refer to the species in the tetrahedral symmetry group.

The second order Stark effect is caused by off-diagonal elements in the energy matrix. In this case the level splitting is calculated to sufficient accuracy from the two by two matrix

$$\begin{pmatrix} E_1 & \theta_z^{xy} \; mC(J,\kappa)\vec{\varepsilon} \\ \theta_z^{xy} \; mC(J,\kappa)\vec{\varepsilon} & E_2 \end{pmatrix}$$

where θ_z^{xy} is the centrifugal distortion moment [12], m the quantum number, $C(J,\kappa)$ the Stark coefficient and $\vec{\varepsilon}$ the electric field.

Even in cases where single m-components are not resolved, it is easy to decide whether one is dealing with a first or the second order effect: In the case of a first order effect being present the line splits symmetrically into two groups of sattelites, in the second order case just one pattern of m-components moves to higher or lower frequency. So sometimes the Stark effect is of considerable help for identifying a transition.

EXPERIMENTAL AND RESULTS

With the double resonance technique using a 80 cm coaxial waveguide cell inside the laser cavity [4,10] the coincidence of R(10) of the N_2O laser at 947,804 cm^{-1} with a germane transition was investigated. The corresponding IR transition of germane is in the Q branch of the ν_2 fundamental. A connected rotational transition was observed at 600.41 ± 0.1 MHz. From the known ground state constants D_t, H_{4t} and H_{6t} (9) the frequency for the rotational transition $J = 16$ $[F_2^{(4)} \leftarrow F_1^{(4)}]$ was calculated as 600.487 MHz. This identification is also supported from a high resolution IR spectrum recorded in the course of this work [13].

In the Stark experiments a DC field up to 2900 V/cm was applied to the coaxial cell in addition to the laser and rf field. Due to the circular cross section of the cell the field was not homogeneous.

With a field $\vec{\varepsilon}$ = 2858 V/cm a shift of the center of the unresolved m-pattern of 260 kHz towards higher frequency was observed indicating the second order effect (Fig. 2). Taking $\theta_z^{xy} = 3{,}33 \times 10^{-5}$ D and $C(J,\kappa) \approx 15$ we get a shift of 430 kHz for the fastest $|\Delta m| = 0$ transition and 382 kHz for $|\Delta m| = 1$ which seems to be reasonable. A hump on the high frequency slope indicates the high m-components which are expected to exhibit the highest intensity.

We also observed the quadratic effect on the radiofrequency transition J = 18 $[A_1^{(2)} \leftarrow A_2^{(2)}]$ at 895.79 MHz [9]. The line P(10) of CO_2 (10,4μ) at 952.8809 cm^{-1} coincides with another ν_2 Q branch line. The level pattern moves within about 53 kHz towards higher frequency for $\vec{\varepsilon}$ (mean value) = 1154 V/cm. This compares well with the shift of 65 kHz for the same line in SiH_4 where, just accidentially, the corresponding transition is coincident with an N_2O laser line [10].

It should be mentioned that a small effect of the electric field could also be observed on so-called zero beat signals of CD_4 (Fig. 3). These signals (also called high frequency Stark effect) occur when, in a double resonance experiment, the radiofrequency is swept across zero [14]. The R(34) line in the 10.4μ band of the CO_2 laser (984.3833 cm^{-1}) was found to coincide with a transition in the ν_4 Q-branch. The signal is smeared out by the field (715 V/cm, mean value). Because of the high pressure needed no higher field could be applied.

CONCLUSION

Second order molecular Stark effect has been observed on rotational transitions in the vibrational ground state of germane, GeH_4. This observation is of some interest because this molecule was regarded as completely insensitive to the electric field for a long time and second order Stark effect is less sensitive and more difficult to observe than first order. The intensity of the lines is further reduced by several isotopes. The measured shift compares well with observations in SiH_4 and helps in the identification of the transitions. A small effect of the electric field has been found in CD_4 as well.

REFERENCES

1. I. Ozier, Phys. Rev. Lett. 27, 1329 (1971).
2. A. Rosenberg, I. Ozier, and A.K. Kudian, J. Chem. Phys. 57, 568 (1972).
3. C.W. Holt and M.C.L. Gerry and I. Ozier, Phys. Rev. Lett. 31, 1033 (1973).
4. R.F. Curl, Jr. and T. Oka, JCP 58, 4908 (1973).
5. K. Uehara, J. Phys. Soc. Japan 34, 777 (1973).
6. R.H. Kagann and I. Ozier and M.C.L. Gerry, JCP 64, 3487 (1976).
7. W.A. Kreiner, B.J. Orr, U. Andresen, and T. Oka, Phys. Rev. A 15, 2298 (1977).

8. H.P. Larsen, U. Fink, and R.R. Treffers, Bull. Am. Astron. Soc. 8, 476 (1976);
H.P. Larsen, R.R. Treffers, and U. Fink, Astrophys. J. 211, 972 (1977).
9. W.A. Kreiner, U. Andresen, and T. Oka, JCP 66, 4662 (1977).
10. W.A. Kreiner, T. Oka, A.G. Robiette, JCP 68, 3236 (1978).
11. H.W. Kattenberg, W. Gabes, and A. Oskam, J. Mol. Spectrosc. 44, 425 (1972).
12. A.J. Dorney and J.K.G. Watson, J. Mol. Spectrosc. 42, 135 (1972).
13. Unpublished.
The IR spectrum with a resolution of 0.06 cm^{-1} was taken with J.W.C. John's spectrometer at the National Research Council of Canada, Herzberg Institute of Astrophysics.
14. J. Lemaire et al, J. Quant. Spec. Radiat. Transfer 16, 677 (1976);
MTP International Review of Physical Chemistry, Series I, Vol. 3, 1972 (D.A. Ramsey, editor); p. 81.

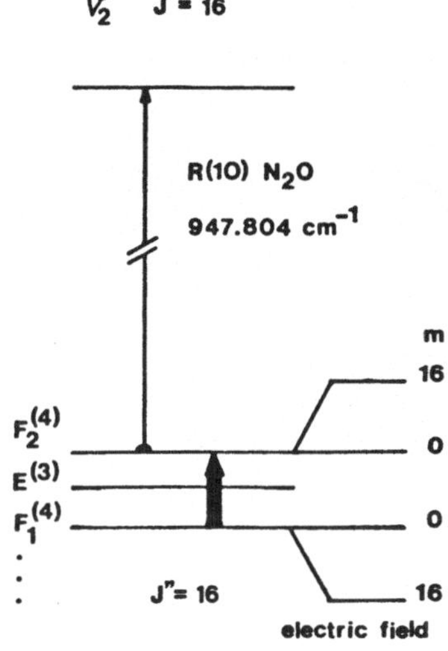

Fig. 1

Level scheme in a double resonance experiment of germane. The notation refers to the pure rotational transition shown in Fig. 2. It is not decided yet, whether the laser hits the $F_1^{(4)}$ or the $F_2^{(4)}$ level in the ground state of germane.

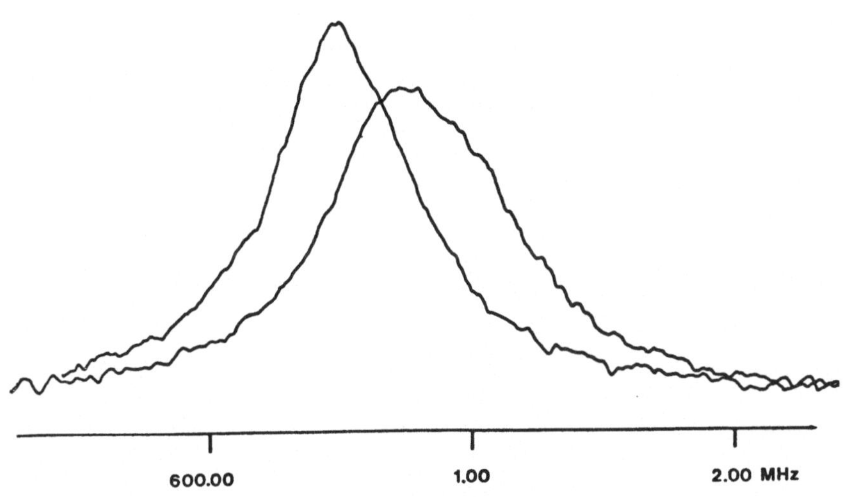

Fig. 2

Quadratic Stark effect on the transition J=16 [$F_2^{(4)} \leftarrow F_1^{(4)}$] in the ground state of germane. The peak at lower frequency is the line without field. When a field of 2858 V/cm is applied, the line is shifted and broadened due to unresolved m-components. Sample pressure is 10 mTorr, rf power about 4W.

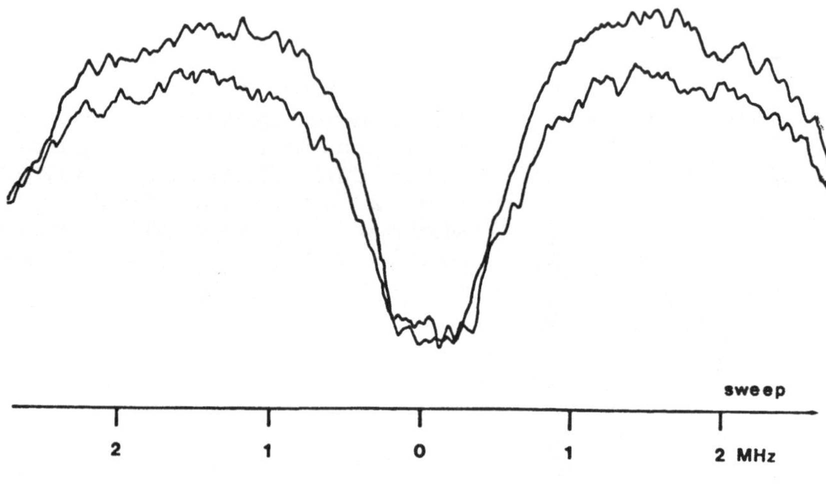

Fig. 3

Level crossing signal in CD_4. R(34) in the 10.4 μ band of the CO_2 laser is used (984.3833 cm^{-1}). Sample pressure is 70 mTorr, radiofrequency power is about 8 W. The rf is amplitude modulated. The laser intensity is monitored with a Pb:Sn:Te detector, the signal is demodulated with 125 msec time constant. The electric field (715 V/cm) widens the signal (lower trace).

Acta Physica Austriaca, Suppl. XX, 189–195 (1979)

KURZZEITSPEKTROSKOPISCHE UNTERSUCHUNGEN FELDINDUZIERTER VERÄNDERUNGEN DER RAMANSTREUUNG+

H.M. NOLL, M.E. LIPPITSCH, F.R. AUSSENEGG
Institut für Experimentalphysik
Universität Graz, Austria

ABSTRACT

The vibrational Raman bands of some simple liquids are investigated on the influence of an external electric DC field from 0.1 to 1 MV/cm. Changes in Raman intensities and depolarization ratios are observed.

Die Streulichtspektroskopie ist eine relativ selten genützte Methode zur experimentellen Untersuchung des Einflusses elektrischer Felder auf Moleküle. Der Grund dafür ist die geringe Streulichtausbeute, die vergleichsweise lange Meßzeiten erforderlich macht, während die unerwünschten Nebenerscheinungen elektrischer Felder wie elektrische Durchbrüche, starke Entwicklung Joulscher Wärme oder elektrolytische Zersetzung Kurzzeittechniken bedingen.

Grundsätzlich sind für die Kurzzeitmessung von Streulichtspektren zwei Arten der Anregung möglich:

+Vortrag gehalten anläßlich der Fachtagung "Laserspektroskopie", Graz, 19.-21. Juni 1978.

1) Anregung durch einen gepulsten Dauerstrichlaser (z.B. Ar^+-Laser mit akustoopitscher Güteschaltung). Typischerweise beträgt dabei die Impulsleistung $P_i \approx 50$ W, die Impulsdauer $t_i \approx 30$ ns, die Impulsenergie $E_i \approx 1{,}5 \times 10^{-6}$ Ws, die Wiederholfrequenz $f \approx 1$ MHz, die mittlere Ausgangsleistung $P \approx 1{,}5$ W.

2) Anregung durch gütegeschalteten Riesenimpulslaser (z.B. Nd-YAG mit Pockelszellen-Q-Switch und Frequenzverdoppelung). Dabei betragen die typischen Werte: Impulsleistung $P_i \approx 10$ kW, Impulsdauer $t_i \approx 15$ ns, Impulsenergie $E_i \approx 1{,}5 \times 10^{-4}$ Ws, Wiederholfrequenz $f \approx 1$ Hz, mittlere Ausgangsleistung $P \approx 0{,}15$ mW.

Eine für die Qualität einer spektroskopischen Messung maßgebliche Größe ist das Signal-Rausch-Verhältnis. Ein vorgegebenes Signal-Rausch-Verhältnis bestimmt die Anzahl der für einen Meßpunkt erforderlichen Signalphotonen (Photonen, die im Detektor je ein Photoelektron auslösen). Der Gesamtwirkungsgrad des untersuchten Prozesses bestimmt dann die notwendige Anzahl der Anregungsphotonen.

Als Beispiel sei die Kurzzeitmessung der Ramanstreuung behandelt. Der totale Wirkungsgrad (Verhältnis der Zahl der Signalphotonen zur Zahl der Anregungsphotonen) einer Ramanmessung ergibt sich aus dem Wirkungsgrad des Streuprozesses ($\approx 10^{-8}$), dem genutzten Raumwinkel ($\approx 10^{-2}$), Verlusten durch optische Komponenten wie Monochromator, Linsen, Filter usw. ($\approx 10^{-2}$) und der Quantenausbeute des Detektors ($\approx 10^{-1}$) zu 10^{-13}. Ein brauchbares Signal-Rausch-Verhältnis von ≈ 30 erfordert das Registrieren von ≈ 1000 Signalphotonen. Aufgrund des abgeschätzten totalen Ramanwirkungsgrades sind dafür $\approx 10^{16}$ Anregungsphotonen erforderlich, was im grünen

Spektralbereich einer Energie von $\approx 1{,}5 \times 10^{-3}$ Ws entspricht.

Ein Vergleich der beiden Anregungsmethoden zeigt, daß zum Erreichen dieser benötigten Photonenzahl beim gepulsten Dauerstrichlaser 1000 Impulse, beim Riesenimpulslaser nur 10 Impulse erforderlich sind. Die effektive Meßzeit t_{eff}, definiert als die Gesamtdauer aller erforderlichen Impulse, beträgt (unter den vorhin gemachten Annahmen über die Laserparameter) bei der ersten Methode 30 µs, bei der zweiten Methode nur 150 ns. Die totale Meßzeit, definiert als die Summe aus effektiver Meßzeit und zugehörigen zeitlichen Abständen zwischen den Laserimpulsen, beträgt dagegen für die erste Methode nur 1 ms, für die zweite dagegen 10 s.

Während bei streulichtspektroskopischen Messungen mit kontinuierlichen Lichtquellen das thermische Rauschen des Detektors (Photomuliplier) wesentlich ist, ist diese Rauschquelle bei beiden Kurzzeitmethoden vernachlässigbar. Die effektive Meßzeit ist nämlich in beiden Fällen kürzer als der mittlere zeitliche Abstand zweier im Detektor thermisch ausgelöster Elektronen.

Die weitaus geringere totale Meßzeit würde zunächst die Verwendung gepulster Dauerstrichlaser nahelegen. Die dabei auftretende hohe Folgefrequenz der elektrischen Feldimpulse führt jedoch auch bei Substanzen mit geringen dielektrischen Verlusten zu einer unzulässigen Erwärmung und in der Folge zum elektrischen Durchbruch, wenn Feldstärken von $\sim 10^5$ V/cm überschritten werden. Diese Methode ist somit dem Bereich mäßig hoher Felder vorbehalten, während für sehr hohe Felder nur eine Anregung mit kurzer effektiver Meßzeit und kleiner Folgefrequenz -

also die Methode 2) - in Frage kommt.

In den von uns durchgeführten Experimenten wurde die Ramanstreuung in einfachen Flüssigkeiten in Gegenwart von elektrischen Feldern zwischen 300 und 1000 kV/cm untersucht. Wegen der hohen Feldstärken konnte, wie oben ausgeführt, die Anregung nur mit einem Riesenimpulslaser erfolgen. Die verwendete Meßanordnung bestand aus einem mit Hilfe einer Pockelszelle aktiv gütegeschalteten Nd^{+}-YAG Laser und einem $LiJO_3$-Frequenzverdoppler (λ = 530 nm), einer Meßküvette mit den Elektroden zur Erzeugung des elektrischen Feldes (Elektrodenmaterial Messing vergoldet, Elektrodenfläche 2 x 10 mm, Elektrodenabstand 0.2 mm) und einem Ramanspektrometer, das die senkrecht zur Einfallsrichtung abgegebene Streustrahlung registrierte (weitere Details sind in [1] beschrieben). Die nur während der Laseremission registrierende Elektronik summierte die Ramansignale einer einstellbaren Schußzahl (meist 10) auf.

Die Feldimpulse (rechteckförmig, 20 kV, 50 bis 1000 ns Impulsdauer, 10 ns Flanke [2]), konnten in jede zeitliche Relation zum Laserimpuls (vor, gleichzeitig und danach) gebracht werden. Die Feldrichtung war senkrecht zur Einstrahl- und Beobachtungsrichtung und parallel zur Polarisationsrichtung des einfallenden Lichtes.

Es wurden die Flüssigkeiten Benzol, Schwefelkohlenstoff, Tetrachlorkohlenstoff, Zyklohexan, Nitrobenzol, Methanol, Azetonitril und Dimethylanilin untersucht. Bei geeigneter Wahl von Feldimpulsdauer und Wiederholfrequenz konnte bei diesen Flüssigkeiten eine Änderung sowohl der Intensität als auch des Depolarisationsgrades der Ramanlinien festgestellt werden. Beide Größen nahmen zuerst mit steigender Feldstärke zu, durchliefen ein

Maximum und nahmen dann wieder ab. Bemerkenswert ist, daß dieser Effekt entscheidend von der Dauer und Wiederholfrequenz der Feldimpulse abhängt [1].

Abb. 1 und 2 zeigen die Ergebnisse für die Benzollinie 3048/61 cm^{-1}. Die anderen Flüssigkeiten zeigten ein qualitativ ähnliches Verhalten.

Die Feldabhängigkeit der Ramanintensität und des Depolarisationsgrades wird durch die Beigabe von anderen Substanzen unter Umständen stark beeinflußt. So verschwindet die beobachtete Feldabhängigkeit in Nitrobenzol und Methanol, wenn mehr als etwa 2% Wasser zugesetzt werden. Andererseits konnte etwa in reinem Zyklohexan keine Feldabhängigkeit nachgewiesen werden, während nach Mischung mit Benzol (1:1) auch die Zyklohexanlinien eine Intensitätserhöhung im elektrischen Feld zeigten. Bei einigen Substanzen konnte ein exponentielles Abklingen der Erhöhung der Ramanintensität nach Abschalten des Feldes beobachtet werden (CS_2).

Die beschriebenen Experimente legen die Vermutung nahe, daß die beobachtete Feldabhängigkeit der Ramanintensität und des Depolarisationsgrades auf eine feldinduzierte Wechselwirkung zwischen gleichen oder verschiedenen Molekülen zurückzuführen ist. Man könnte sich vorstellen, daß durch das elektrische Feld mehr oder minder stabile Molekülkomplexe entstehen (vergleiche [3]), bei denen z.B. infolge Chargetransfer eine Zunahme der Ramanintensität auftritt [4]. Allerdings fehlen zur Zeit für diese Vermutung noch eindeutige experimentelle Beweise. Jedenfalls zeigen aber einfache Abschätzungen, daß die beobachtete feldbedingte Ramanintensitätszunahme durch die bekannten nichtlinearen Ramankoeffizienten nicht erklärt werden kann.

Die Untersuchung der hier beschriebenen Effekte demonstriert beispielshaft den Einsatz der Kurzzeitstreulichtspektroskopie. Es zeigt sich, daß die Wahl der spektroskopischen Methode unter Umständen durch nichtspektroskopische Gegebenheiten (im vorliegenden Fall Durchschlagsfestigkeit und dielektrische Verluste in den Probesubstanzen)diktiert werden kann.

REFERENZEN

1. F.R. Aussenegg, M.E.Lippitsch, H.M.Noll, E.J.Schiefer, Phys. Lett. A im Druck.
2. M.E. Lippitsch, R.Möller, H.M. Noll, E. Schiefer, F.R. Aussenegg, J. Phys. E: Sci. Instrum., Vol.11, 1978.
3. K.P.Wisseroth, Journal de Physique 38 (1977) 1249.
4. F.R. Aussenegg, M.E. Lippitsch, Chem. Phys. Lett. im Druck.

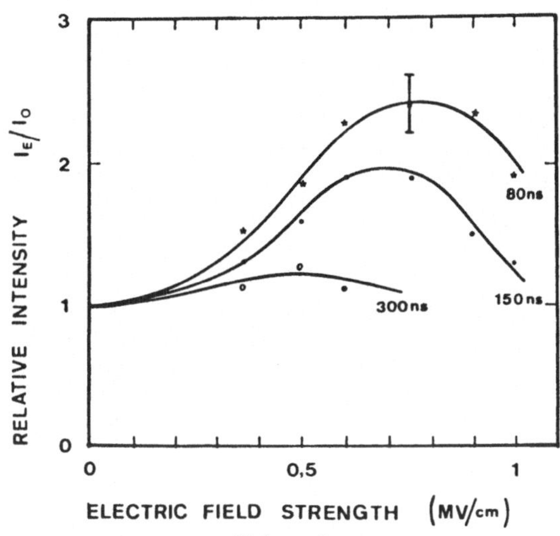

Abb. 1
Feldabhängigkeit der Intensität der Benzollinie 3048/61 cm^{-1}.

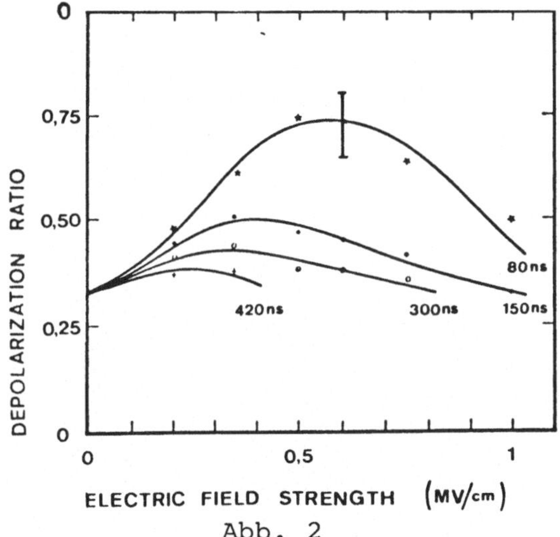

Abb. 2
Feldabhängigkeit des Depolarisationsgrades der Benzollinie 3048/61 cm^{-1}.

Acta Physica Austriaca, Suppl. XX, 197–202 (1979)

EINSATZ VON LASER-RAMANSPEKTROSKOPIE ZUR UNTERSUCHUNG DER STOFFWECHSELVORGÄNGE VON ZELLEN+

F. AUSSENEGG, M. LIPPITSCH
Institut für Experimentalphysik
Universität Graz, Austria

R. MÖLLER, B. PALETTA
Med.-chem. Institut und Pregl-Laboratorium
Universität Graz, Austria

ABSTRACT

Metabolisme of living cells in open systems is investigated measuring the concentrations of feeding substrate and metabolic products by Raman spectroscopy. The advantage over methods used up to now (chemical analysis, absorption measurement etc.) is the capability of on-line measurements, which allows feed-back of the concentration data obtained to achieve self-regulation of the system.

Die Untersuchung von Stoffwechselvorgängen ist sowohl von biologischem als auch medizinischem und ernährungswissenschaftlichem Interesse. Die dabei bisher erzielten Ergebnisse wurden nahezu ausschließlich mit biochemischen Methoden gewonnen. Diese Methoden zeichnen sich durch hohe

+Vortrag gehalten anläßlich der Fachtagung "Laserspektroskopie", Graz, 19.-21. Juni 1978.

Nachweisempfindlichkeit aus, bedingen jedoch einen beträchtlichen Zeitaufwand und chemische Eingriffe in das Stoffwechselsystem. Sie sind daher nur zur Untersuchung von statischen Zuständen, nicht aber von dynamischen Vorgängen geeignet.

Ungestörte biologische Prozesse laufen im allgemeinen in geregelten Fließgleichgewichten ab. Über die Nachbildung solcher Systeme mittels computergesteuerter Kreisläufe wurde für enzymatische Reaktionen in jüngster Zeit erstmals berichtet [1]. Die dabei angewendete Meßmethode mittels UV-Absorption ist jedoch für Versuche an lebenden Zellen häufig ungeeignet.

Der Einsatz von Laser-Ramanspektroskopie für diesen Zweck bietet die Möglichkeit, Nährstoffe und Stoffwechselprodukte zu identifizieren und ihre Konzentration in der Nährlösung, in der die Zellen gehalten werden, rasch und ohne Beeinflussung des Systems zu bestimmen.

Folgende Versuchsanordnung wurde verwendet: Zellen aus der Darmschleimhaut von Ratten (in einigen Experimenten auch Krebszellen aus kranken Tieren) werden in einer wässrigen Lösung (Ringer-Lösung) gehalten, die in pH-Wert, osmotischem Druck usw. den physiologischen Verhältnissen entspricht. Nährstoffe und Stoffwechselprodukte werden über computergesteuerte Pumpsysteme zu- und abgeführt. Ein Teil der Lösung wird durch eine kapillare Ramanzelle gepumpt. Die Anregung erfolgt durch einen Ar^+-Laser bei 5145 Å. Kürzere Wellenlängen werden nicht verwendet, um photochemische Zersetzung der Produkte zu verhindern. Da die Lösung bei der Anregungswellenlänge nicht absorbiert, ist die eingestrahlte Leistung nicht beschränkt. Sie beträgt im Experiment 2 W.

Das Ramanspektrum wird mit einem Gittermonochromator und Photonenzählung aufgenommen. Die bei dem Prozeß auftretenden Substanzen und ihre Ramanspektren sind durch vorhergehende Untersuchungen bekannt. Zur Identifizierung der Substanzen und Messung der Stoffkonzentrationen ist es erforderlich, daß für jede Substanz mindestens eine Ramanlinie vorhanden ist, die nicht mit anderen vorkommenden Linien zusammenfällt. In den untersuchten Systemen ist diese Voraussetzung erfüllt. Die Ramanintensität wird nur in den Bereichen charakteristischer Linien der Substanzen aufgenommen, wodurch die Registrierzeit kurz bleibt.

Als Beispiel eines untersuchten Stoffwechselprozesses sei die Glycolyse angeführt. Dabei wird von den verwendeten Zellen (Darmschleimhaut von Ratten) aus zugeführter Glucose ohne Beteiligung von Sauerstoff Lactat gebildet. Die charakteristischen Ramanlinien sind dafür die Linie 856 cm^{-1} von Lactat und die Linien 1072 und 1130 cm^{-1} von Glucose. Die Intensitäten dieser Linien können durch Vergleich mit einem Eichspektrum, gewonnen an einer Lösung bekannter Konzentrationen, zur Konzentrationsbestimmung herangezogen werden.

Probleme für Experiment und Auswertung ergeben sich aus den geringen Konzentrationen, in denen die zu untersuchenden Stoffe in der Lösung vorliegen. Die typische Glucosekonzentration liegt etwa bei 1 mg/ml. Für derartige Konzentrationen ist nun die Intensität der Ramanlinie 1072 cm^{-1} nur etwa 10^{-2} der Intensität des durch die Ramanstreuung des Lösungsmittels (Wasser) hervorgerufenen Untergrundes. Ähnlich liegen die Verhältnisse für Lactat, nur daß in der Umgebung der Linie 856 cm^{-1} der Wasseruntergrund steil abfällt, sodaß die Linie nur eine schwache Schulter auf einer steilen Flanke bildet.

Zur Behebung dieser Schwierigkeiten wird vor der die Nährstoffe und Produkte enthaltenden Testlösung zuerst reine Ringerlösung und dann die Eichlösung durch die Ramanküvette gepumpt und in der Umgebung der charakteristischen Linien vermessen. Über mehrere Messungen wird gemittelt und dann der Untergrund vom Spektrum der Testlösung subtrahiert. Die nötige Mittelung verlängert die Meßzeit beträchtlich. Die einmalige Messung des Spektrums im charakteristischen Bereich erfordert etwa 1 min, die gesamte Prozedur etwa 10 min. Im Vergleich dazu erfordert die biochemische Konzentrationsbestimmung über enzymatische Folgereaktionen und Messung der UV-Absorption einige Stunden Die Ramanmessung ist somit in der Lage, Vorgänge im System mit Zeitkonstanten $\leq$ 10 min zu erfassen.

Ergebnisse einer solchen Messung sind in Abb. 1 ersichtlich. Die Zellen wurden dabei zu Versuchsbeginn etwa 40 Min. in einem geschlossenen System (Gesamtlösungsmenge 7 ml) gehalten, sodaß die Lactatkonzentration stark anstieg. Nach dieser Zeit wurden die Pumpen mit konstanter Fördermenge (3 ml/h) in Betrieb genommen und die Lactatkonzentration alle halben Stunden ramanspektroskopisch gemessen. Es zeigt sich, daß die Lactatkonzentration stetig abnimmt, ohne daß sich ein Gleichgewicht einstellt. Durch Modellrechnungen kann gezeigt werden, daß dieses Verhalten auf der Sterberate der Zellen beruht; die mittlere Lebensdauer der Zellen kann so bestimmt werden. Aus den Messungen im untersuchten System folgte eine mittlere Lebensdauer der Zellen von ca. 6 h. Diese Lebensdauer hängt, wie andere Experimente gezeigt haben, von Milieufaktoren in der Nährlösung ab. In herkömmlich geschlossenen Systemen liegt die mittlere Lebensdauer durch "Selbstvergiftung" bei nur etwa 1,5 h.

Die mittels Ramanspektroskopie ermittelten Konzentrationsdaten können zur Regelung des biologischen Prozesses verwendet werden (z.B. durch Änderung von Milieufaktoren in der Nährlösung). Das System wird damit (in beschränktem Ausmaß) selbstregulativ. Es können sowohl dynamische Gleichgewichtszustände erreicht werden, als auch Reaktionen des Systems auf äußere Einflüsse (z.B. Drogeneinfluß) getestet werden.

Die Ramanspektroskopie liefert somit eine Methode zur Untersuchung von Stoffwechselvorgängen, die der herkömmlichen Methode zwar an Sensitivität unterlegen ist, dafür aber die dynamische Erfassung mehrerer Komponenten gestattet, ohne das Stoffwechselsystem zu beeinflussen. Der Umstand, daß die Meßzeit kürzer ist als die Eigenzeiten des Systems erlaubt den Einsatz der Meßdaten zu Regelzwecken und damit die Simulation eines autoregulativen Organismus.

REFERENZ

1. B. Paletta, K.Möller, Biochemische Systemanalyse im Steady-state mit Umweltmodellierung.
Vortrag gehalten bei der Jahrestagung der Österreichischen Biochemischen Gesellschaft, Wien 1977.

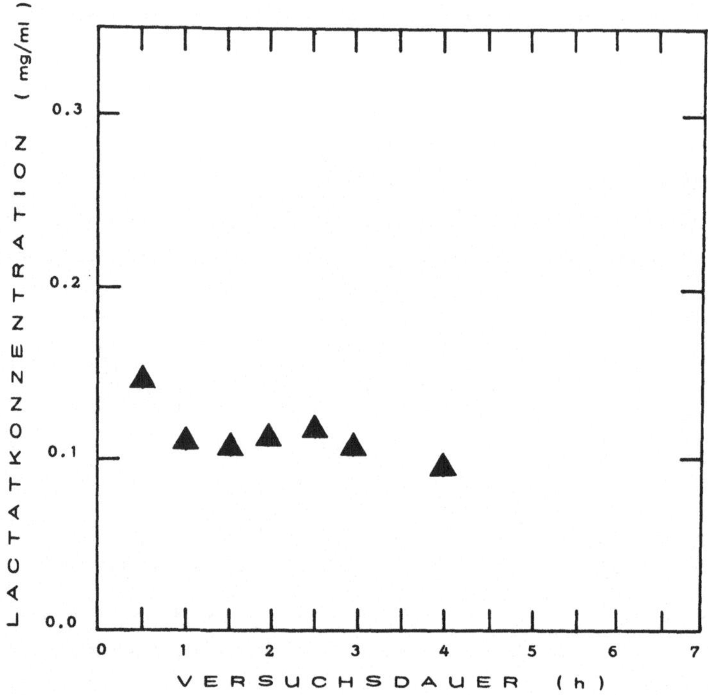

Abb. 1

Ramanspektroskopische Messung der Glycolyse im offenen System. Lactatkonzentration (bestimmt aus der Intensität der Ramanlinie $\tilde{\nu}$ = 856 cm^{-1}) in Abhängigkeit von der Versuchsdauer.

Acta Physica Austriaca, Suppl. XX, 203-211 (1979)

LICHTSTREUUNG AN $LiGaO_2$ +

H. KABELKA, H. KUZMANY
Institut für Festkörperphysik der Universität Wien
und Ludwig Boltzmann Institut für Festkörperphysik
Wien, Austria

P. KREMPL
AVL-Gesellschaft für Verbrennungskraftmaschinen
und Meßtechnik, Graz, Austria

ABSTRACT

Low temperature Raman spectra of $LiGaO_2$ are reported between 6 K and 300 K. Below 80 K additional lines have been observed indicating a phase transition at approximately 85 K. However, the new lines could also be explained by the freezing of some degrees of freedom of local modes.

1. EINLEITUNG

Der transparente und farblose Kristall $LiGaO_2$ hat wegen seiner guten piezoelektrischen und elastischen Eigenschaften in letzter Zeit großes Interesse hervorgerufen [1-3]. Insbesondere wurde der Kristall für Ultra-

+Vortrag gehalten anläßlich der Fachtagung "Laserspektroskopie", Graz, 19.-21. Juni 1978.

schallgeräte z.B. als Resonator für Filteranwendungen und als Transducer für Ultraschall-Verzögerungsleitungen verwendet [2-4].

Der Kristall gehört zur Raumgruppe $Pna2_1$ und hat eine orthorhombische Kristallstruktur mit vier Molekülen in einer Einheitszelle mit den Dimensionen a = 5.402 Å, b = 6.372 Å und C = 5.007 Å [5]. Die Kristallstruktur besteht, wie Fig. 1 zeigt, aus einer unendlichen dreidimensionalen Anordnung von Tetraedern, die an den Eckpunkten verknüpft sind. An den Eckpunkten der Tetraeder befinden sich Sauerstoffatome und in deren Zentren abwechselnd Lithium- und Gallium-Atome.

Die piezoelektrischen, elastischen und dielektrischen Tensor-Komponenten wurden bei 300 K [1] bestimmt, jedoch wurden sehr wenige Untersuchungen oberhalb und unterhalb dieser Temperatur durchgeführt.

Nach bisherigen Untersuchungen ist kein Phasenübergang unterhalb der Schmelztemperatur zu erwarten [6]. Im speziellen konnte auch im Temperaturbereich von 77 K bis 800 K kein ferroelektrischer Phasenübergang gefunden werden [7].

In einer früheren Arbeit haben wir bereits über Ramanstreuexperimente an $LiGaO_2$ berichtet [8]. Wir berichten über eine vorläufige Identifizierung der optischen Moden und ihres Temperaturverhaltens zwischen 6 K und 700 K. Aus einer Faktorgruppenanalyse ergab sich die Verteilung der 45 möglichen optischen Moden folgendermaßen: 11 Moden gehören der Rasse $A_1(z)$, 12 der Rasse A_2 und je 11 Moden den Rassen $B_1(x)$ und $B_2(y)$ an. Die drei akustischen Moden gehören den Rassen $A_1(x)$, $B_1(x)$ und $B_2(y)$ an.

Von den 43 beobachteten Linien konnten 34 den fundamentalen Gittermoden zugewiesen werden. Dies ist weniger als die Faktorgruppenanalyse vorhersagt, wobei noch berücksichtigt werden muß, daß die $A_1(z)$, $B_1(x)$ und $B_2(y)$ Moden infrarotaktiv sind und daher eine LO-TO Aufspaltung aufweisen sollten. Diese Aufspaltung konnte bei einer kleinen Anzahl von Moden der $A_1(z)$ Rasse beobachtet werden, ist für die $B_1(x)$ und $B_2(y)$ Moden möglicherweise unaufgelöst und für die größere Linienbreite verantwortlich. Aus der beobachteten Temperaturabhängigkeit der Intensität der Linien konnte kein Hinweis auf Prozesse zweiter Ordnung gefunden werden.

Wir haben weitere Untersuchungen des Ramanspektrums in 180° Rückstreugeometrie durchgeführt und insbesondere das Ramanspektrum für tiefe Temperaturen genauer untersucht.

2. EXPERIMENTELLE ERGEBNISSE

Als Beispiel für Ramanspektren von $LiGaO_2$ bei Raumtemperatur zeigt Fig.2 Ergebnisse für $y(xx)\bar{y}$ und $z(yx)\bar{z}$ Streugeometrien. Im ersten Spektrum sind nur A_1(TO) Moden erlaubt, während das zweite Spektrum nur Moden der A_2 Rasse zeigen sollte. Die A_1(TO) Spektren sind durch eine sehr schmale Linie bei 129 cm^{-1} und eine sehr starke und breite Linie bei 502 cm^{-1} charakterisiert. Für die Linie bei 129 cm^{-1} wurde ein großer Unterschied der Werte der Komponenten des Polarisierbarkeitstensors gefunden. Fig. 3 zeigt Spektren für $y(zx)\bar{y}$ und $x(yz)\bar{x}$ Streugeometrien, in denen nur Moden der $B_1(x)$ und $B_2(y)$ Rasse auftreten können. Es zeigt sich, daß die starken Linien der $A_1(z)$ Rasse in diesen Spektren ebenfalls auftreten und das Bild der $B_1(x)$

und $B_2(y)$ Spektren verfälschen. Insgesamt stellt sich jedoch heraus, daß die Zuordnung der Moden auf die verschiedenen Rassen sehr gut mit der bereits getroffenen Zusammenstellung der fundamentalen Moden [8] übereinstimmt.

In den Tieftemperaturexperimenten konnte für Temperaturen unter 80 K ein zusätzlicher Satz von Linien beobachtet werden, deren Intensität bei Erniedrigung der Temperatur zunahm. Ein Teil dieser Linien wurde ab einer bestimmten Temperatur wieder an Intensität schwächer. In Fig. 4 sind $z(\substack{xx \\ yy})\bar{z}$ Spektren für verschiedene Temperaturen im Bereich von 6 K bis 145 K gezeigt. Die Linien bei 107 cm^{-1} und 236 cm^{-1} wurden nur unter 80 K beobachtet und nahmen mit abnehmender Temperatur an Intensität zu. Zusätzlich wurden zwei andere Linien bei 94 cm^{-1} und 224 cm^{-1} beobachtet, deren Intensität mit abnehmender Temperatur ein Maximum durchlief. In Fig. 5 ist die Intensität der Linie bei 236 cm^{-1} als Funktion der Temperatur dargestellt.

Extrapoliert man die Intensität der Linie linear gegen Null, so erhält man eine charakteristische Temperatur von 85 K.

3. DISKUSSION

Das Verhalten des Spektrums bei tiefen Temperaturen kann durch einen strukturellen Phasenübergang bei 85 K hervorgerufen werden. Die Abhängigkeit der Streuintensität der Linien bei 107 cm^{-1} und 236 cm^{-1} von der Temperatur zeigt ein ähnliches Verhalten wie es bei $SrTiO_3$ gefunden wurde [9]. Die Abhängigkeit der Streuintensität der Linien bei 94 cm^{-1} und 224 cm^{-1} von der Temperatur deutet auf einen möglichen zweiten Phasenübergang bei 8 K hin, da diese Linien bei 8 K nicht mehr nachgewiesen werden konnten.

Eine weitere Deutung des Temperaturverhaltens der neu auftretenden Linien wäre die Möglichkeit des Einfrierens von Freiheitsgraden lokalisierter Gitterschwingungen, wie sie bei dem Vorhandensein von Störstellen und Gitterdefekten auftreten können. Ein ähnliches experimentelles Ergebnis konnte am Schlippschen Salz $Na_3SbS_4(9H_2O)$ beobachtet werden und man nimmt an, daß das Auftreten neuer Ramanlinien auf das Einfrieren einer Mode des H_2O zurückgeführt werden kann [10]. Das Auftreten einer Lumineszenz in $LiGaO_2$ bei 736 nm deutet auf das reichliche Vorhandensein von Gitterdefekten hin und unterstützt damit obige Interpretation.

Die Autoren bedanken sich bei Prof. K. Seeger für sein Interesse an dieser Arbeit und bei Herrn M. Kimura (NEC, Central Research Laboratories) für die Kristallproben.

Diese Arbeit wurde vom Fonds zur Förderung der wissenschaftlichen Forschung in Österreich und von der Ludwig Boltzmann Gesellschaft zur Förderung der Wissenschaften in Österreich unterstützt.

REFERENZEN

1. S. Nanamatsu, K. Doi und M. Takahashi, Japan J. Appl. Phys. 11 (1972) 816.
2. H. Jaffe und D.A. Berlincourt, Proc. IEEE 53 (1965) 1372.

3. P.V. Lenzo, E.G. Spencer und J.P. Remeika, Appl. Optics 4 (1965) 1036.
4. A.W. Warner, Proc. 19th Ann. Symp.Frequency Control 1965, p.5.
5. M. Marezio, Acta Cryst. 18 (1965) 481.
6. M. Kimura (private Mitteilung).
7. J.P. Remeika und A.A. Ballman, Appl. Phys. Letters 5 (1964) 180.
8. H. Kabelka, H. Kuzmany und P. Krempl, Solid State Commun. (eingereicht).
9. T. Sekine, K. Uchinokura und E. Matsuura, Solid State Commun. 18 (1976) 569.
10. R. Mikenda (private Mitteilung).

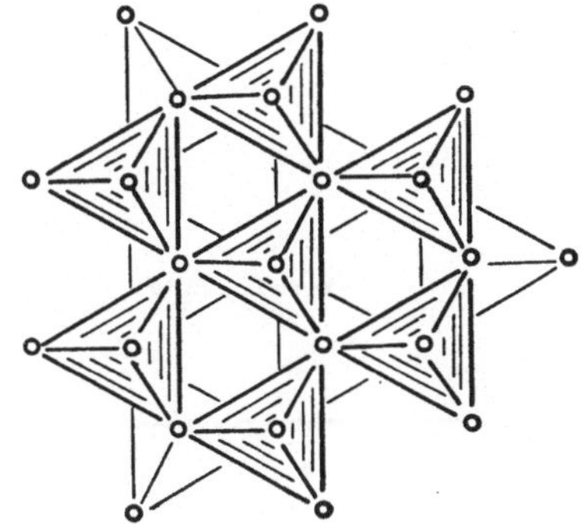

Abb. 1

Ebene Darstellung der Anordnung der Tetraeder in der Struktur. Die Sauerstoff-Atome befinden sich an den Eckpunkten der Tetraeder.

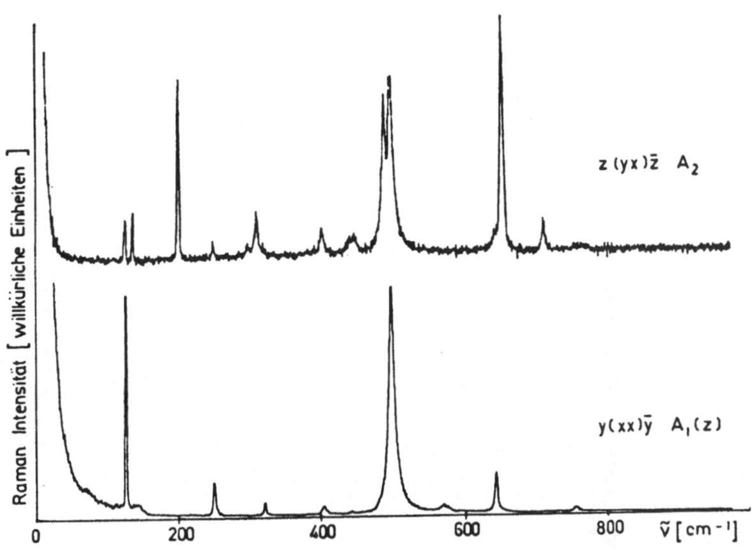

Abb. 2

Raman Spektren von $LiGaO_2$ bei Raumtemperatur für y(xx)$\bar{y}$ und z(yx)$\bar{z}$ Streugeometrien.

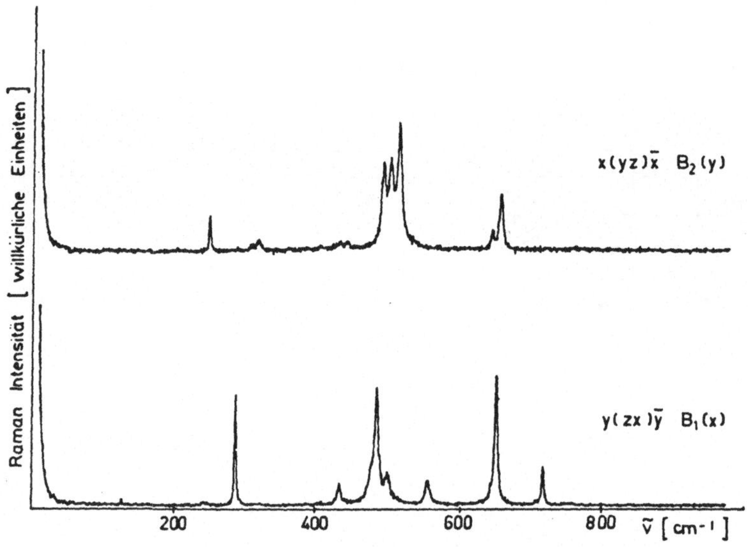

Abb. 3

Raman-Spektren von $LiGaO_2$ bei Raumtemperatur für $y(zx)\bar{y}$ und $x(yz)\bar{x}$ Streugeometrien.

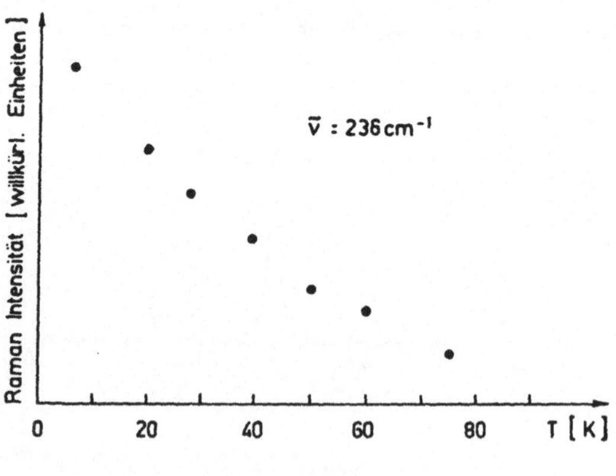

Abb. 5

Intensität der Raman-Linie bei 236 cm^{-1} als Funktion der Temperatur.

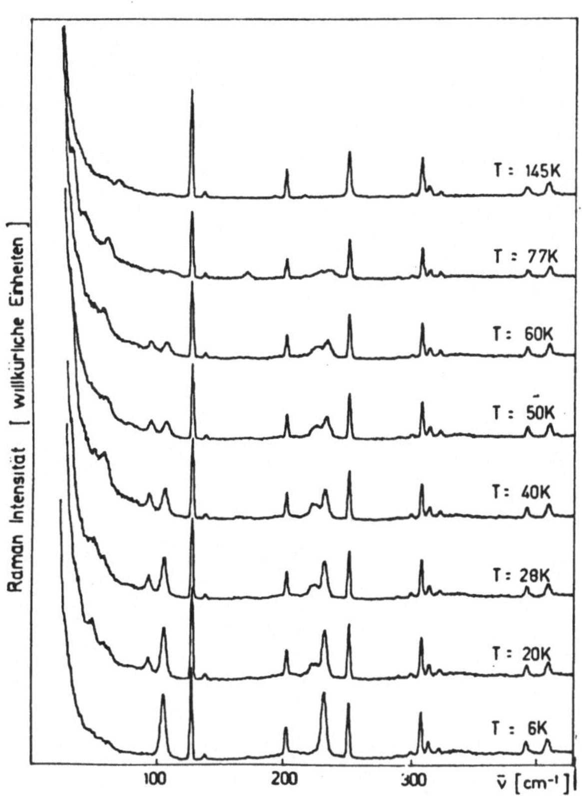

Abb. 4

Raman Spektren von $LiGaO_2$ für verschiedene Temperaturen zwischen 6 K und 145 K in einer $z(\genfrac{}{}{0pt}{}{xx}{yy})\bar{z}$ Streugeometrie.

Acta Physica Austriaca, Suppl. XX, 213–225 (1979)

UNTERSUCHUNG DER MODENVERSCHIEBUNG DURCH LADUNGSÜBERTRAG IN QUASIEINDIMENSIONALEN ORGANISCHEN KRISTALLEN+

H. KUZMANY, B.KUNDU
Institut für Festkörperphysik und
Ludwig Boltzmann Institut für Festkörperphysik
Wien, Austria

ABSTRACT

The shift of internal modes as a consequence of charge transfer in quasionedimensional organic crystals is reported. The experimental results have been obtained by Raman scattering from internal modes of various crystals of TTF and TCNQ. The mode shift was independent from the particular crystal and was only determined by the charge transfer. For TTF-TCNQ a charge transfer of 0.55 electrons per TCNQ molecule was determined.

1. EINLEITUNG

Quasieindimensionale Kristalle haben in den letzten Jahren wegen ihrer außergewöhnlichen elektrischen, magnetischen und gitterdynamischen Eigenschaften sowohl auf theoretischer als auch auf experimenteller Seite sehr

+Vortrag gehalten anläßlich der Fachtagung "Laserspektroskopie", Graz, 19.-21. Juni 1978.

großes Aufsehen erregt. Der Grund für diese besondere Eigenschaften liegt unter anderem in der grundsätzlich sehr stark ausgeprägten Elektron-Gitter Wechselwirkung, die zu einer Instabilität eindimensionaler Metalle führt. Durch eine Gitterverzerrung, die der Periode des doppelten Fermiwellenvektors entspricht, bildet sich an der punktförmigen Fermioberfläche eine Lücke im Energiespektrum aus. Diese Lücke wird als Peierlsgap bezeichnet und führt das eindimensionale Metall durch einen "Peierlsübergang" in einen Isolator über [1]. Nach H. Fröhlich [2] und P.A. Lee et al. [3] kann die Gitterverzerrung jedoch auch dynamischer Art sein und auf Grund ihres periodischen Potentials zu einer dynamischen Ladungsdichteumordnung führen. Die Verzerrung wird aus diesem Grund oft als kollektive Ladungsdichtewelle oder Fröhlichmode bezeichnet. Ist die Periodizität der Fröhlichmode gitterinkommensurat, so kann sie zur Ausbreitung einer ungedämpften Ladungsbewegung, und damit zu einer Supraleitung führen [3]. Diese "Fröhlichsupraleitung" ist bezüglich ihrer Sprungtemperatur nicht an die einschränkenden Bedingungen der BCS-Supraleitung gebunden.

Auf der experimentellen Seite kommen als quasieindimensionale Kristalle alle Festkörper mit extrem anisotopen Bindungen in Frage. Bekannte Beispiele sind das Krogmannsalz Kaliumcyanoplatinat $K_2Pt(CN)_4(3H_2O)Br_{0.7}$, das Polymer Polysulfurnitrid $(SN)_x$ oder die ganze Reihe der verschiedenen organischen Verbindungen von Tetrathiofulvalen (TTF) bzw. von Tetracyanoquinodimethan (TCNQ) [4]. Dabei gilt gerade dem Komplex TTF-TCNQ nach wie vor das größte Interesse, da er in seinen elektrischen und gitterdynamischen Eigenschaften den theoretischen Vorhersagen am ehesten zu entsprechen scheint.

Von entscheidender Bedeutung für den Fröhlichmechanismus der Supraleitung ist die Lage der Fermienergie im Band und damit der Beitrag an Elektronen, den jedes einzelne Molekül in das Band liefert. Dieser Beitrag wird zumindest in den quasieindimensionalen organischen Kristallen durch den Ladungsübertrag zwischen den Molekülen bestimmt, sodaß letzterem eine entscheidende Rolle zukommt. Ramanstreuexperimente an internen Moden der Kristalle haben sich als eine vorzügliche Methode herausgestellt, um das Ausmaß des Ladungsübertrages zu bestimmen [5-7]. Das Verfahren beruht auf einer Modenverschiebung durch den Ladungsübertrag, die in erster Linie als proportional zum Ladungsübertrag angesehen werden kann. Durch eine sorgfältige Studie der Modenverschiebung in verschiedenen Kristallen läßt sich daher der Ladungsübertrag bestimmen.

2. QUASIEINDIMENSIONALE ORGANISCHE KRISTALLE

Die für die nachfolgenden Untersuchungen wichtigen Verbindungen setzen sich aus den in Fig.1 gezeigten Molekülen TTF und TCNQ zusammen. Beide Moleküle haben $D_2 4$ Punktsymmetrie. Entsprechend der Gesamtzahl der Atome pro Molekül gibt es für TCNQ 54 und für TTF 36 interne Moden, die sich auf die Symmetrierassen wie folgt aufteilen:

TTF: $7a_g$, $2b_{1g}$, $3b_{2g}$, $6b_{3g}$, $3a_u$, $3b_{1u}$, $6b_{2u}$, $6b_{3u}$

TCNQ: $10a_g$, $3b_{1g}$, $5b_{2g}$, $9b_{3g}$, $4a_u$, $9b_{1u}$, $9b_{2u}$, $5b_{3u}$.

Alle geraden Moden sind Raman aktiv und alle ungeraden Moden sind infrarot aktiv. Der höchste besetzte Zustand der π-Elektronen ist in TTF ein $4b_{1u}$ und in TCNQ ein $3b_{1u}$

Orbital. Die Ladungsverteilungen für die Orbitale auf den beiden Molekülen wurden von Herman et al. mit Hilfe einer selbstkonsistenten statistischen Mehrfachstreumethode auf der Basis eines Modells der überlappenden atomaren Wellenfunktionen berechnet [8] und sind in Fig.2a und b gezeigt. Beim Zusammenbau der Moleküle zu verschiedenen Kristallen kommt es zu einem mehr oder weniger stark ausgeprägten Ladungsübertrag, wobei TTF immer als Donator und TCNQ immer als Akzeptor wirkt. Die entsprechenden Grundzustandsorbitale sind für die ionisierten Moleküle TTF^+ und $TCNQ^-$ jeweils ein $3b_{2g}$ π-Orbital. Die entsprechenden Aufenthaltswahrscheinlichkeiten sind in Fig. 3a,b gezeigt.

Der kristalline Aufbau aller Ladungsübertragungskomplexe auf der Basis von TTF oder TCNQ ist so geartet, daß gleiche Moleküle mit ihrer Molekülebene parallel zueinander übereinandergestapelt werden. Dabei können die Molekülebenen entweder parallel oder geneigt zu den kristallografischen Hauptachsen liegen. In allen Fällen ist der Abstand zwischen den gestapelten Molekülen sehr klein, sodaß es in Stapelrichtung zu einer Überlappung der Wellenfunktionen und damit zur Bandbildung kommt. Senkrecht zur Stapelrichtung ist die Bindung dagegen nur sehr schwach, woraus die charakteristische Eindimensionalität der Kristalle folgt.

Da die Überlappung der Wellenfunktionen nicht allzu stark ist, läßt sich zu ihrer Beschreibung die tight binding Näherung gut heranziehen. Danach ist die Dispersionsrelation $\varepsilon(k)$ der Elektronen durch

$$\varepsilon(k) = -2 J_{||} (\cos k b) \qquad (1)$$

gegeben, wobei $J_{||}$ das Überlappungsintegral, k den Wellenvektor und b die Gitterperiodizität bedeuten und das genau halb gefüllte Band einer Energie $\varepsilon(\frac{\pi}{2b}) = 0$ entspricht. Den Fermiwellenvektor erhält man bei einem Ladungsübertrag ρ pro Molekül zu

$$K_F \cong \frac{\pi\rho}{2b} = \rho b^*/4 \qquad (2)$$

wobei b^* den reziproken Gittervektor $2\pi/b$ bedeutet.

Für die Linienverschiebung ist es wesentlich, daß durch die unterschiedliche Ladungsverteilung der $3b_{1u}$ und der $3b_{2g}$ Elektronen für TCNQ bzw. der entsprechenden Elektronen am TTF die Kraftkostanten der Moleküle geändert werden. Dazu kommt zumindest für die totalsymmetrischen Moden noch eine unterschiedliche Ankopplung der Elektronen an die Schwingungen [9], was zu einer von der Elektron-Phonon Kopplungskonstanten [10] $g_u = \partial\varepsilon(k)/\partial Q_u$ abhängigen Linienverschiebung führen kann; u bezieht sich auf alle a_g-Moden und Q_u sind die entsprechenden Normalkoordinaten.

3. HERSTELLUNG UND STRUKTUR DER KRISTALLE

Für die Durchführung der Experimente wurden eine Reihe von Kristallen hergestellt, die entweder nur neutrale TTF bzw. TCNQ Moleküle enthalten oder aus Alkaliverbindungen von TCNQ bzw. Halogenverbindungen von TTF bestehen. Die in dieser Arbeit verwendeten Verbindungen sind in Tab. 1 zusammengestellt. Der entsprechende Ladungsübertrag ist jeweils in der vorletzten Spalte der Tabelle angegeben. In $Cu(TCNQ)_2$ sind sowohl neutrale als auch einfach ionisierte TCNQ-Moleküle enthalten. Zur Charakterisierung der Ähnlichkeit der Strukturen ist in

TABELLE 1

Kristall	Kristall-system	Raum-gruppe	Abstand der Moleküle	ρ	Ref.
TCNQ	monoklinisch	C2/c		0	11
Li TCNQ	tetragonal		3.95/3.95 Å	1	12
Na TCNQ	triklinisch	$C\bar{1}$	3.22/3.50 Å	1	13
Rb TCNQ	monoklinisch	$P2_1/c$	3.48/3.72 Å	1	12
$Cu(TCNQ)_2$				0.1	14
TTF	monoklinisch	$P2_1/c$	4.02 Å	0	15
$TTFJ_{0.7}$	monoklinisch	$P2_1/a$	3.56 Å	0.7	16
$TTFBr_{0.76}$	monoklinisch	C2/m	3.57 Å	0.7-0.76	17
$TTFCl_{0.72}$	tetragonal	$P\bar{4}n2$	3.59 Å	0.9-0.7	18
TTF-TCNQ	monoklinisch	$P2_1/c$	3.8 Å	0.55	19

der zweiten und der dritten Spalte der Tabelle das Kristallsystem und die Raumgruppe angeführt. Die Ähnlichkeit der Kristalle wird noch dadurch unterstrichen, daß das triklinische NaTCNQ fast monoklin ist und die Abstände zwischen den aufgestapelten Molekülen (Spalte 4) in allen Kristallen fast gleich sind. Die beiden Werte für den Abstand in den Alkali-TCNQ Verbindungen bedeuten eine Ausbildung von Dimeren in der Kette. Für LiTCNQ ist mangels anderer Ergebnisse jeweils der halbe Gitterabstand eingesetzt. In der letzten Spalte ist die entsprechende Literatur angegeben.

Die Herstellung der Alkali-TCNQ Verbindungen erfolgte entsprechend einer Methode von Melby et al. [14]. Danach wird Na-TCNQ durch gleichzeitiges Auflösen von NaI und TCNQ in Azetonitril hergestellt, wobei die Verbindung als purpur bis rotes Pulver ausfällt. Für LiTCNQ wird entsprechend TCNQ und LiI in Azetonitril aufgelöst und purpurfärbige Kristalle fallen aus. Zum $Cu(TCNQ)_2$ gelangt man nach Auflösen von LiTCNQ in Wasser durch Zugabe von $CuSO_4$. Von den TTF-Halogen Verbindungen wurde TTF $J_{0.7}$ wie bereits früher beschrieben [5] durch Diffusion der Partner in Azetonitril und TTF Cl durch Einleiten von Cl in eine gesättigte Lösung von TTF in CCl_4 hergestellt. Die Darstellung von TTFBr erfolgte durch Kochen von TTF in Azetonitril und anschließende Hinzugabe von flüssigem Br.

4. EXPERIMENTE UND ERGEBNISSE

Ramanexperimente wurden nahezu ausschließlich bei 77 K durchgeführt. Mit Ausnahme von TTF-TCNQ waren die Proben mit KBr vermischte Preßlinge, die mit der grünen Linie eines Kryptonlasers (λ = 5208 Å) angeregt wurden. Die Analyse erfolgte mit Hilfe eines Doppelmonochromators mit holografischen Gittern und nachfolgender Photonen-Zähleinrichtung. Um die Zuordnung der Linien zu den Symmetrierassen leichter durchführen zu können, wurden in einigen TTF-Verbindungen die Wasserstoffatome durch Deuterium ersetzt und die entsprechende Linienverschiebung beobachtet. Infolge der strukturellen und chemischen Verwandtschaft der verschiedenen TTF- bzw. TCNQ-Verbindungen war zu erwarten, daß die Linienverschiebungen nur vom jeweiligen Ionisationsgrad und nicht vom Material selbst abhängen. Dies hat sich experimentell sehr gut bestätigt, sodaß in Tab. 2 und Tab. 3 die zugeordneten Linien für TTF und $TTF^{+0.7}$ bzw. TCNQ und $TCNQ^{-1}$ zusammengefaßt sind. Tab. 2 enthält nur die Moden a_g und b_{3g}, die in der Molekülebene schwingen. Bei der Bestimmung der

TABELLE 2

Ramanmoden von TTF und $TTF^{+0.7}$

	TTF^{o}	$TTF\text{-}H_x$	$\Delta\nu$
$a_g\nu_2$	1556 vs	1477 vs	-79
ν_3	1520 vs	1415 vs 1447 vs	-81
ν_4	1091 vs	1072 vs 1083 vs	-14
ν_5	741 m	750 m	+ 9
ν_6	469 m	493 m	+24
ν_7	256 s	256 m	0
$b_{3g}\nu_{29}$	1250 m	1253 m	+ 3
ν_{30}	1006 m	1004 m	- 2
ν_{31}	802 m	750 m	+52
ν_{32}	612 w	600 vw	-12
ν_{33}	316 vs	263 m	-53

Linienverschiebung aufgespaltener Linien wurde ein Mittelwert genommen. Die fehlenden Moden in Tab. 3 konnten wegen Überlappung mit anderen Linien nicht analysiert werden.

TABELLE 3

Ramanmoden von TCNQ und $TCNQ^-$

	$TCNQ^o$	$TCNQ^-$	$\Delta\nu$		$TCNQ^o$	$TCNQ^-$	$\Delta\nu$
$a_g\nu_2$	2236	2217	-19	$b_{3g}\nu_{42}$	2223	-	-
ν_3	1602	1615	+13	ν_{44}	1323	1337	+14
ν_4	1459	1397	-64	ν_{45}	1193	1180	-13
ν_5	1214	1204	-10	ν_{47}	514	-	-
ν_6	947	984	+37	ν_{48}	446	485	+39
ν_7	710	725	+15				
ν_8	600	617	+17	$b_{1g}\nu_{15}$	819	830	+11
ν_9	333	347	+14	ν_{16}	424	425	+ 1
ν_{10}	145	160	+15	ν_{17}	175	185	+10
				$b_{2g}\nu_{27}$	1003	1010	+ 7
				ν_{28}	753	748	- 5
				ν_{29}	592	590	- 2
				ν_{31}	302	314	+12

5. DISKUSSION

Die in Tab. 2 und Tab. 3 angegebenen Linienverschiebungen entsprechen dem jeweiligen Ladungsübertrag von etwa 0,7 und 1. Wie in Abschnitt 2 bereits erwähnt, wird die Linienverschiebung aber nicht nur durch Ladungsübertrag, sondern auch durch die Elektron-Phonon Kopplung bestimmt. Dem entsprechend konnte bereits in einer früheren Arbeit gezeigt werden, daß die Linienverschiebung zwischen neutralem und ionisiertem TCNQ mit dem Unterschied in der Elektron-Phonon Kopplungskonstante der $3b_{1u}$ Elektronen und der $3b_{2g}$ Elektronen korreliert ist [6,20]. Dies bedeutet, daß der Anteil der Elektron-Phonon Kopplung an der Linienverschiebung größer ist, als der nur vom Ladungsübertrag allein herstammende Beitrag. Da man jedoch andererseits annehmen muß, daß auch die von der Elektron-Phonon Kopplung herrührende Linienverschiebung proportional zum Ladungsübertrag ρ ist, sollte die beobachtete Linienverschiebung ein gutes Maß für den jeweils vorliegenden Ladungsübertrag sein. Das aus dem beschriebenen Verfahren erhaltene Resultat kann dazu verwendet werden in Verbindungen mit unbekanntem Ladungsübertrag diesen zu bestimmen. Ein Beispiel dazu ist der Kristall TTF-TCNQ, in dem von uns bereits auf der Basis der Linienverschiebung in TCNQ eine Untersuchung des Ladungsübertrages durchgeführt wurde [5,6]. Eine entsprechende Untersuchung, die unter Verwendung von TTF- und TCNQ-Moden erfolgte, lieferte einen unvollständigen Ladungsübertrag von $\rho = 0{,}55$, in Übereinstimmung mit Ergebnissen aus Bestimmungen des Ladungsübertrages mit anderen Methoden. Damit folgt aus Gl.(2) ein gitterinkommensurater Fermiwellenvektor von $2k_F = 0{,}275\ b^*$. Dieser Wert liegt in unmittelbarer Nähe der in b-Richtung beobachteten Kohnanomalie bei $0{,}295\ b^*$. Nimmt man für die Besetzung der Elektronenzustände ein Hubbard-Modell an [21], so würde sich beim gleichen Ladungsübertrag ρ der Fermiwellenvektor verdoppeln, sodaß die bei $0{,}596\ b^*$ beobachtete Überstruktur des Gitters [22] mit der Fermioberfläche zusammenfällt. Es ist daher gezeigt, daß zumindest eine der beiden beobachteten Überstrukturen fermioberflächeninduziert ist.

Die Autoren bedanken sich bei Prof. K. Seeger für sein Interesse an dieser Arbeit.

Diese Arbeit wurde vom Fonds zur Förderung der wissenschaftlichen Forschung in Österreich und von der Ludwig Boltzmann Gesellschaft zur Förderung der Wissenschaften in Österreich unterstützt.

REFERENZEN

1. R.E. Peierls, Quantum Theory of Solids, Oxford Univ. Press, 1955.
2. H.Fröhlich, Proc. Roy. Soc. A 223 (1954) 296.
3. P.A.Lee, T.M. Rice and W.D. Anderson, Solid State Commun. 14 (1974) 703.
4. Eine Übersicht der Problemkreise ist in nachfolgenden Konferenzberichten enthalten:
   "Low-Dimensional Cooperative Phenomena" NATO Advanced Study Institutes Series B7, Plenum Press 1975, New York, Ed. H.J. Keller.
   "Chemistry and Physics of One-Dimensional Metals", NATO Advanced Study Institutes Series B25, Plenum Press 1977, New York, Ed. H.J. Keller.
   "Organic Conductors and Semiconductors" Lecture Notes in Physics 65, Springer Verlag, Berlin, Heidelberg, New York 1977, Ed.L.Pal, G.Grüner, A.Janossy, J. Solyom.
   "Electron Phonon Interaction and Phase Transition" NATO Advanced Study Institutes Series B29, Plenum Press 1977, New York, Ed. T.Riste.
5. H.Kuzmany und H.J. Stolz, J. Phys.C, Solid State Physics 10 (1977) 2241.

6. H. Kuzmany, B.Kundu und H.J. Stolz, Proc. Int. Conf. on Lattice Dynamics, Flammarion, Paris 1978, Ed. M. Balkanski.
7. H. Kuzmany und B. Kundu, Int. Conference on One-dimensional Conductors, Dubrovnik 1978 (eingereicht).
8. F. Herman, W.E. Rudge, I.P. Barta und B.I. Bennett, Int. Journal Quant. Chem. 10 (1976) 167.
9. M.J.Rice, C.B.Duke und N.O.Lipari, Solid State Commun. 17 (1975) 1089.
10. M.J. Rice, private Mitteilung.
11. A.Girlando und C.Pecile, Spectrochim. Acta 29A (1973) 1859.
12. A.Hoekstra, T.Spoelder und A.Vos, Acta Cryst. B28 (1972) 14.
13. M. Konno und Y.Saito, Acta Cryst. B30 (1974) 1294.
14. L.R.Melby, R.J.Harder, W.R.Hertler, W.Mahler, R.E.Benson und W.E.Mochel, J.Amer.Chem.Soc. 84 (1962) 3374.
15. W.F. Copper, J.W.Edmonds, F.Wudl und P.Coppens, Cryst. Struct. Commun. 3 (1974) 23.
16. J.J. Daly und F. Sauz, Acta Cryst.B31 (1975) 620.
17. S.J.La Placa, P.W.R. Cornfield, R.Thomas, und B.A.Scott, Solid State Commun. 17 (1975) 635.
18. D.J. Dahm, G.R.Johnson, F.L.May, M.G.Miles und J.D.Wilson Cryst. Struct. Commun. 4 (1975) 673.
19. T.J. Kistenmacher, T.E.Phillips und D.O.Cowan, Acta Cryst. B30 (1974) 763.
20. N.O.Lipari, C.B. Duke, R.Bozio, A.Girlando, C.Pecile und A.Padra, Chem. Phys. Lett. 44 (1976) 236.
21. J.B.Torrance, Proc.NATO Adv.Study Inst. p.137, Plenum Press, New York, 1977, Ed.H.J.Keller.
22. R. Comès, Proc.Int.Conf. on Chemistry and Physics of One-Dimensional Metals, NATO Advanced Study Institutes Series B25, p.315, Plenum Press, New York 1977.

Abb. 1
Atomanordnung im Molekül Tetrathiofulvalene (TTF) und Tetracyanoquinodimethan (TCNQ).
● Kohlenstoff, o Wasserstoff, □ Stickstoff, ⊗ Schwefel.

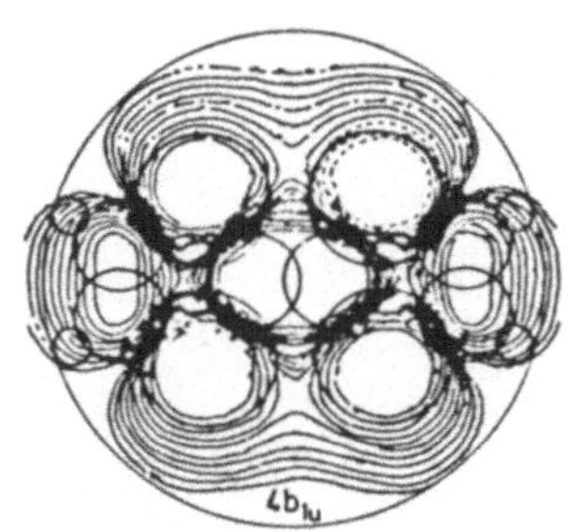

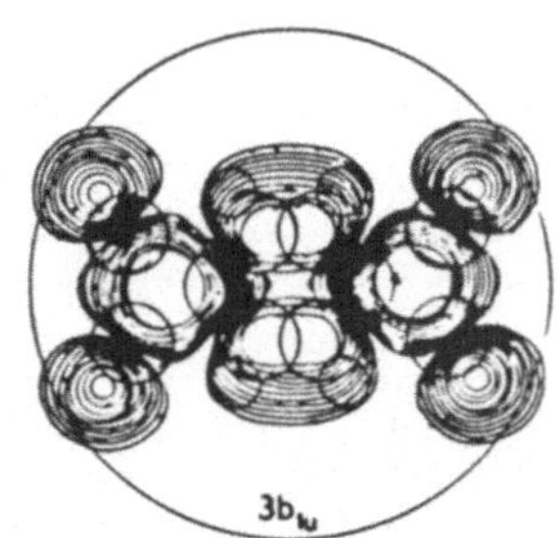

Abb.2
Ladungsverteilung des $4b_{1u}(\pi)$ Orbitals auf TTF^{o} (links) und des $3b_{1u}(\pi)$ Orbitals auf $TCNQ^{o}$ (rechts) nach Ref.[8].

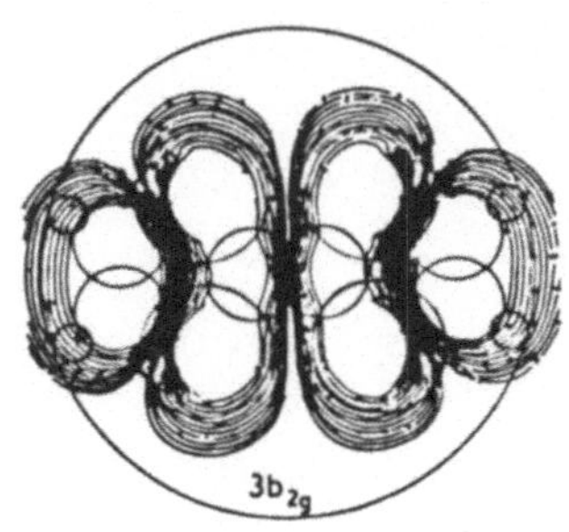

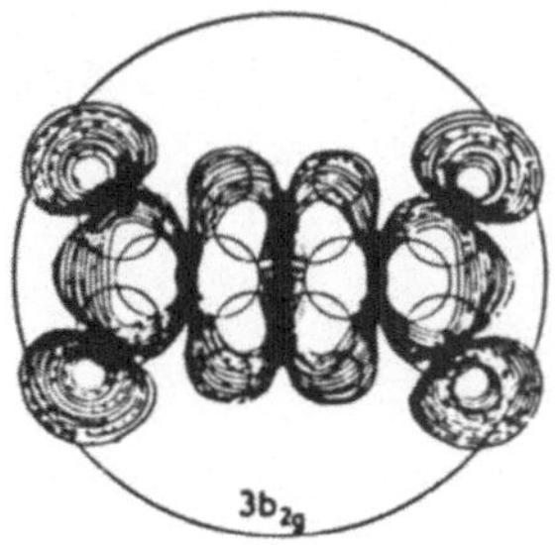

Abb.3
Ladungsverteilung des $3b_{2g}(\pi)$ Orbitals auf TTF^{+} (links) und $TCNQ^{-}$ (rechts) nach Ref.[8].

Acta Physica Austriaca, Suppl. XX, 227–239 (1979)

MAGNETO-OPTIK AN IONEN-IMPLANTIERTEM PbTe MIT LASERN IM FERNEN INFRAROT[+]

F. KUCHAR

Institut für Festkörperphysik, Universität Wien und Ludwig Boltzmann Institut für Festkörperphysik Wien

L. PALMETSHOFER

Institut für Experimentalphysik II, Universität Linz

J.C. RAMAGE

Physics Department, Open University, Milton Keynes, Buchkinghamshire, England

R.A. STRADLING

Clarendon Laboratory, University of Oxford

ABSTRACT

Magneto-optical experiments on As and In implanted PbTe epitaxial layers were performed in the magnetic field range around the m_t cyclotron resonance using the radiation of the DCN and the H_2O laser. Additional structure of the transmission spectrum was observed near the cyclotron resonance in the As implanted sample. This seems to indicate that As can produce shallow impurity levels above the valence band edge in high magnetic fields.

[+]Vortrag gehalten anläßlich der Fachtagung "Laserspektroskopie", Graz, 19.-21. Juni 1978.

1. EINLEITUNG

Molekular-Laser, deren Emission im fernen Infrarot (FIR, $\lambda \approx$ 50-1000 µm) liegt, sind eine hervorragende Strahlungsquelle für magneto-optische Untersuchungen an freien und gebundenen Ladungsträgern in Halbleitern [1]. Diese Untersuchungen liefern z.B. Bandparameter wie effektive Massen der freien Ladungsträger oder Energieniveaus von an Fremdatome gebundenen Ladungsträgern. Vor kurzem wurden im IV-VI Verbindungshalbleiter Bleitellurid, PbTe, erstmals gebundene Zustände innerhalb der verbotenen Zone knapp oberhalb der Valenzbandkante im magnetooptischen Experimenten festgestellt [2]. Die dabei mit der Strahlung des HCN Lasers und des DCN Lasers bei Temperaturen von 4-10 K beobachteten Absorptionslinien wurden Übergängen zwischen gebundenen Zuständen oberhalb des N = 0 Landau-Niveaus und des N = 1 Landau-Niveaus zugeordnet. Aufgrund der Temperaturabhängigkeit der Intensität der Absorptionslinien und der Analogie zu Beobachtungen in n-InSb wurden als Erklärung für die gebundenen Zustände Fremdatom-Niveaus vorgeschlagen. Eine Erklärung mit Hilfe von Blei-Leerstellen-Niveaus konnte wohl nicht ausgeschlossen werden, erschien jedoch in Hinblick auf theoretische Ergebnisse von Parada und Pratt [3] nicht wahrscheinlich.

In der vorliegenden Arbeit wird über magnetooptische Experimente an p-PbTe berichtet, in welches durch Ionen-Implanation Fremdatome eingebracht wurden. Durch diese Experimente soll versucht werden, diejenigen Fremdatome zu identifizieren, welche flache Akzeptorniveaus in der verbotenen Zone erzeugen. Als erste wurden As und In für die Implantation ausgewählt.

As ist als Akzeptor, In - zumindest in hoher Konzentration - als Donator bekannt, obwohl Energieniveaus dieser Fremdatome bis jetzt noch nicht direkt beobachtet werden konnten.

2. EXPERIMENTELLES

Die PbTe Proben wurden epitaktisch auf BaF_2 Substrat in <111> Richtung mit Hilfe des "Hot-wall" Verfahrens [4] aufgewachsen. Typische Parameter der gewachsenen p-Typ Proben waren Löcherkonzentrationen $p \approx 1 \times 10^{17}$ cm^{-3} und Beweglichkeiten $\mu \approx 800$ cm^2/Vs bei 300 K. Die Implantation erfolgte mit einer Ionenenergie von 300 keV in <111> Kristallrichtung. Die verwendeten Ionen waren In und As (Dosis 1×10^{13} cm^{-2}). Während der Implantation waren die Proben auf Raumtemperatur. Danach wurden sie einige Stunden bei 600 K ausgeheilt, um die Implantations-Defekte zu beseitigen. Diese Wärmebehandlung reicht aus, um die ursprüngliche Raumtemperatur-Beweglichkeit und Löcherkonzentration wieder herzustellen, wie durch Implantation von sich elektrisch neutral verhaltenden Atomen (Edelgasen) festgestellt wurde. Die Beweglichkeit bei tiefen Temperaturen ist allerdings niedriger als vor der Implantation, was auf einen geringen restlichen Gitterschaden schließen läßt, dessen Natur noch ungeklärt ist. Durch die Implantation in der <111> Richtung erhält man eine Reichweite der Ionen von etwa 1 μm, wie durch ein Schichtabtragungsverfahren festgestellt wurde [5]. Obwohl die Ladungsträgerkonzentrationen nach Implantation und Ausheilen im Rahmen der Meßgenauigkeit unverändert waren, sind daher die Proben bezüglich Fremdatomkonzentration nicht homogen.

Die Eigenschaften der für die magnetooptischen Experimente verwendeten Proben sind in Tabelle I zusammengestellt.

Tabelle I. Eigenschaften der PbTe Proben bei 300 K. Die Proben 874 und 875 stammen aus demselben Herstellungsgang.

Proben Nr.	Implantation	Löcherkonzentration $p(cm^{-3})$	Beweglichkeit $\mu(cm^2)Vs)$	Dicke d(μm)
863	--	7.8×10^{16}	720	4.9
874	In	1.95×10^{17}	930	4.5
875	As	1.7×10^{17}	890	4.8

Die Transmissions-Experimente wurden bei einer Temperatur von 6 K in Faraday-Geometrie mit der Strahlung des DCN-Lasers (λ = 195 μm) sowie des H_2O Lasers (λ = 119 μm) [6] und einem wassergekühlten 8.5 Tesla Magneten durchgeführt. Als Detektor diente ein Ge-Bolometer, welches mit flüssigem Helium gekühlt wurde. Die Kombination FIR Laser - He gekühlter Detektor gibt ausgezeichnetes Signal-Rausch-Verhältnis und hohe Empfindlichkeit und erlaubt die Auflösung sehr schwacher und scharfer Absorptionslinien.

3. THEORETISCHE GRUNDLAGEN

In magnetooptischen Transmissions-Experimenten bei konstanter Frequenz tritt bei Variation des Magnetfeldes bei jener Feldstärke Zyklotronresonanz der freien Ladungsträger auf, die durch folgende Beziehung bestimmt ist:

$$\omega = \omega_c = \frac{e}{m_c} B \quad . \tag{1}$$

ω ist die Kreisfrequenz der Strahlung, ω_c die Zyklotronresonanzfrequenz, e die Elementarladung, B die magnetische Induktion, m_c die effektive Zyklotron-Masse der Ladungsträger. Diese Resonanzabsorption entspricht optischen Übergängen zwischen benachbarten Landau-Niveaus. Da das Valenzband von PbTe eine Vieltalstruktur mit Rotationsellipsoiden in <111> Richtungen hat, treten mit B‖<111> zwei unterschiedliche Zyklotronmassen und damit zwei Sätze von Landau-Niveaus unterschiedlicher Separation $\hbar\omega_c$ auf. Im Falle der Zyklotronresonanz der Löcher im Ellipsoid, dessen Rotationsachse parallel zur Magnetfeldrichtung ist, ist $m_c = m_t$ (transversale Masse). Im folgenden wird nur diese m_t-Resonanz betrachtet.

Geeignete Fremdatom-Dotierung (z.B. in Ge und III-V Halbleitern Elemente aus benachbarten Spalten des Periodensystems) kann flache, wasserstoffähnliche Niveaus nahe der Bandkante in der verbotenen Zone ergeben. Im hohen, quantisierenden Magnetfeld sind die Coulomb-Potentiale der Fremdatome nur schwache Störungen der Zyklotronbewegung der freien Ladungsträger. Dadurch tritt unterhalb (im Leitungsband) bzw. oberhalb (im Valenzband) eines jeden Landau-Niveaus ein Satz vom Fremdatom-Niveaus auf [7]. In PbTe wird die Situation noch dadurch kompliziert, daß die Fremdatom-Niveaus infolge der Vieltalstruktur des Bandes schon bei B = O aufspalten. Für den Fall hoher Magnetfelder (d.h. $\hbar\omega_c$ sehr viel größer als die Ionisierungsenergie des Fremdatom-Grundniveaus bei B = O) existiert noch keine Theorie. Mit Hilfe von theoretischen Ergebnissen für Vieltal-Halbleiter in niedrigen Magnetfeldern [8] und für Eintalhalbleiter in hohen Magnetfeldern [7] konnte jedoch ein Niveauschema erstellt werden [2], welches die beobachteten Absorptionslinien [2] erklären kann (Fig.1a).

Bei der Auswertung von Meßergebnissen von PbTe im fernen Infrarot muß noch beachtet werden, daß die Messungen im Reststrahlbereich durchgeführt werden; die optischen Phononenfrequenzen sind $\tilde{\nu}_{TO} = 20\ cm^{-1}$ ($\lambda = 500\ \mu m$) und $\tilde{\nu}_{LO} = 114\ cm^{-1}$ ($\lambda = 88\ \mu m$). In diesem Bereich ist der Realteil der Dielektrizitätskonstanten negativ und das Kristallgitter sehr stark absorbierend. Wie in Ref. [9] beschrieben, tritt dadurch bei der Zyklotronresonanz nur dann eine reine Absorptionslinie auf, wenn die Konzentration der freien Ladungsträger genügend gering ist; in PbTe bedeutet dies Konzentration kleiner einige $10^{16}\ cm^{-3}$, wobei in den genauen Wert noch die Wellenlänge der Strahlung eingeht. Die in Fig.1a eingezeichneten Übergänge 1 und 2 zwischen Fremdatom-Niveaus treten dann im Laser-Experiment als zusätzliche Absorptionslinie neben der Zyklotronresonanz-Absorption (CR) und zwar bei niedrigerem Magnetfeld auf. Als Beispiel sind Meßkurven aus Ref.[2] in Fig.1b wiedergegeben.

Bei höherer Ladungsträger-Konzentration wird der bei B = O negative Realteil der Dielektrizitätskonstanten ε_R in einem bestimmten Magnetfeldbereich [9] oberhalb der Zyklotronresonanz positiv und es tritt bei $\varepsilon_R = 0$ eine Dielektrische Anomalie (DA) auf. Der Bereich positiven ε_R liegt im Magnetfeldbereich zwischen Zyklotronresonanz und DA. In diesem Bereich können sich Transmissions-Interferenzen in der Probe ausbilden und zusätzliche Strukturen können daher nicht direkt Fremdatom-Übergängen zugeordnet werden.

4. ERGEBNISSE UND DISKUSSION

Experimentelle Ergebnisse der Transmission der DCN Laserstrahlung in den drei PbTe Proben der Tabelle I sind in Fig.2 dargestellt. Diese Ergebnisse betreffen den Magnetfeldbereich um die m_t-Resonanz (siehe Abschnitt 3).

In allen drei Fällen tritt eine Dielektrische Anomalie (DA) auf. In der As-implantierten (875) und der nicht implantierten Probe (863) beobachtet man zwei Transmissions-Minima nahe der Magnetfeldstärke, die der Zyklotronresonanzfrequenz ω_c entspricht. Dort sind der Imaginärteil der Dielektrizitätskonstanten ω_I und damit der Absorptionskoeffizient sehr groß, was das Auftreten von Interferenzen in der Probe verhindern sollte. Eine Anpassung von gerechneten Kurven nach der Theorie von Wallace [10] ergab auch, daß Interferenzstrukturen in diesem Magnetfeld-Bereich nicht auftreten sollten. Dieses theoretische Ergebnis ist in Fig.2 für die As-implantierte Probe eingezeichnet. Auch die durch die Implantation inhomogene Dotierung ist aus folgenden Gründen als Ursache für die Doppelabsorptions-Struktur auszuschließen: (1) Die Struktur tritt nicht in der In-implantierten Probe auf. (2) Die Verteilung der As Fremdatome in der implantierten Schicht kann mit einer Gauss-Verteilung beschrieben werden. Es sind daher nicht zwei Bereiche unterschiedlicher Konzentration vorhanden, die über die Nichtparabolizität des Valenzbandes [8] zwei unterschiedliche Zyklotronresonanz-Stellen ergeben könnten. Der Effekt kann nur sein, daß eine einzige Resonanz verbreitert wird. In der As-implantierten Probe war die Änderung der Löcherkonzentration durch die Implantation +3%, was innerhalb der Meßgenauigkeit von etwa ±5% liegt. 3% Änderung der integralen Löcherkonzentration würden bedeuten, daß die Konzentration in der

1 μm tiefen implantierten Schicht um weniger als 10% angestiegen ist. Dies wiederum führt zu einer Erhöhung der effektiven Masse infolge der Nichtparabolizität des Valenzbandes. Im Zweiband-Modell [11] wird die Nichtparabolizität beschrieben durch

$$m_t = m_t(0)\ (1 + 2E_F/E_G)\ . \qquad (2)$$

$m_t(0)$ ist die transversale Masse an der Bandkante, E_F die Fermienergie, E_G die Energielücke am L-Punkt der Brillouin-Zone (0,2 eV). Eine 10%ige Löcherkonzentrations-Erhöhung würde somit eine Erhöhung von m_t um 0,6% ergeben. Auch wenn zwei scharf begrenzte Bereiche unterschiedlicher Konzentration existieren würden, könnte diese geringe Massendifferenz im Zyklotronresonanz-Experiment nicht aufgelöst werden. Die tatsächliche Separation der beiden Transmissions-Minima in Probe 875 ist 6,5% bezogen auf das Minimum bei 1,37 Tesla.

In den Experimenten mit der 119 μm Linie des H_2O Lasers wird die Dielektrische Anomalie noch stärker ausgeprägt, da bei dieser Wellenlänge ε_R des Gitters wesentlich weniger negativ ist. Das bedeutet, daß das Verhalten von ε_R bzw. des Brechungsindex die Transmission bestimmt und die Absorptionsstellen im ε_I bzw. im Absorptionskoeffizienten nicht beobachtbar sind.

In der nicht implantierten Probe 863 kann die Doppelabsorptionsstruktur auf keinen Fall durch inhomogene Dotierung verursacht sein. Wiederum ist dort der Imaginärteil ε_I groß, sodaß sich keine Interferenzen in der Probe ausbilden sollten. Sind Übergänge zwischen Fremdatom-Niveaus die Ursache für die Struktur, so müssen diese Fremdatome schon während der Herstellung in das PbTe eingebaut worden sein. Dies ist schon dadurch möglich, daß die Reinheit der Ausgangsmaterialien Pb und Te 99,999% war. Die Verschiebung der gesamten Transmissionsstruktur zu niedrigeren Magnetfeldern (verglichen mit den anderen Proben) hat folgende Ursachen: (1) Durch die niedrigere Löcherkonzentration ist E_F niedriger und damit nach Gl.(2) die effektive Masse geringer [9]. Dies verschiebt die Zyklotronresonanz zu niedrigeren Magnetfeldern. (2) Durch die niedrigere Löcherkonzentration ist auch das Transmissions-Maximum der Dielektrischen Anomalie [12] zu niedrigeren Magnetfeldern verschoben (auch wenn ω_c unverändert wäre). (3) Eine weitere Möglichkeit einer Verschiebung besteht darin, daß $\tilde{\nu}_{TO}$ sich mit der Pb bzw. Te Leerstellen-Konzentration verändert [13]. Höheres $\tilde{\nu}_{TO}$ macht ε_R des Gitters negativer.

5. SCHLUSSFOLGERUNGEN

Da in den Transmissionsspektren der As und In implantierten Proben und der nicht implantierten Vergleichsprobe Dielektrische Anomalien (DA) aufgetreten sind, kann die zusätzliche Absorptionslinien-Struktur nahe der Zyklotronresonanz nicht direkt Übergängen zwischen gebundenen Zuständen zugeordnet werden, wie es bei Probe 2077 in Ref.[2] möglich war. Der Grund für das Auftreten der DA ist darin zu suchen, daß die Löcherkonzentration im <111> Ellipsoid mit der Rotationsachse parallel zum Magnetfeld offensichtlich größer ist als es in Probe 2077 der Fall war, obwohl die Gesamt-Löcherkonzentrationen etwa gleich sind. Dies könnte durch unterschiedliche interne Spannungen in den Epitaxie-Schichten verursacht sein. Da Interferenzen in den Proben und Zweischichteffekte in den implantierten Proben als Ursache für die zusätzlichen Transmissions-Minima ausgeschlossen werden können, scheint es zumindest möglich, daß As ein Akzeptor ist, der im hohen Magnetfeld flache Energieniveaus in der verbotenen Zone oberhalb der Valenzbandkante ergibt. Dies wird auch dadurch unterstützt, daß in der In-implantierten Probe aus demselben Herstellungsgang nur ein einziges Transmissions-Minimum bei ω_c auftritt. In der nicht implantierten Probe 863 sind eventuell andere Fremdatome, die schon in den Ausgangsmaterialien Pb und Te enthalten waren, die Ursache für die Doppelabsorptionsstruktur nahe ω_c. Weitere im Gang befindliche Untersuchungen an niedriger dotierten PbTe Schichten sollen eine eindeutige Identifizierung der beteiligten Fremdatom-Art ermöglichen.

Die Arbeit wurde zum Teil vom Fonds zur Förderung der wissenschaftlichen Forschung in Österreich und von der Ludwig Boltzmann Gesellschaft zur Förderung der wissenschaftlichen Forschung in Österreich unterstützt.

REFERENZEN

1. B.D.McCombe und R.J. Wagner, Adv. Electronics and Electron Devices 37 (1975) 1; 38 (1975) 1.
2. F.Kuchar, J.C.Ramage, R.A.Stradling und A.Lopez-Otero, J. Phys. C 10 (1977) 5101
3. N.J. Parada und G.W. Pratt, Phys.Rev.Letters 22 (1969) 180; N.J. Parada, Phys. Rev. B 3 (1971) 2042.
4. A. Lopez-Otero, Thin Solid Films 49 (1978) 3.
5. L. Palmetshofer, E. Vierlinger, H.Heinrich und L.D.Haas, J. Appl. Phys. 49 (1978) 1128.
6. Siehe z.B.: G.W. Chantry, Submillimeter Spectroscopy, Academic Press, 1971.

7. R.F. Wallis und H.J. Bowlden, J.Phys. Chem. Solids 7 (1958) 78.

8. N. Lee, D.M. Larsen und B. Lax, J.Phys.Chem. Solids 34 (1973) 1817.

9. J.C. Ramage, F.Kuchar, R.A. Stradling und A.Lopez-Otero, J. Phys. C 10 (1977) 5089.

10. P.R. Wallace, K.K. Chandler und J.Hanard, Canad.J.Phys. 46 (1968) 243.

11. W. Zawadzki, Adv. Phys. 23 (1974) 435.

12. Die Modulation von ε_R in der Umgebung von ω_c kann wohl noch deutlich ausgeprägt aber durch geringe Ladungsträgerkonzentration doch schon so schwach sein, daß ε_R nicht positiv wird. Dadurch tritt wohl keine Dielektrische Anomalie ($\varepsilon_R = 0$) auf, es kommt jedoch trotzdem noch zur Ausbildung eines Transmissions-Maximums. Erst weitere Erniedrigung der Konzentration (unter einige 10^{16} cm^{-3}) führt zu einem reinen Transmissions-Minimum bei ω_c. Genauere Diskussion siehe Ref. 9.

13. H. Burkhard, G.Bauer und A. Lopez-Otero, J.Opt.Soc. Am. 67 (1977) 930.

14. G. Bauer, H.Burkhard, W.Jantsch, F.Unterleitner, A. Lopez-Otero und G.Schleussner, Proc. Int. Conf. Lattice Dynamics, Paris, Sept.5-9, 1977, p. 669.

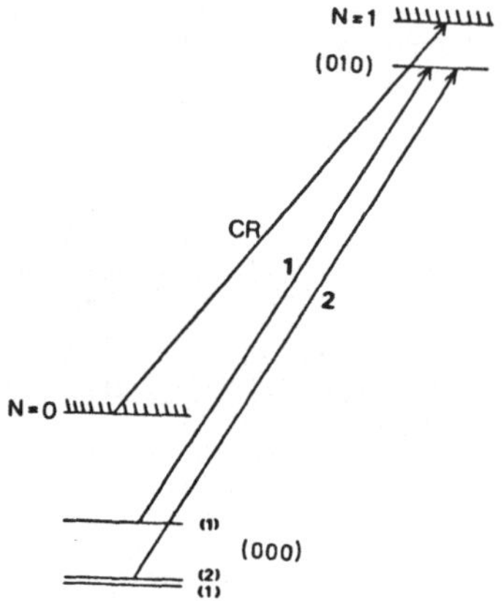

Abb.1a

Modell des Niveau-Schemas und Übergänge zwischen Landau-Niveaus des Valenzbandes (CR) (Energieskala negativ) und Fremdatomen-Zuständen (1,2) von PbTe im hohen Magnetfeld. Die (000)-Niveaus sind 1s-artig, die (010)-Niveaus 2p-artig. Die Zahlen in Klammern bedeuten die Entartung des Niveaus.

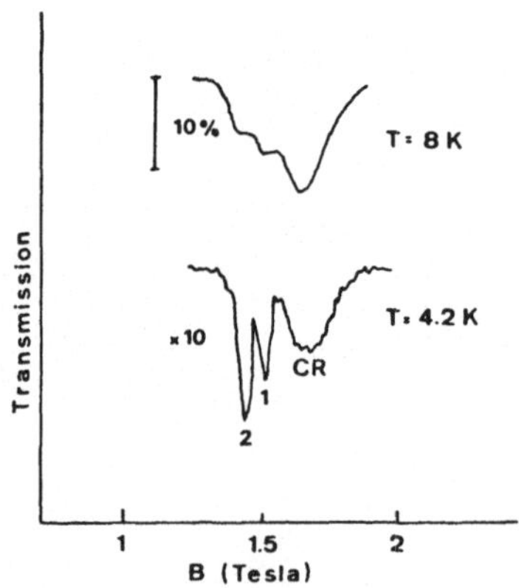

Abb. 1b

Experimentelle Ergebnisse der Transmission der Strahlung des DCN Lasers (λ = 195 μm) für die p-PbTe Probe 2077 aus Ref.[2].

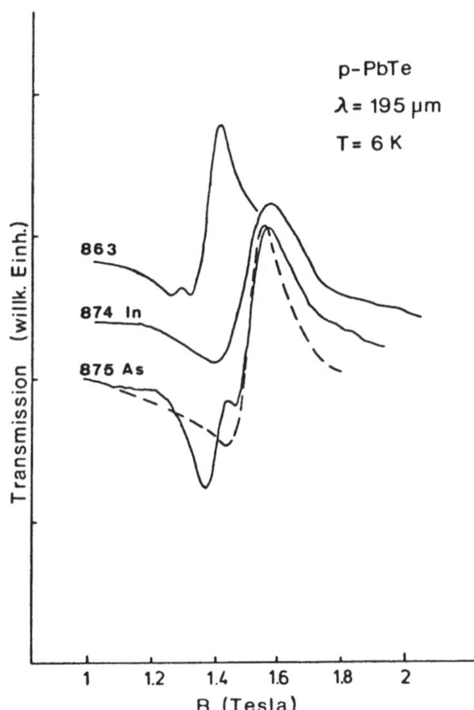

Abb. 2

Experimentelle Ergebnisse der Transmission (DCN Laser, λ = 195 μm) für die implantierten PbTe Proben 875 und 874 sowie die nicht implantierte Probe 863 (durchgezogene Kurven). Theoretisches Ergebnis für 875: strichliert.

Acta Physica Austriaca, Suppl. XX, 241–255 (1979)

HOLOGRAPHISCHE SPEICHERUNG IN ELEKTROOPTISCHEN KRISTALLEN+

R. ORLOWSKI , E. KRÄTZIG
Philips GmbH Forschungslaboratorium
Hamburg, BRD

ABSTRACT

Light-induced change of the refraction index in electrooptic crystals allows storage of volume phase holograms. The process of storage is explained by a simple model. Limitations for storage capacity, storage time, and sensitivity are estimated and compared with experimental results obtained up to now.

1. EINLEITUNG

Optische Methoden zur Speicherung von Information werden seit der Erfindung des Lasers in den frühen sechziger Jahren sehr intensiv theoretisch und experimentell untersucht. Erste Rechnungen versprachen Speichersysteme extrem hoher Speicherkapazität bei kurzer Zugriffszeit. Aber schon frühzeitig zeigte sich, daß viele dieser Abschätzungen zu optimistisch waren,

+Vortrag gehalten anläßlich der Fachtagung "Laserspektroskopie", Graz, 19.-21. Juni 1978.

da sie im wesentlichen nur von den Eigenschaften des kohärenten Laserlichts ausgingen und die Eigenschaften der verwendeten Materialien vernachlässigten. Es setzte daraufhin eine Phase verstärkter Materialuntersuchungen ein.

In einem optischen Speichermaterial wird die zu speichernde Information mit Licht eingeschrieben und rekonstruiert. Die Speicherung erfolgt über lichtinduzierte Veränderungen der optischen Eigenschaften des Speichermaterials.

Von besonderem Interesse sind holographische Speichermaterialien, bei denen die Speicherung im gesamten Volumen erfolgt. Aufgrund der Winkelselektivität bei der Rekonstruktion können dann mehrere Hologramme unter verschiedenen Einschreibwinkeln im selben Volumen überlagert werden, und man erhält extrem große Speicherdichten.

Diese Methode ist praktisch nur bei Phasenhologrammen anwendbar, bei denen das Licht nur wenig geschwächt das Aufzeichnungsmedium durchsetzt. Man braucht dazu Materialien, die unter Lichteinfluß den Brechungsindex ändern. Große Effekte dieser Art treten in einer Reihe elektro-optischer Kristalle auf [1], z.B. $LiNbO_3$, $LiTaO_3$, $Sr_{1-x}Ba_xNb_2O_6$. Interferierende Lichtstrahlen erzeugen helle und dunkle Bereiche in einem Kristall. In den hellen Bereichen werden Elektronen angeregt und wandern an andere Stellen. Dadurch entstehen elektrische Raumladungsfelder, die über den elektro-optischen Effekt den Brechungsindex ändern. Eine Rückverteilung der Elektronen, d.h. das Löschen des Hologramms, erreicht man mit uniformer Beleuchtung oder mit Erwärmung.

Von entscheidender Bedeutung für den photorefraktiven Effekt ist der lichtinduzierte Ladungstransport. Neben der Photoleitung in einem externen Feld und der Diffusion aufgrund inhomogener Ladungsverteilung findet man bei einigen pyroelektrischen Kristallen wie z.B. $LiNbO_3$ einen photovoltaischen Effekt [2]. Bei homogener Beleuchtung der Kristalle mißt man bei thermischem Gleichgewicht in einem kurzgeschlossenen Kreis einen konstanten Strom in Richtung der pyroelektrischen Achse. In einem offenen Kreis werden aufgrund des gerichteten Ladungstransports elektrische Felder bis zu 100 kV/cm aufgebaut.

In diesem Beitrag wird der Speicherprozeß anhand eines einfachen Modells erläutert. Die Analyse liefert Aussagen für die Speichergrößen Kapazität, Speicherdauer und Empfindlichkeit. Bisher vorliegende experimentelle Ergebnisse werden diskutiert.

2. LICHTINDUZIERTE BRECHUNGSINDEXÄNDERUNGEN

Im holographischen Experiment [3] interferieren zwei kohärente Lichtwellen in einem Kristall (Abb. 1). Die c-Achse steht senkrecht auf den Interferenzstreifen und zeigt in Richtung der z-Koordinate. Die Intensitätsverteilung am Ort des Kristalls hat dann die Form:

$$I(z) = I_o \, (1 + m \cos Kz) \quad . \tag{1}$$

Der Modulationsgrad m wird durch die Intensitäten der beiden einfallenden Strahlen bestimmt:

$$m = \frac{2 \cdot (I_1 \cdot I_2)^{1/2}}{I_1 + I_2} \quad . \tag{2}$$

Bei symmetrischem Lichteinfall (Interferenzwinkel 2Θ) beträgt die Raumfrequenz:

$$K = \frac{4\pi \sin \Theta}{\lambda} , \tag{3}$$

λ ist die Lichtwellenlänge.

In Richtung der c-Achse ist ein externes elektrisches Feld angelegt, der Kristall wird vollständig ausgeleuchtet und elektrisch kurzgeschlossen.

Der optisch induzierte Ladungstransport in Richtung der c-Achse führt entsprechend der Kontinuitäts- und Poisson-Gleichung zu einer Modulation der Ladungsverteilung und damit zum Aufbau von elektrischen Feldern $E(z,t)$ im Kristall:

$$\frac{\partial}{\partial z} [j(z,t) + \varepsilon\varepsilon_o \frac{\partial}{\partial t} E_i(z,t)] = 0 , \tag{4}$$

j ist die Photostromdichte entlang der c-Achse, ε die Dielektrizitätskonstante und t die Zeit.

Hierbei wird vorausgesetzt, daß die Driftlänge der Elektronen klein ist gegenüber dem Gitterabstand $l = 2\pi/K$ des Interferenzmusters. Die elektrischen Felder wirken auf den Brechungsindex n über den elektro-optischen Effekt:

$$\Delta n = \frac{1}{2} n^3 r E_i (z,t) , \tag{5}$$

r ist der entsprechende elektro-optische Koeffizient.

Folgende Beiträge bestimmen die Photostromdichte $j(z)$ entlang der c-Achse [2]: Photovoltaischer Effekt, Drift im elektrischen Feld und Diffusion:

$$j(z) = \kappa_o \alpha I(z) + [\kappa_1 \alpha I(z) + \sigma_d] E(z,t) + eD\frac{\partial}{\partial z}N(z), \quad (6)$$

hierbei ist κ_o die photovoltaische Konstante, α die Absorption, κ_1 die spezifische Photoleitfähigkeit, σ_d die Dunkelleitfähigkeit, e die Elementarladung, D die Diffusionskonstante und N die Konzentration der optisch angeregten Ladungsträger.

Der photovoltaische Beitrag ist proportional zur absorbierten Intensität. Das elektrische Driftfeld E(z,t) setzt sich linear aus dem extern in Richtung der z-Achse angelegten Feld E_{ex} und dem als Folge des Ladungstransports entstehenden internen Raumladungsfeld $E_i(z,t)$ zusammen [4]. Der Beitrag der Diffusion von Ladungsträgern aufgrund der inhomogenen Ladungsträgerkonzentration N(z) ist sehr klein und kann im allgemeinen gegenüber den beiden anderen Beiträgen vernachlässigt werden [2].

Die Brechungsindexverteilung $\Delta n(z,t)$ ist gegenüber der Intensitätsverteilung I(z) leicht verzerrt. Die Nichtlinearitäten nehmen mit steigendem Modulationsgrad m zu [5,6]. Für die Abbeugung in die erste Ordnung ist allerdings nur die Grundwelle des Brechungsindexgitters maßgebend. Bei kleinem Modulationsgrad ($m \leq 0{,}3$) erfolgt der zeitliche Aufbau der Grundwelle während des Einschreibeprozesses rein exponentiell:

$$\Delta n_f(z,t) = \Delta n_{fs}(z) \cdot (1 - e^{-\gamma t}) \quad . \quad (7)$$

Δn_{fs} ist der Sättigungswert bei $t = \infty$, $\gamma = (\kappa_1 \alpha I_o + \sigma_d)/\varepsilon\varepsilon_{o}$

ist die dielektrische Relaxation bei Beleuchtung. Bei nachfolgender Beleuchtung mit einer Lichtwelle der Intensität I_o werden im gesamten Kristallvolumen Ladungsträger angeregt, die die Raumladungsfelder ausgleichen (optisches Löschen):

$$\Delta n_f(z,t) = \Delta n_{fs}(z) \cdot e^{-\gamma t} \quad . \tag{8}$$

Das Brechungsindexgitter liegt aufgrund der zu vernachlässigenden Driftlänge der Elektronen in Phase zum Intensitätsgitter: $\Delta n_{fs}(z) = \Delta n_{fs} \cdot \cos Kz$, mit

$$\Delta n_{fs} = \frac{1}{2}\, n^3\, r\, m'\, \left(\frac{\kappa_o}{\kappa_1} + E_{ex}\right) , \tag{9}$$

$$m' = \frac{m}{1 + \sigma_d/(\kappa_1 \alpha I_o)} \quad .$$

Der Sättigungswert der Amplitude der Brechungsindexänderung Δn_{fs} ist proportional zum elektro-optischen Effekt und proportional zum Sättigungswert des internen Raumladungsfeldes, das sich aus den Beiträgen des photovoltaischen Feldes κ_o/κ_1 und des externen Feldes E_{ex} zusammensetzt.

3. HOLOGRAPHISCHE SPEICHEREIGENSCHAFTEN

3.1 Speicherkapazität

Die theoretische Grenze der Speicherkapazität bei Ausnutzung des Volumens ist erreicht, wenn eine Informationseinheit in einem Würfel gespeichert wird, dessen Kantenlänge der Lichtwellenlänge entspricht. Auf diese Weise erhält man als äußersten Grenzwert eine Speicherdichte von 10^{12} bit/cm^3.

Für praktische Anwendungen ist vor allem die Anzahl N_H der Einzelhologramme von Bedeutung, die man im selben Volumen unter verschiedenen Einschreibwinkeln überlagern kann. Diese Anzahl wird im wesentlichen durch drei Effekte begrenzt:

a) Der Winkelabstand $\Delta\Theta$ zwischen verschiedenen Hologrammen kann nicht beliebig klein gemacht werden. Er hängt im wesentlichen vom Einschreibwinkel Θ zwischen Objekt- und Referenzwelle, der Kristalldicke, der Brechungsindexänderung des Einzelhologramms Δn_{fi} und dem Nachbarbildabstand (Störabstand) bei der Rekonstruktion ab [7].
b) Während des Einschreibens eines neuen Hologramms werden die bereits geschriebenen Hologramme aufgrund der Photoleitfähigkeit entsprechend Gl.(8) teilweise gelöscht. Dadurch wird die Anzahl N_H auf $N_H = \Delta n_{fs}/\Delta n_{fi}$ eingeschränkt [8].
c) Brechungsindexänderungen, die von bereits eingeschriebenen Hologrammen herrühren, beeinflussen die Objekt- und Referenzwelle der nachfolgenden Hologramme und führen mit zunehmender Anzahl der Hologramme zu einer Verschlechterung der Bildqualität.

Punkt a) ist durch das Prinzip der Volumenholographie bedingt und eine Erhöhung von N_H kann daher nur durch Optimierung der aufgezählten Parameter erreicht werden. Die experimentell erreichte Anzahl ist allerdings aufgrund der Punkte b) und c) wesentlich kleiner. Diese Schwierigkeiten können in einigen Kristallen weitgehend vermieden werden, wenn man die Hologramme bei erhöhter Temperatur ($\sim 150^{\circ}$C) einschreibt [9]. Es tritt dabei ein

Fixiermechanismus ein, der Raumladungsfelder verhindert und zum Einschreiben von latenten Hologrammen führt. Dieser Mechanismus wird im folgenden Abschnitt ausführlich beschrieben.

Die Überlagerung mehrerer Hologramme im selben Volumen erfordert Kristalle von hervorragender optischer Qualität. Aus diesem Grund sind experimentelle Untersuchungen bis jetzt vor allem am $LiNbO_3$ durchgeführt worden. Unter Ausnutzung der thermischen Fixiertechnik sind im $LiNbO_3$:Fe über 500 Hologramme an der gleichen Stelle gespeichert worden, jedes einzelne Hologramm hatte dabei einen Auslesewirkungsgrad größer als 2,5% [9].

Die Untersuchung der Speicherung binärer Objekte hat gezeigt [8], daß eine Speicherdichte von mehr als 10^9 bit/cm^3 experimentell erreicht werden kann. Nach unserer Auffassung liegt die praktische Grenze für die Speicherdichte in elektro-optischen Kristallen bei 10^{10} bit/cm^3.

3.2 Speicherzeit

Gemäß Gl. (8) relaxiert ein eingeschriebenes Brechungsindexmuster mit der Zeitkonstanten $\varepsilon\varepsilon_o/(\kappa_1 \alpha I_o + \sigma_d)$. Ohne Beleuchtung wird die Speicherzeit durch die dielektrische Dunkelrelaxationszeit $\varepsilon\varepsilon_o/\sigma_d$ bestimmt. Experimentelle Ergebnisse sind in Tab. 1 zusammengestellt. Die längsten Speicherzeiten sind beim $LiTaO_3$:Fe (0,02 Gew.% Fe) gefunden worden. Die Dunkelleitfähigkeit σ_d ist kleiner als 10^{-20} $(\Omega\ cm)^{-1}$ und kann nur aus der Relaxation eingeschriebener Phasengitter extrapoliert werden.

Aufgrund der hohen Photoleitfähigkeit $\kappa_1 \alpha I_o$ ist das Auslesen nicht zerstörungsfrei, das Hologramm wird teilweise gelöscht. Dieses Problem kann durch einen Fixierprozeß umgangen werden, der bis jetzt experimentell in den Kristallen $LiNbO_3$:Fe, $Ba_2NaNb_5O_{12}$:Fe,Mo [15] und $LiTaO_3$:Fe [10] gefunden wurde. Dieser Fixierprozeß wandelt das elektronische Ladungsmuster in ein ionisches, optisch nicht angreifbares Muster um:

Ein Phasenhologramm wird bei Zimmertemperatur eingeschrieben. Anschließend wird der Kristall bis zu einer Temperatur aufgeheizt, bei der bestimmte Ionen beweglicher als die thermisch relativ stabilen elektronischen Ladungen sind. Die Ionen wandern so lange im Kristall, bis das elektronische Raumladungsfeld kompensiert ist. Das ursprüngliche Phasenhologramm ist verschwunden, die Information bleibt jedoch als Verteilung der (elektronischen) Donatoren und Akzeptoren gespeichert. Dann wird der Kristall auf Zimmertemperatur abgekühlt und das Ionenmuster eingefroren. Durch anschließende homogene Beleuchtung werden die Elektronen wieder gleichmäßig verteilt, und es bleibt ein elektrisches Raumladungsfeld aufgrund der Verteilung der Ionen zurück, das das ursprüngliche Hologramm wiedergibt.

Die Speicherzeit dieses fixierten Hologramms hängt von der Ionenleitung ab, die bei Zimmertemperatur extrem klein ist. Löschen kann man jetzt allerdings nicht mehr durch Beleuchtung, sondern nur noch durch erneutes Erwärmen des Kristalls.

3.3 Empfindlichkeit

Ein Maß für die Empfindlichkeit eines photorefraktiven Kristalls ist die optische Schreibenergiedichte $\mathcal{E}$ (1 %), die benötigt wird, um ein elementares Volumenphasenhologramm mit 1% Auslesewirkungsgrad η einzuschreiben. Dieser Wert soll aus praktischen Gründen - kleine Laser, kurze Einschreibzeiten - möglichst niedrig sein. Die maximale Empfindlichkeit von photorefraktiven Effekten in elektro-optischen Kristallen läßt sich leicht abschätzen. Der Kristall wird hierbei durch einen Plattenkondensator approximiert:

Bei Beleuchtung des Kristalls wandern optisch angeregte Ladungsträger unter dem Einfluß eines von außen an den Kondensator angelegten elektrischen Feldes E in Richtung der Elektroden. Der Ladungstransport ist beendet, wenn E durch das innere entgegengesetzt gerichtete Raumladungsfeld E_i kompensiert wird: $E = -E_i = (N e \Lambda)/\varepsilon\varepsilon_o$. Die Driftlänge Λ ist identisch mit dem Plattenabstand. Die Konzentration der optisch induzierten Ladungsträger ist proportional zur absorbierten Schreibenergiedichte $\mathcal{E}$: $N = q \cdot \mathcal{E} \cdot (1-\exp(-\alpha d))/(h\nu d)$, hierbei ist q die Quantenausbeute und d die Dicke. Entsprechend Gl.(5) resultiert daraus eine in Richtung der Dicke exponentiell gedämpfte Brechungsindexänderung. Der Auslesewirkungsgrad für ein entsprechend gedämpftes elementares Volumenphasenhologramm beträgt ($\cos\Theta \sim 1$) [16]:

$$\eta = e^{-\alpha d} \sin^2 \left(\frac{\pi d \Delta n}{\lambda} \cdot \frac{1-e^{-\alpha d}}{\alpha d}\right) \quad . \qquad (10)$$

Damit ergibt sich näherungsweise für die Schreibenergiedichte:

$$\mathcal{E} = \frac{2hc}{\pi e} \frac{\varepsilon\varepsilon_o}{n^3 r} \frac{\sqrt{\eta}}{q\Lambda} \frac{\alpha d\, e^{\frac{1}{2}\alpha d}}{(1-e^{-\alpha d})^2} \; . \qquad (11)$$

Die entscheidende Größe in dieser Beziehung ist die effektive Driftlänge $\bar{\Lambda} = q\Lambda$. Je weiter die Ladungsträger nach der optischen Anregung im Mittel verschoben werden, desto empfindlicher ist das Speichermaterial. Eine obere Grenze für $\bar{\Lambda}$ ist der kleinste noch aufzulösende Hell-Dunkel-Abstand in der zu speichernden Helligkeitsverteilung.Genauere Rechnungen haben ergeben [17], daß für eine elementare Interferenz entsprechend Gl.(1) die optimale mittlere Driftlänge $\bar{\Lambda} = l/2\pi$ ist (l ist der Gitterabstand des Interferenzmusters). Die anderen Größen in Gl.(11) sind für verschiedene Materialien nicht sehr unterschiedlich. Für ferroelektrische Kristalle ist der Ausdruck ε/r nahezu materialunabhängig [18].

Die Abschätzung liefert mit $\alpha d \sim 0{,}7$ bei einer Bildauflösung von 1000 Linien/mm für $LiNbO_3$-Kristalle (c-Schnitt, Licht parallel polarisiert zur c-Achse: $\varepsilon = 32$; $n = 2{,}4$; $r = 30{,}8 \cdot 10^{-10}$ cm/V) als untere Grenze für die optische Schreibenergiedichte $\mathcal{E}(1\%) \geq 100\ \mu J/cm^2$. Für eine Bildauflösung von 100 Linien/mm sind nur $10\ \mu J/cm^2$ notwendig.

Tab. 1 gibt eine Übersicht der bis jetzt experimentell erreichten Werte $\mathcal{E}(1\%)$ für verschiedene attraktive elektro-optische Speichermaterialien. Beim bis jetzt am besten untersuchten Kristall $LiNbO_3$:Fe beträgt die mittlere Driftlänge $\bar{\Lambda} = (\kappa_o + \kappa_1 E_{ex})h\nu/e$ nur ungefähr 1 Å. Entsprechend klein ist die Empfindlichkeit. Beim isomorphen Kristallsystem $LiTaO_3$:Fe beträgt die mittlere Driftlänge ungefähr 20 Å, für die Schreibenergiedichte $\mathcal{E}(1\%)$ sind 11 mJ/cm^2 gemessen worden. Am empfindlichsten sind $KTa_{0,65}Nb_{0,35}O_3$ (KTN)-Kristalle. Der Wert für $\mathcal{E}(1\%)$ liegt hier schon im Bereich der theoretischen Grenze. Leider weisen gerade diese Kristalle aufgrund hoher Dunkelleitfähigkeit nur eine sehr kleine Speicherzeit auf.

4. AUSBLICK

Die Untersuchung des photorefraktiven Effektes in elektrooptischen Kristallen hat zu einem guten Verständnis der zugrunde liegenden physikalischen Prozesse geführt, obwohl noch längst nicht alle Einzelheiten geklärt sind. Es gibt zur Zeit noch kein Speichermaterial, das alle Wünsche erfüllt, obwohl - wie Tab. 1 zeigt - in einigen Kristallen für einzelne Speichereigenschaften schon gute Werte erreicht sind. $LiTaO_3$:Fe-Kristalle repräsentieren zur Zeit den besten Kompromiß hinsichtlich der Kombination von Empfindlichkeit und Speicherzeit. Für die Zukunft sehr interessant sind KTN-Kristalle. Über den mikroskopischen Mechanismus des Ladungstransports ist bei diesen Kristallen bis jetzt sehr wenig bekannt.

REFERENZEN

1. A.Ashkin, G.D. Boyd, J.M. Dziedzic, R.G.Smith, A.A. Ballman, H.J. Levinstein, K.Nassau, Appl. Phys. Lett. 9 (1966) 72.
2. A.M. Glass, D. von der Linde, T.J. Negran, Appl. Phys. Lett. 24 (1974) 4.

3. F.S. Chen, J.T. LaMacchia, D.B. Fraser, Appl. Phys. Lett. 13 (1968) 223.
4. R. Orlowski, E. Krätzig, H. Kurz, Optics Commun. 20 (1977) 171.
5. G.A. Alphonse, R.C. Alig, D.L. Staebler, W.Phillips, RCA-Review 36 (1975) 213.
6. H. Kurz, E. Krätzig, W. Keune, H. Engelmann, U.Gonser, B. Dischler, A. Räuber, Appl. Phys. 12 (1977) 355.
7. H. Kogelnik, Bell System Techn. J. 48 (1969) 2909.
8. H. Kurz, V. Doormann, R. Kobs, Appl. of Holography and Optical Data Processing, Herausgeber E.Marom und A.A. Friesem (Pergamon Press, Oxford und New York 1977), S. 361.
9. D.L. Staebler, W.J. Burke, W. Phillips, J.J. Amodei, App. Phys. Lett. 26 (1975) 182.
10. E. Krätzig und R. Orlowski, Appl. Phys. 15 (1978) 133.
11. R. Orlowski, private Mitteilung.
12. K. Megumi, H. Kozuka, M. Kobayshi, Y. Furwahta, Appl. Phys. Lett. 30 (1977) 631.
13. J.P.Huingnard und F.Micheron, Appl. Phys. Lett. 29 (1976) 591.
14. D. von der Linde, A.M. Glass, K.F. Rodgers, Appl. Phys. Lett. 26 (1975) 22.
15. J.J. Amodei und D.L.Staebler, Appl.Phys.18 (1971) 540.
16. N. Uchida, J.Opt.Soc. Am. 63 (1973) 280.
17. L.Young, W.K.J. Wong, M.L.W.Thewalt, W.D.Cornish, Appl. Phys. Lett. 24 (1974) 264.
18. S.H. Wemple, M.DiDomenico, Jr., I.Camlibel, Appl. Phys. Lett. 12 (1968) 209.

Tabelle 1: Schreibenergiedichte E(1%) und Dunkelspeicherzeit verschiedener elektro-optischer Kristalle

Kristall	E(1%) [mJ/cm²]	Speicherzeit [Jahre]	Bemerkungen λ [nm]	E_{ex} [kV/cm]	Literatur
$LiTaO_3$:Fe	11	10	351	15	[10]
$LiNbO_3$:Fe	200 300	1 0,1	351 488	15 0	[11] [9]
$Sr_xBa_{1-x}Nb_2O_6$:Ce	1,5	0,1	488	0	[12]
$Bi_{12}SiO_{20}$	0,3	0,003	514	6	[13]
$KTa_{0,65}Nb_{0,35}O_3$	0,05	0,001	530 Zwei-Photonen-Absorption	6	[14]

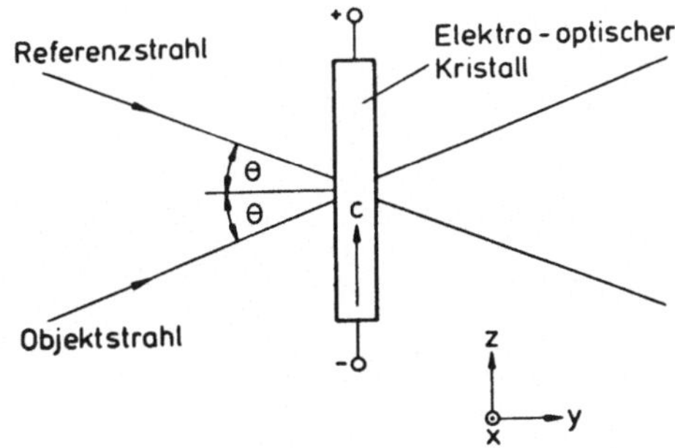

Abb. 1

Holographischer Aufbau.

Acta Physica Austriaca, Suppl. XX, 257–272 (1979)

LASER-MIKROSONDEN-MASSEN-ANALYSATOR LAMMA[+]

H.J. HEINEN, R.WECHSUNG, H.VOGT
Firma LEYBOLD-HERAEUS GMBH, Köln, BRD

F. HILLENKAMP
Institut für Biophysik
Universität Frankfurt, BRD

R. KAUFMANN
Abteilung für klinische Physiologie
Universität Düsseldorf, BRD

ABSTRACT

The laser microprobe LAMMA-500 is a new type of analytical instrument. It includes a laser microscope which permits optical observation as well as laser excitation of the sample to be analyzed with a lateral resolution of less than 1μm. The positive and negative ions thereby resulting from a sample volume of about 10^{-13} cm^3 are analyzed in a time-of-flight mass spectrometer. Each single laser shot allows a complete mass spectrum with a mass resolution of 500 to be recorded.

Although the concept of LAMMA-500 is developed for the analysis of thin cuts and foils (< 2μm) thicker

[+]Vortrag gehalten anläßlich der Fachtagung "Laserspektroskopie", Graz, 19.-21. Juni 1977.

specimen can be investigated with laser light at grazing incidence as well. All elements of the periodic system can be detected. A linear relationship has been found between the element concentration and the signal height over a range of four decades. For many elements the detection limits are in the sub-ppm range and hence reach the order of 10^{-20} g. The detection probabilities of electropositive elements (ionization energies below 8.0 eV) vary at most by one decade; matrix effects should lie in the same order of magnitude. The electronegative elements appear in the negative ion spectrum with high detection probability.

The applicability of LAMMA-500 to element analysis of histological thin cuts in biomedical research is evident. The method can also be used for material research, as it requires no special properties of the specimen with regard to electrical conductivity or optical transparency.

With certain compound classes the LAMMA-500 analysis results in the record of positive and negative spectra exhibiting only a small number of spectral lines which are specific for the structure of the compounds investigated. Often molecular ions or quasimolecular ions of the investigated compounds appear as base peaks. The high reproducibility of laser-pyrolysis-ionization of technical polymers allows their identification by means of fingerprint spectra. Hence, the application of LAMMA-500 can be extended also to the microprobe analysis of organic compounds.

EINLEITUNG

Die ursprüngliche Zielsetzung bei der Entwicklung des LASER-MIKROSONDEN-MASSEN-ANALYSATORS war die Mikrobereichsanalyse von Elementen in biologischem Material, beispielsweise der intrazellulären Verteilung von Na, K, Ca und Mg im Muskelgewebe. In zunehmendem Maße wird versucht, für solche Zwecke die Elektronenmikrosonde oder die Ionenmikrosonde einzusetzen. Diesen Verfahren sind jedoch hinsichtlich der absoluten und relativen Nachweisempfindlichkeit (z.B. Spuren von Ca neben hohen Konzentrationen von K), hinsichtlich des analysierbaren Elementebereichs im Periodensystem und hinsichtlich stark unterschiedlicher Nachweiswahrscheinlichkeit einzelner Elemente bei wechselnder chemischer Umgebung Grenzen gesetzt [1 bis 7]. Demgegenüber verspricht der Nachweis positiver und negativer Ionen bei der Laser-Anregung eines "Mikroplasmas" einer Probe entscheidende Vorzüge:

- In Verbindung mit geeigneten optischen Systemen zur Fokussierung des Lasers und zur Beobachtung eine räumliche Auflösung kleiner 1 µm.
- Eine hohe Nachweiswahrscheinlichkeit für alle Elemente (Spurenelemente bis in den sub-ppm-Bereich).
- Eine erheblich geringere Abhängigkeit von der chemischen Zusammensetzung (Matrixeffekte). Dies sollte somit quantitative oder zumindest halbquantitative Analysen ermöglichen.
- Information über Bindungsverhältnisse in Molekülen bis hin zum Nachweis intakter organischer Molekülionen oder Quasimolekülionen.

- Eine gezielte Pyrolyse/Ionisation zur Charakterisierung makromolekularer Systeme.

Gegenüber einer Analyse aufgrund des bei der Laseranregung vom "Mikroplasma" emittierten Lichtes besitzt der massenspektrometrische Nachweis eine Reihe von Vorzügen. Die Nachweisempfindlichkeit ist hier wesentlich höher; infolge der Auflösung von Isotopen ist die Methode der Isotopenverdünnungsanalyse für quantitative Messungen mit internen Standards möglich; ferner sind Informationen über molekulare Einheiten erhältlich und schließlich sind die erhaltenen Signale wesentlich einfacher interpretierbar.

Die apparative Zielsetzung bei der Entwicklung von LAMMA war es, die oben genannten Vorzüge der Analyse von Laser-Massenspektren für kleinste Proben-Volumina der Größenordnung von 10^{-13} cm^3 bei gleichzeitig höchster Empfindlichkeit des Registriersystems auszunutzen. Frühere Versuche [7 bis 11] führten zu einer räumlichen Auflösung größer 10 µm und zu Nachweisempfindlichkeiten weit oberhalb des ppm-Bereiches. Bei der Verwendung magnetischer Sektoren zur Massenanalyse war man auf hohe Primärionenströme angewiesen, was wiederum zu hohen Laserbeschußenergien und zu störend hohen Primärenergien der gebildeten Ionen führte [12 bis 14]. Demgegenüber gestattet die Konzeption von LAMMA [15,16] durch Verwendung eines Flugzeit-Massenspektrometers die Nachweisempfindlichkeit und die räumliche Auflösung bis zur Beugungsbegrenzung bei gleichzeitiger Reduzierung des Problems der Anfangsionenenergien erheblich zu steigern. Neben einer hohen Empfindlichkeit liefert das Flugzeit-Massenspektrometer für jeden Einzelimpuls der Laseranregung die Registrierung eines kompletten Massenspektrums vom zu analysierenden

Mikrobereich. Im folgenden wird das technische Konzept dargestellt. Eine Übersicht über eine Reihe von Applikationsbeispielen zeigt die vielseitigen Einsatzmöglichkeiten der LAMMA-Methode.

APPARATIVES

Über das technische Konzept ist bereits ausführlich berichtet worden [17,18]. Abb. 1 zeigt schematisch den Aufbau von LAMMA.

Die Probe - meist ein Mikrotomschnitt oder eine Folie der Dicke $< 2\ \mu m$, gelegentlich ein Mikropartikel auf einem Trägergrid - sitzt hinter einem Quarzdeckglas im Vakuum auf einem beweglichen Probenteller. Hierfür werden Standardträgergitter aus der Elektronenmikroskopie verwendet. Ein hochwertiges optisches Mikroskop dient gleichzeitig zum Betrachten der Probe und zur Fokussierung des Strahles eines gütegeschalteten Leistungsimpulslasers (Dauer einige ns) durch das Objektiv des Mikroskopes. In der vorliegenden Arbeit wurde ein Nd-YAG Laser mit Frequenzverdreifachung (353 nm) und Frequenzvervierfachung (265 nm) verwendet.

Die Laserleistung im Fokus wird mittels zweier Filterräder zwischen 10^8 und 10^{11} W/cm^2 so dosiert, daß ein Probenvolumen von etwa 10^{-13} cm^3 verdampft und teilweise ionisiert wird. Die Wechselwirkung der Laserstrahlung mit der Probe bleibt hierbei räumlich eng begrenzt. Bei den verwendeten Laserleistungen treten mehrfach geladene positive Ionen mit relativen Intensitäten unterhalb des Promill-Bereiches auf. Ein zum Strahl des Leistungslasers kollinear eingespiegelter schwacher

He-Ne-Laser markiert den Fokuspunkt und gestattet es, durch XY-Manipulation der Probe den Analysenort auszuwählen. Im Falle der Probenbetrachtung im Durchlicht sitzt vakuumseitig unmittelbar hinter der Probe die oberste Linse eines speziell entwickelten Kondensorsystems. Diese muß für die Massenanalyse durch ein ionenoptisches System zur Beschleunigung und Fokussierung der Ionen ersetzt werden. Der Austausch erfolgt elektropneumatisch durch die Parallelverschiebung einer präzisen gemeinsamen Halterung für Kondensorkopf und Ionenlinse. Der Kondensator gestattet die Betrachtung der Probe im Hellfeld, im Phasen- und Interferenzkontrast. Die Ionenlinse ist so berechnet, daß in günstigen Fällen (kleine Primärenergien, bevorzugte Ionenmission senkrecht zur Oberfläche der Probe) bis zu 50% aller gebildeten Ionen den Detektor (offener Cu-Be-SEV) erreichen. Das Signal vom Detektor wird kapazitiv ausgekoppelt und in einen schnellen digitalen Halbleiterspeicher (100 MHz Bandbreite, 2 k Kanäle, 8 bit Auflösung) geleitet. Von dort aus erfolgt die Darstellung auf einem CRT-Schirm, die Analogausgabe mittels eines Papierschreibers oder die weitere Datenverarbeitung. Zur Erhöhung der Konversion von Ionen zu Elektronen an der SEV-Katode werden die Ionen vor ihrem Nachweis auf 10 keV nachbeschleunigt. Hierdurch wird gleichzeitig die Massendiskriminierung des SEV erniedrigt. Bei der Verwendung von Vorverstärkern (10 x und 100 x) steht somit ein dynamischer Bereich von 4 bis 5 Dekaden, beginnend beim Einzelionennachweis, zur Verfügung, ehe der SEV infolge von Raumladungsbegrenzung nicht mehr linear verstärkt.

Da bei der laserinduzierten Ionenbildung in hohem Maße auch negative Ionen gebildet werden, sind alle

Potentiale der Spektrometerelektroden umkehrbar.

Bei dicken Proben kann die Anregung auch im streifenden Laserlicht erfolgen. Dies bietet bei Cu- oder Ni-Trägergittern die Möglichkeit einer einfachen Massenkalibrierung, wobei durch Beschuß eines Gitterstegrandes Cu^+, Cu^- resp. Ni^+ und Ni^- Ionen gebildet werden.

Die Form der erhaltenen Flugzeitmassenspektren ist im wesentlichen durch die Verweilzeit der auf nahezu gleiche Energie beschleunigten Ionen im Flugrohr bestimmt. Daraus resultiert die sehr gute Näherung für die Laufzeitdispersion.

$$t = 7.195 \times 10^{-5} \sqrt{\frac{M}{eU + E_o}}\, l \text{ (s)} .$$

Hierbei ist M die Masse des Ions in Atomeinheiten, U die Spannung in Volt des Flugrohres der Länge l in Metern gegenüber Erdpotential und E_o die durch den Ionisierungsprozeß bedingte Primärenergie in Elektronenvolt. Man erkennt unmittelbar, daß zur Erzielung einer maximalen Massenauflösung E_o so klein wie möglich gegenüber eU gehalten werden muß. Da der Bandbreite des registrierenden elektronischen Systems technologisch bedingte Grenzen gesetzt sind, kann U nicht beliebig erhöht werden, was zu allzu kurzen Flugzeiten führen würde. Bei einer Flugrohrlänge von 1,40 m liegt das Optimum für U bei ± 3 bis ± 5 kV, je nach der Polarität der zu analysierenden Ionen.

Abb. 3 zeigt die wohlaufgelösten Bleiisotope beim Beschuß einer 0,3 µm dicken mit Blei dotierten Eponfolie. Mit zunehmender Schnittdicke sowie bei der Analyse von Isolatoren (Oxide) wird die Primärenergieverteilung breiter. Besonders bei Metallfolien hängt die Primärenergieverteilung empfindlich von der Laserleistung ab. Energien bis in den keV-Bereich sind beobachtet worden [8]. Es ist unmittelbar einsichtig, daß sich in solchen Fällen die Massenauflösung entsprechend erniedrigt. Durch den zusätzlichen Einbau eines Energiefilters ist jedoch wieder eine Erhöhung der Massenauflösung bis $M/\Delta M \approx 500$ möglich.

Wie oben erklärt, besitzt das auf dem Schreiberstreifen ausgegebene Massenspektrum eine Massenskala der Form:

$$\text{Lage des Peaks} = \text{const} \times \sqrt{\text{Masse}} \, .$$

Zur Markierung des Nullpunktes der Massenskala wird bei der Aufnahme des Spektrums das Lasersignal elektronisch zum SEV-Signal addiert.

Eine wichtige Frage ist die der quantitativen Analyse von Spurenelementen. Ist das umgebende Medium organischer Natur (z.B. biologisches Probenmaterial), so ist der Übergang zu möglichst kurzen Wellenlängen des anregenden Laserlichtes (z.B. 265 nm eines frequenzvervierfachten Nd-YAG-Lasers) infolge der steigenden Absorption des organischen Mediums von Vorteil und führt zu folgender Konsequenz [19]:

a) Mit steigender Laserleistung wird eine scharf definierte Perforationsschwelle beobachtet.

b) Liegt die Laserleistung um etwa den Faktor 2 bis 5 oberhalb dieser Schwelle, so lassen sich gut reproduzierbare Perforationen mit minimalen Lochdurchmessern erzielen.

c) Spurenelementionen (meist Metalle) werden im angegebenen Bereich der Laserleistung relativ zum Untergrund durch Bruchstückionen des organischen Mediums bevorzugt emittiert.

Anhand einer Serie verschieden dotierter Eponfolien unterschiedlicher Schnittdicke wurde für die Elemente Li, Na, K, Sr und Pb die Abhängigkeit der registrierten Signalhöhe von der Konzentration in der Probe bei konstanter Laserleistung untersucht.

Es ergibt sich recht gut ein linearer Zusammenhang zwischen der Signalhöhe im Flugzeit-Massenspektrum und der dotierten Konzentration der einzelnen Elemente (Abb. 4).

Darüber hinaus deuten die bislang vorliegenden Ergebnisse darauf hin, daß die Ionenausbeuten einer Vielzahl von Metallen weitgehend unabhängig von ihrem chemischen Charakter um höchstens eine Dekade auseinander liegen.

Die absoluten Nachweisgrenzen werden somit primär durch die Belegung der jeweiligen Nominalmassen mit organischen Fragmentionen des Einbettungsmaterials bestimmt. Der gegenwärtige Stand der anhand von dotierten Eponfolien gewonnenen Nachweisgrenzen einiger Metalle ist in Tab. 1 zusammengestellt.

Da die Fragmentionenspektren organischer Matrices im allgemeinen gut reproduzierbar sind, ist in einigen Fällen noch eine Erniedrigung der Nachweisgrenze durch Spektrensubstration möglich. Anhand der höher dotierten Eichstandardproben konnte die Standardabweichung, d.h. der apparativ bedingte Anteil der Schwankungen in den Signalen der Metallionen zu kleiner 5% bestimmt werden.

Tabelle 1: Nachweisgrenzen der LAMMA-Analyse.

	absolut(g)	relativ (ppm)
Li	1×10^{-20}	0,07
Na	2×10^{-20}	0,2
K	1×10^{-20}	0,1
Ca	2×10^{-19}	1
Cu	4×10^{-18}	20,0
Rb	5×10^{-20}	0,5
Cs	3×10^{-20}	0,3
Sr	4×10^{-19}	20,0
Ag	4×10^{-18}	1,0
Pb	1×10^{-19}	0,6
U	2×10^{-18}	20,0

Im Falle einer realen, nicht homogenen Probe kann die Absorption verschiedener Probenteile erheblich differieren. In diesen Fällen ist eine absolute quantitative Analyse naturgemäß nicht mehr möglich. Hier bleibt jedoch die Möglichkeit der Bestimmung von Konzentrationsverhältnissen verschiedener Elemente, was in vielen Applikationsfällen bereits ausreicht. Für genaue absolute quantitative Analysen muß in solchen Fällen auf die Methode der Isotopenverdünnung zurückgegriffen werden.

ANWENDUNGEN

Die Laser-Mikrosonde ist bereits in einer Vielzahl von analytischen Problemstellungen, die mit anderen Analysenverfahren keiner Lösung zugänglich waren, erfolgreich eingesetzt worden. Abb. 5 zeigt exemplarisch das positive und negative Massenspektrum bei der Mikrobereichsanalyse eines Holzgewebes, das zuvor in eine CKF-Lösung (wässrige Lösung von NaF, $CuSO_4$ und $K_2Cr_2O_7$) getränkt war. CKF dient als Protektivum des Holzes gegen Pilz- oder tierischen Befall.

Am ausgewählten Analysenort sind die schutzwirksamen Komponenten (Kupfer, Fluorid, Chromat) vertreten. Die Meßergebnisse werden zur Zeit noch ausgewertet [20].

Weitere Applikationsbeispiele von LAMMA-500 umfassen das Studium der Eisengranula-Verteilung in Uterus-Drüsenzellen von Tupaia, den Nachweis von Spuren intrazellulären Kalziums neben hohen Konzentrationen von Kalium (wenigstens 1:200) in Muskelgewebezellen, den Lithium-Nachweis im Gehirn einer Ratte nach Applikation eines Li-Pharmakums in therapeutischer Dosis, die Spurenanalyse von Fluor im menschlichen Zahnschmelz und Dentin für die Kariesforschung, die Beobachtung einer Eisen- und Mangananreicherung im extrazellulären Schleim bestimmter Bakterien, die Analyse von glasartigen Vielkomponenten-Metalloxidsystemen sowie die Bestimmung des Urangehaltes in Graphitkügelchen eines Kernreaktors.

Von einer Reihe anorganischer und organischer Verbindungen bis hin zu Metalloxidchelatkomplexen wurden Laserionisations-Massenspektren erhalten, welche linienarm und hochgradig strukturspezifisch sind. Ferner wurden von einer Reihe von Kunststoffen charakteristische und reproduzierbare Fingerprint-Massenspektren erhalten.

Auf eine genaue Diskussion oben genannter Applikationsbeispiele sei an dieser Stelle verzichtet und auf Zitat 21 verwiesen.

Diese Arbeiten wurden vom Bundesministerium für Forschung und Technologie unterstützt; die Verantwortung für den Inhalt liegt allein bei den Autoren.

REFERENZEN

1. R. Castaing, Thesis, University of Paris, (1951).
2. C.A. Anderson, An Introduction to the Electron Probe Microanalyzer and its Application to Biochemistry in: Methods of Biochemical Analysis, Vol. 15, Ed.D.Glick, Interscience Publishers, John Wiley & Sons, New York 1967.
3. D.M. Poole and P.M. Martin, Metal Rev., 133 (1969.
4. H. Liebl, Int.J.Mass Spectrom, Ion Phys., 6 (1971) 401.
5. H. Liebl, J.Phys.E, Sci. Instr., 8 (1975) 797.
6. W.A.P. Nicholson, Elemental Analysis of Biological Sections Using an X-Ray Fluorescence Microprobe in: Microprobe Analysis as Applied to Cells and Tissues, Ed.: I.A. Hall, P. Echlin, R. Kaufmann, Acad. Press, London (1974) 59.
7. J.F. Ready, J. Appl. Phys. 36 (1965) 462.
8. N.C. Fenner and N.R. Daly, Rev.Sci.Instr. 37 (1966) 1068.
9. E. Bernal, L.P. Levine, J.F. Ready, Rev.Sci.Instr. 37 (1966) 938.
10. R.A. Bingham and P.L. Salter, Anal.Chem. 48 (1976) 1735.
11. J.F. Eloy, Int.J.Mass Spectrom. Ion Phys. 6 (1971) 101.
12. N.C. Fenner, Phys. Letters 22 (1966) 421.
13. J.F. Ready, Effects of High-Power Laser Radiation, Acad. Press, London 1971.
14. Yu. A. Bykovskij, N.N. Degtyarenko, V.F. Elesin,

Yu.P. Kozyrev, S.M. Silnev, Soviet Physics-Technical Physics 15 (1971) 2020.

15. R. Kaufmann, F. Hillenkamp, E. Remy, Micoscopica Acta 73 (1972) 1.
16. F. Hillenkamp, R. Kaufmann, R. Nitsche, E. Unsöld, Appl. Phys. 8 (1975) 341.
17. R. Wechsung, F. Hillenkamp, R. Kaufmann, R. Nitsche und H. Vogt, Mikroskopie 34 (1978) 47.
18. R. Wechsung, F. Hillenkamp, R. Kaufmann, R. Nitsche und H. Vogt, Proc. of Scanning Electron Microscopy, Los Angeles (1978).
19. R. Nitsche, Dissertation, Universität Düsseldorf, (1976).
20. J. Bauch und P. Klein, Holzforsch. 32 (1978) in Vorber.
21. H.J. Heinen, R. Wechsung, H. Vogt, F. Hillenkamp und R. Kaufmann, in Vorbereitung.

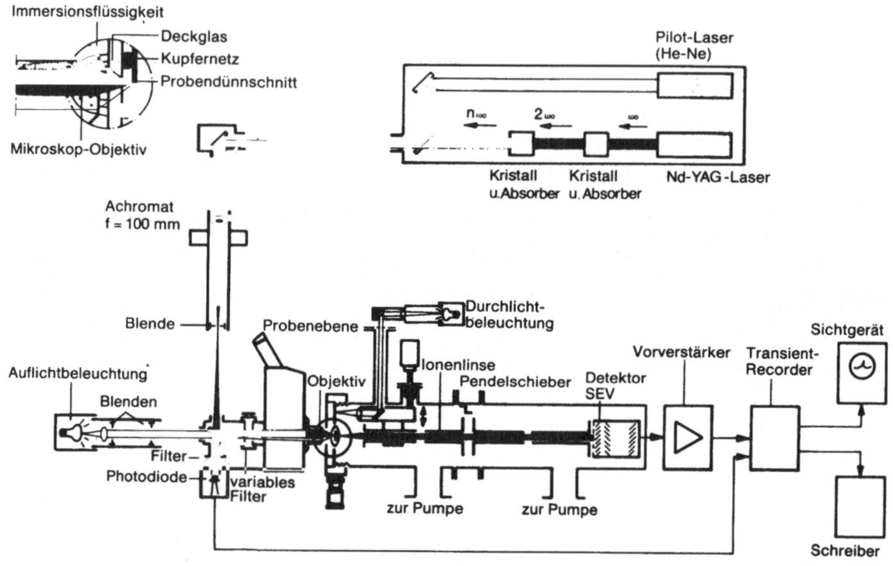

Abb. 1

Aufbau von LAMMA, schematisch

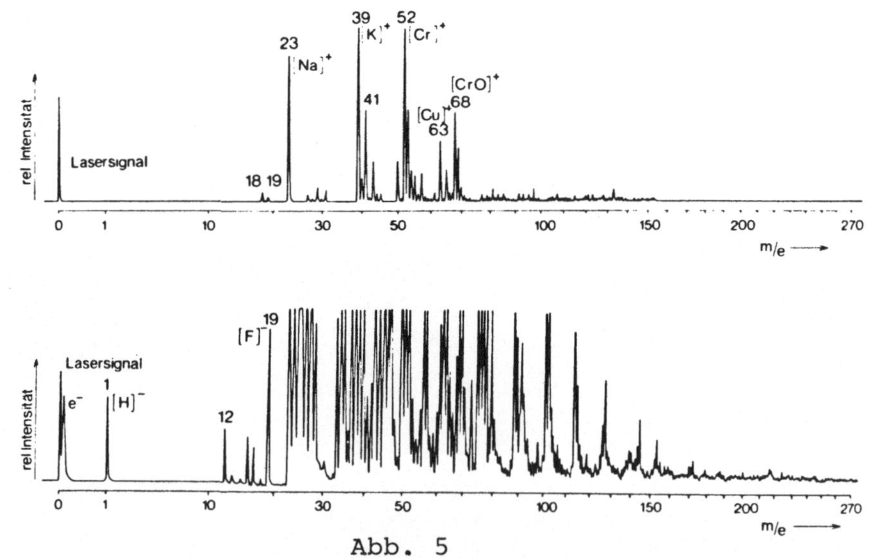

Abb. 5

Positives und negatives LAMMA-Spektrum einer in eine CKF-Lösung getränkten Kiefernholzprobe.

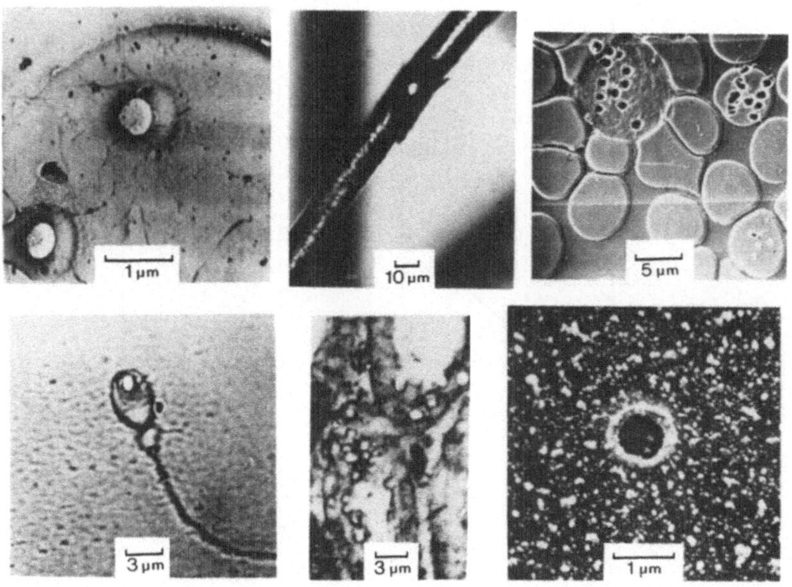

Abb. 2
Laserinduzierte Perforation in verschiedenen Proben. Obere Reihe: Erythrozyten (REM-Aufnahme); menschliches Haar; Lymphozyt und Erythrozyten (REM-Aufnahme). Untere Reihe: Spermatozoon eines Bullen; Tubullus einer Rattenniere; mit Silber bedecktes Quarzsubstrat (REM-Aufnahme).

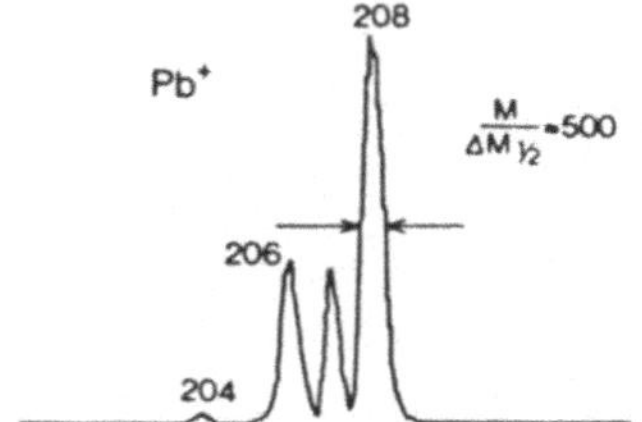

Abb. 3

LAMMA-Spektrum einer mit Pb dotierten 0,3 µm dicken Eponfolie zur Demonstration der Massenauflösung.

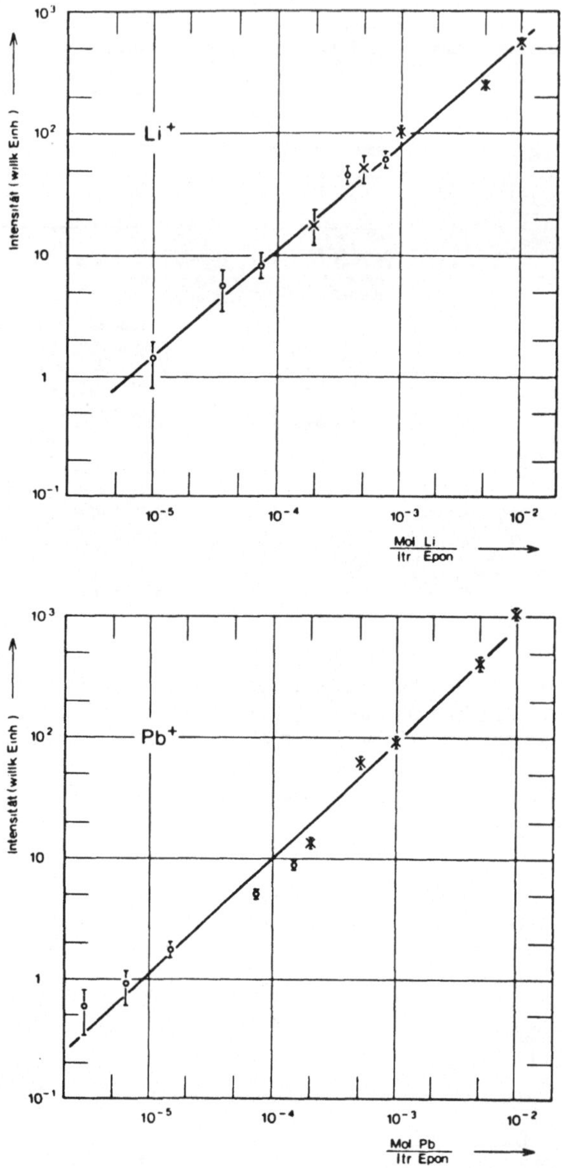

Abb. 4
Abhängigkeit der Signalhöhe von der Konzentration für Lithium und Blei in einer Eichstandardprobe (1 µm Eponfolie). Hierbei beziehen sich (o) auf Li-6; (x) auf Li-7; (o) auf Pb-204; (x) auf Pb-208.

Acta Physica Austriaca, Suppl. XX, 273–280 (1979)

HIGH VOLTAGE HOLLOW CATHODE LASERS FOR SPECTROSCOPY[+]

J. BERGOU, M. JÁNOSSY, K. **RÓZSA**, L. CSILLAG
Central Research Institute for Physics
Budapest, Hungary

In recent gas laser research important development has occured due to the application of hollow cathode discharges (HCD). Several new laser systems were discovered by using HCD excitation. The main advantage of the HCD is that the cathode fall results in a component of fast electrons which increases excitation of high lying ion levels.

To improve further hollow cathode laser operation we aimed to construct a HCD tube where the cathode fall could be increased without changing gas pressure. To fulfill this we have recently developed a modified discharge geometry using a series of internal anodes in which the voltage can be adjusted independently from gas pressure, cathode diameter and discharge current. In this lecture we describe the principle of this discharge as well as a series of experiments carried out on this modified HCD for which the name hollow anode-cathode (HAC) discharge is proposed.

The scheme of the HAC is shown in fig. 1. The anode

[+] Vortrag gehalten anläßlich der Fachtagung "Laserspektroskopie", Graz, 19.-21. Juni 1977.

system [2] is placed symetrically inside a cylindrical hollow cathode [1]. The bright part of the discharge is formed in the centre of the tube. The discharge operates properly if the distance D_1 between the cathode and the nearest anode is too small to produce all the ionizations necessary for self-sustained discharge. However, this is not a real obstructed discharge since the anode is not continuous. Electrons leaving the cathode can travel further than the nearest anode and so they have a longer path to provide the necessary ionization. Furthermore, in a usual HCD a considerable part of the primary electrons is emitted by photoelectric effect since the cathode encircles the radiation from the glow. In the HAC discharge the photoelectric effect is less significant since the anodes cast shadow on the cathode, and to obtain self sustained discharge additional ions are thus needed.

The voltage-current characteristics of the HAC discharge were found to be entirely different from those of the conventional HCD. Characteristics were investigated in two different HAC tubes, the length of the cathodes was 20 mm, the inner diameter 10 mm. The distance D_1 in fig. 1 was 1 mm. The anodes were 0.6 mm tungsten rods and the gap between them (D_2 of fig.1) was 0.55 and 0.95 mm, respectively. The characteristics were investigated in pure He and were compared to a conventional HCD (only one anode rod) of similar geometry. Figure 2 shows voltage-current characteristics obtained at different He pressures. It can be seen from the figure that in the range investigated gas pressure, discharge current and voltage can be chosen independently from each other by varying the gap (D_2) between the anodes. Below a pressure of 3 torr the curves are so steep that only low current densities were obtained. Above 17 torr, the curves are similar to those for a HCD and the discharge is reduced to the space between the electrodes. At this pressure the centre of the tube is also not bright. The high voltage of the HAC discharge is due to obstruction of the discharge and the shadow cast by the internal anode system.

CW laser oscillation has been observed in high voltage HAC tubes with two different types of active materials. Table 1 summarizes the laser transitions obtained with HAC lasers using noble gas mixtures and metal vapours.

Table 1. Wave-length of CW laser oscillations observed in the HAC discharge. The data underlined are obtained in the 1600 mm long HAC laser tube. Data denoted by an asterisk are observed to exhibit CW laser oscillation for the first time.

<table>
<tr><td>Active materials</td><td colspan="3">Noble gas ions</td><td colspan="3">Metal vapours</td></tr>
<tr><td>Mixtures</td><td>$He-Kr^+$</td><td>$He-Ar^+$</td><td>$(He-)Ne-Xe^+$</td><td>$(Ar-)Ne-Al^+$</td><td>$(Ne-)He-Cu^+$</td><td>$He-Zn^+$</td></tr>
<tr><td rowspan="6">λ (Å)</td><td><u>4318*</u></td><td><u>4545</u></td><td>4863*</td><td>6920</td><td>7404</td><td>4911</td></tr>
<tr><td><u>4387*</u></td><td><u>4579</u></td><td>5314*</td><td>7042</td><td>7665</td><td>4924</td></tr>
<tr><td><u>4583*</u></td><td>4765</td><td></td><td>7471</td><td>7739</td><td>7588</td></tr>
<tr><td>4694</td><td><u>6483*</u></td><td></td><td></td><td>7808</td><td></td></tr>
<tr><td><u>6510*</u></td><td><u>6861*</u></td><td></td><td></td><td>7826</td><td></td></tr>
<tr><td></td><td></td><td></td><td></td><td>7896</td><td></td></tr>
</table>

The geometry of the HAC laser was similar to that of the discharge tube described previously. The data of the noble gas ion and Al II laser tubes were the following: active length 400 mm, cathode diameter 7 mm, anode rod diameter 1.2 mm, distance between cathode and nearest anode (D_1) 0.5 mm, gap between anode rods 1.3 mm. The discharge was excited by half wave rectified alternating current where the repetition rate was reduced to 12.5 Hz.

The most striking result of measurements is represented in fig. 3 which shows the dependence of laser power on instantaneous discharge current at the 4694 Å Kr ion transition measured in the Case of HAC and HCD lasers with similar geometry. All data were taken using the same dielectric mirrors with transmission of about 0.1 %. Comparison of HCD and HAC lasers shows that HAC laser operates at more than twice the voltage of conventional HCD lasers, the current threshold for oscillation is significantly lower and output power is higher at lower discharge currents. In all noble gas mixtures the excitation mechanism is a two step process. The first step is ionization by metastables of He or Ne (Penning ionization) the second step being excitation of upper laser levels via second kind collisions of He or Ne metastables with ground state ions. The lower threshold current and higher output power of the already observed lines as well as new CW laser lines show that the internal anode geometry used in the HAC discharge tube is efficient for improving laser operation in noble gas mixtures.

In metal vapour lasers the excitation mechanism is believed to be a charge transfer reaction of noble gas ions with metal atoms. The metal vapour necessary for laser oscillation was produced by cathode sputtering, the cylindrical cathode being produced from the metal in question. Fig. 4 shows the dependence of the threshold current for laser oscillation at the three different Al II lines on the tube voltage. The tube voltage was varied by changing the number of anode rods inside the cathode hollow (6,3 and 1 anode, respectively). In the high voltage HAC discharge the threshold currents are again reduced by a factor of 2-4 compared to the appropriate data on a conventional HCD laser. The low threshold currents are due to the high voltage, which increases both ion density and the sputtering rate of the cathode metal.

Laser oscillation on 6 Cu II transitions was observed in a somewhat different construction. The length of the Cu cathode was 190 mm, with an inner diameter of 4.5 mm. Inside the cathode cylinder a perforated tube was placed, this serving as anode. The distance between the anode and cathode was 0.5 mm, the inner diameter of the anode was 3.4 mm. The anode tube was perforated with 1.1 mm holes in such a way that the ratio between the holes and the remaining metal surface was 3:2. Laser oscillation on Zn II transitions was observed in 100 mm long tube of otherwise similar to the previously described geometry. Recently a discharge tube with 1600 mm active length has been constructed for further investigations of noble gas mixtures. Most of the new lines in Table 1 have been observed in this long HAC laser tube.

From these experiments the following conclusion can be deduced. The high voltage HAC laser is a very promising device when excitation mechanism is a second kind collision of metastables with ground state ions as in the case of noble gas mixtures. Measurements on different metal vapour lasers indicate, however, that the HAC discharge is even more effective when excitation mechanism is a charge transfer reaction.

There are two possible future applications of HAC lasers in spectroscopy. The first is connected with the expected high output power of these lasers. When one of the two totally reflecting mirrors used in our experiments with the 400 mm tube was replaced by an output mirror of about 1 % transmittivity an output power of 20-30 mW was observed on the strongest lines without optimizing the laser parameters. Therefore, when optimizing the output a CW HAC laser power between 50-100 mW is expected, which renders this kind of lasers a very convenient tool in Raman spectroscopy.

The second and more surprising feature is that all HAC lasers likely operate in a single axial mode without any selective element. The narrow line breadth of about 20 MHz (measured at the 4694 Å Kr II line) gives a very natural application in Brillouin spectroscopy. Thus, we may conclude, that high voltage HAC lasers are very promising from the point of view of applications in spectroscopy.

REFERENCES

1. K.Rósza, The hollow anode-cathode discharge, Reports of the Central Research Institute for Physics, Preprint No. 63 (1975).
2. K.Rósza, M.Jánossy, J.Bergou and L.Csillag, Noble gas mixture CW hollow cathode laser with internal anode system, Opt. Comm. 23 (1977) 15.
3. K.Rósza, M.Jánossy, L.Csillag and J.Bergou, CW Aluminium ion laser in a high voltage hollow cathode discharge, Phys. Letts. 63A (1977) 231.

4. K.Rósza, M.Jánossy, L.Csillag and J.Bergou, CW Cu II laser in a hollow anode-cathode discharge, Opt. Comm. 23 (1977) 162.

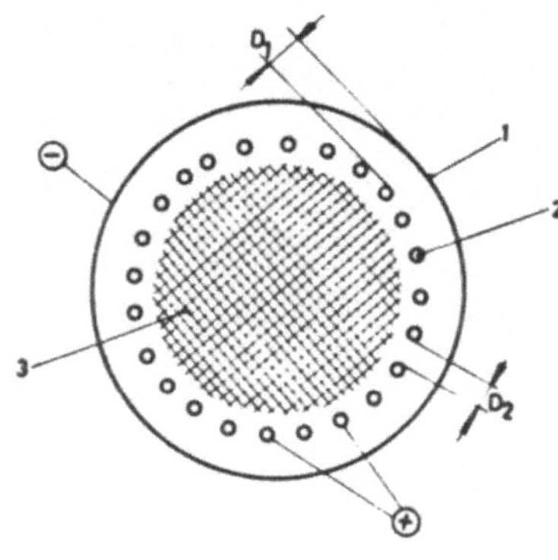

Fig.1

Scheme of the hollow anode-cathode discharge
1 cathode, 2 anodes,
3 bright part of the discharge.

Fig.2

Voltage-current characteristics of HAC and hollow cathode discharge tubes in He. Dotted lines: HAC discharge with 0.55 mm distance between the anodes. Broken lines: 0.95 mm distance. Continuous lines: hollow cathode discharge.

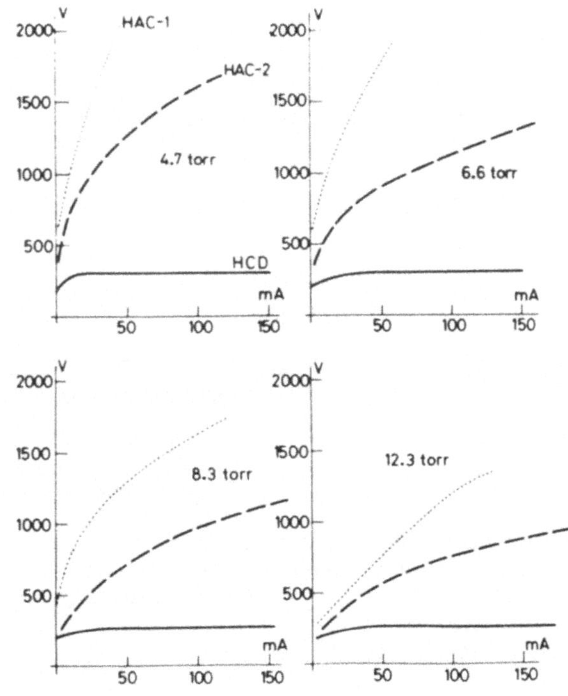

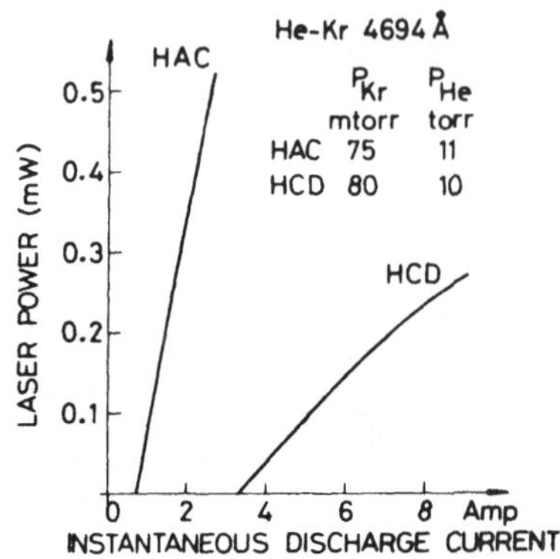

Fig. 3

Dependence of laser output power on instantaneous discharge current in HAC and HCD lasers.

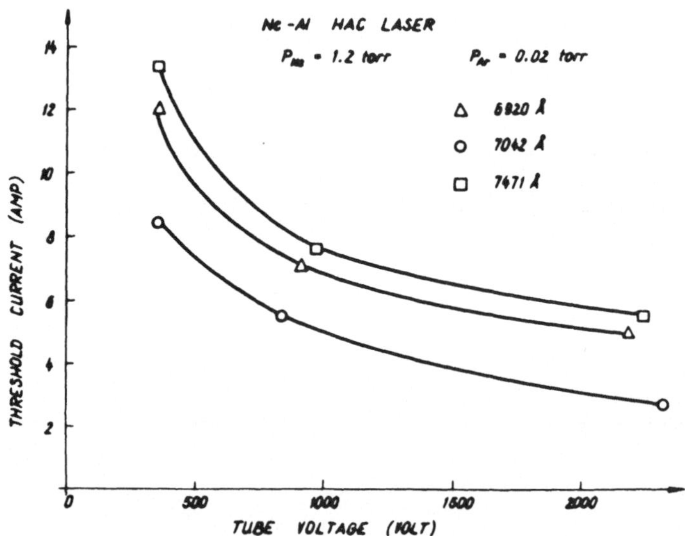

Fig. 4

Dependence of threshold current for laser oscillation on tube voltage at the three Al II transitions. The tube voltage was increased by increasing the number of anode rods inside the cathode hollow (1, 3 and 6 anode, resp.)

Acta Physica Austriaca, Suppl. XX, 281–291 (1979)

ERZEUGUNG DURCHSTIMMBARER ULTRAKURZER LICHTPULSE IN EINER MIT EINEM STICKSTOFFLASER GEPUMPTEN FARBSTOFFLASER-VERSTÄRKERANORDNUNG+

G. VEITH, A.J. SCHMIDT
Institut für Physikalische Elektronik
Technische Universität Wien, Austria

ABSTRACT

A simple method to generate tunable ps laser pulses is described. A common Hänsch-type dye laser [10] is transversely pumped by a short UV-pulse of a TEA-N_2-laser, The narrowband, tunable output of the dye laser has a pulsewidth of ≃ 85 ps and can further be shortened in a synchronously pumped amplifier cell. Tunable lightpulses of bandwidth $\Delta\lambda$ = 0.04 nm and pulsewidth t ≃ 35 ps (FWHM) could easily be obtained within the tuning range 580-600 nm. Since, with this simple amplifier arrangement ultrashort lightpulses could be obtained over the whole visible spectrum, this method seems to be attractive for ps-spectroscopy applications.

+Vortrag gehalten anläßlich der Fachtagung "Laserspektroskopie", Graz, 19.-21. Juni 1978.

1. EINLEITUNG

Mit der Erzeugung kurzer Lichtpulse im Pikosekundenbereich wurden der Kurzzeitphysik interessante neue Untersuchungs- und Anwendungsbereiche erschlossen [1].

Die bisher erfolgreichste Methode zur Herstellung von ps-Lichtpulsen basiert auf der Phasensynchronisation von Lasermoden ("Modenkoppeln"). Beim passiven Modenkoppeln erreicht man durch einen sättigbaren Absorber im Laserresonator eine Intensitätsmodulation, was zu einer Kopplung der Lasermoden führt. Mit dieser Methode gelang es bereits, in Dauerstrich-Farbstofflasern mit einem kontinuierlichen Argonlaser als Pumpquelle Pulslängen unter 0.5 ps zu erzeugen [2,3]. Vor kurzer Zeit erzielte man durch sogenanntes "synchrones Pumpen" ebenfalls Subpikosekunden-Lichtpulse [4]. Hierbei wird ein Farbstofflaser (Rhodamin B) mit angepaßter Resonatorlänge durch ps-Lichtpulse aus einem zweiten modenkoppelten Farbstofflaser (Rhodamin 6G) synchron gepumpt.

Der Aufbau von Lasersystemen mit Modenkopplung ist relativ aufwendig und kostspielig. Insbesondere erweist es sich als schwierig, einzelne ps-Pulse hoher Leistung mit durchstimmbarer Wellenlänge zu erhalten. Dementsprechend haben die ps-Techniken bis jetzt nur im Laborbetrieb Anwendungen gefunden. Für viele Untersuchungszwecke der Kurzzeitspektroskopie besteht ein Bedarf nach einem einfach zu bedienenden, kompakten Lasersystem, welches reproduzierbar kurze, durchstimmbare Lichtpulse hoher Leistung im Subnanosekundenbereich liefert.

Im Hinblick darauf ist die Tatsache interessant, daß durch die Entwicklung von "TEA"-(Transversely Excited Atmospheric Pressure)-Stickstofflasern schon unmittelbar kurze UV-Pumppulse (λ_p = 337,1 nm) hoher Leistung verfügbar geworden sind, wodurch sich neue Möglichkeiten zur Erzeugung ultrakurzer durchstimmbarer Farbstofflaserpulse ergeben [5]. So gelang es Salzmann und Strohwald [6] durch longitudinales Pumpen einer 40 µ-Fabry-Perot-Farbstoffzelle mit einem 100 ps/100 kW-UV-Puls aus einem Hochdruck-N_2-Laser Farbstofflaserpulse mit Pulsdauern unter 10 ps zu erzeugen. Allerdings waren diese nicht definiert durchstimmbar. Bereits früher hatten Lin und Shank durch Pumpen eines kurzen Farbstofflaserresonators (l = 1,3 cm) mit einem 10 ns-UV-Puls aus einem konventionellen Stickstofflaser Farbstofflaserpulse mit 600 ps Dauer enthalten [7].Die Ursache für diese Pulsverkürzungen sind sehr rasche Einschwingvorgänge im Medium aufgrund von nichtlinearer Wechselwirkung zwischen einer anfänglichen Überschuß-Besetzungsinversion und den Resonator-Photonen. Wie Roess [8] zeigte, kommt es gegenüber dem Pumppuls zu einer Pulsverkürzung, wenn die mittlere Verweildauer der Photonen im Resonator wesentlich kürzer ist als die Dauer des Pumppulses.

Uns gelang es nun, ausgehend von einem TEA-Stickstofflaser, welcher 0.8 ns-Pumppulse liefert, durchstimmbare Farbstofflaserpulse von 35 ps Dauer zu erhalten. Die Umlaufzeit des Lichtes im Farbstofflaserresonator war in unserem Falle jedoch größer als die Dauer des Pumppulses.

2. PUMPLASER- UND FARBSTOFFLASER-VERSTÄRKER

Der von uns als Pumpquelle benützte Stickstofflaser [9] arbeitet bei Atmosphärendruck und zeichnet sich durch einen äußerst einfachen Aufbau aus (Abb.1). Es werden keine Laserfenster und kein Vakuumsystem benötigt, Stickstoffgas wird kontinuierlich mit 5 l/min durch den Laserkanal geblasen. Ein niederinduktiver Blümlein-Schaltkreis in Verbindung mit einem extrem kurzen Wellenleiter (Laserelektrode) liefert sehr kurze Anstiegszeiten für die elektrische Entladung zwischen den Laserelektroden (Betriebsspannung 16-20 kV, Elektrodenabstand 1-2 mm) und eine sehr schnelle Anregung der N_2-Moleküle durch Elektronenstoß. Durch eine sehr effektive Verstärkung der spontanen Emission (≃ 50 dB/m) kommt es zur Ausbildung von intensiver UV-Superstrahlung (λ_p = 337,1 nm) welche an den Enden des 50 cm langen Laserkanals austritt. Die Pulslängen liegen an der Auflösungsgrenze unseres Detektorsystems und betragen < 800 ps. Bei paralleler Anordnung der Laserelektroden besitzen beide Pulse gleiche Energie und Pulsdauer. Bilden die Elektroden einen kleinen Winkel zueinander, so kann es erreicht werden, daß die elektrische Entladung in Form einer Wanderwelle im Laserkanal fortschreitet, sodaß jener Puls, welche sich in Richtung der Wanderwellenanregung ausbreitet, noch wesentlich kürzer ist. Salzmann und Strohwald [5] erzielten mit einer derartigen Anordnung bei einem Betriebsdruck von p_{N_2} = 1 atm Pulslängen von 300 ps, bei p_{N_2} = 5 atm sogar 50 ps.

Auf eine derartige Wanderwellenanregung wurde in unserem Fall bewußt verzichtet, da bei einer nahezu parallelen Stellung der Laserelektroden nach unserer Beobachtung die höchsten Pulsenergien erzielt werden konnten; die Pulsenergien betrugen bei einer Pulsrate von 40 Hz 130 µJ/Puls, was einer Pulsleistung von ≃ 160 kW entspricht. Mit einem dieser kurzen Pulse pumpten wir transversal einen Farbstofflaser nach Hänsch [10] (Abb. 2). Die Umlaufzeit des Lichtes im Farbstofflaser-Resonator ist etwa doppelt so groß, wie die Dauer des Pumppulses

(Resonatorlänge l = 25 cm). Als Laserfarbstoff benützten wir Rhodamin 6G (5.10^{-3} mol/l), in Äthanol gelöst, die Farbstofflösung befand sich in einer 10 mm-Standard-Photometerzelle mit AR-Beschichtung. Das Rhodamin 6G-Fluoreszenzlicht wird teilweise am 50%-Partialspiegel reflektiert und anschließend im UV-gepumpten Volumen breitbandig verstärkt (spektrale Halbwertsbreite $\Delta\lambda$ = 14 nm). Nach Durchlaufen des strahlaufweitenden Teleskops trifft es auf das dispergierende Echelette-Reflexionsgitter, wobei nur ein schmaler Spektralbereich in den Resonator zurückgekoppelt wird. Zu diesem Zeitpunkt ist der Pumpvorgang durch den kurzen N_2-Laserpuls bereits beendet. Eine Besetzungsinverions ist aufgrund der Lebensdauer des oberen Laserniveaus im Rhodamin 6G (4-5 ns) noch einige ns lang vorhanden. Nur die vordere Flanke des Fluoreszenzlichtes findet nach Reflexion und Dispersion am Echelette-Gitter jedoch noch ausreichende Besetzungsinversion vor, um durch stimulierte Emission verstärkt zu werden, und tritt als schmalbandiges kurzes Signal durch den Partialspiegel. Die gemessene Halbwertsdauer dieses durchstimmbaren Signals beträgt 85 ps, der Durchstimmbereich liegt zwischen 580-600 nm, die spektrale Halbwertsbreite ist 0.04 nm (34 GHz). Dieser schmalbandige, kurze Lichtpuls aus dem Farbstofflaser, durchläuft nun noch eine Verstärkerzelle (AC) (siehe Abb. 2), welche longitudinal von dem zweiten UV-Puls des N_2-Lasers gepumpt wird. Das zu verstärkende Signal wird mittels einer Konvexlinse (L_2, f = 36 mm) auf die Verstärkungszone fokussiert und durchläuft nachträglich noch jene Quarzlinse (L_1, f = 150 mm), welche zur Fokussierung des UV-Pumppulses dient. Beide Fokussierungslinsen (L_1, L_2) sitzen auf X-Y-Z-Trieben, wodurch eine genaue räumliche und zeitliche Überlappung der Pulse in der Verstärkerzelle erreicht werden kann. Aufgrund der nichtkollinearen Pumpgeometrie ist die Überlappungszone nur ≈ 0.5 mm lang. Das schmalbandige Signal aus dem Farbstofflaser erfährt dort neben einer Verstärkung (12 dB) zusätzlich eine Pulsverkürzung um einen Faktor 2. Longitudinales Pumpen erwies sich bezüglich der Signalverstärkung effektiver als transversales aufgrund der höheren erreichbaren Leistungsdichten in der Pumpzone. Möglicherweise wirkt sich die Gegenläufigkeit der Pulse auch vorteilhaft im Hinblick auf die Pulsverkürzung aus. Die auf diese Weise erreichten Pulslängen lagen zwischen 30 und 40 ps. Die spektrale Halbwertsbreite des Signals änderte sich nur unwesentlich. Die Verstärkerzelle (10 mm-Spektrometerzelle) enthielt ebenfalls Rhodamin 6G in Äthanol gelöst. Die Farbstoffkonzentration im Verstärker (10^{-3} mol/l) war jedoch um einen Faktor 5 geringer als in der transversal gepumpten Resonatorzelle, um die Absorptionslänge für den Pumpstrahl und damit die Länge des gepumten Volumens zu vergrößern. Die nachverstärkten kurzen Lichtpulse besitzen Energien von ≈ 1 μJ, was Pulsleistungen von 30 kW entspricht.

3. MESSUNG DER PULSLÄNGEN

Die Pulsdauer des durchstimmbaren Signals wurden mittels einer nichtlinearen Korrelationstechnik [11] gemessen. Hierbei bedient man sich der Erzeugung der 2. Harmonischen (SHG) in einem phasenangepaßten, optisch nichtlinearen Kristall (siehe Abb. 2):
Das zu messende kurze Signal durchläuft ein Michelson-Interferometer (MI) mit einem variablen optischen Umweg (D) zwischen den zwei Teilstrahlen, welche mit einer zeitlichen Verzögerung τ auf den Kristall (CR) auftreffen

und dort die 2. Harmonische erzeugen. Die Intensität der 2. Harmonischen $I_{2\omega}$ wird als Funktion des zeitlichen Pulsabstandes τ aufgezeichnet. Daraus gewinnt man die sogenannte Autokorrelationsfunktion 2. Ordnung der Pulsintensität I(t)

$$G^{(2)}(\tau) = \frac{\langle I(t) . I(t+\tau) \rangle}{\langle I^2(t) \rangle} .$$

Die Halbwertsbreite $\Delta\tau$ der Autokorrelationsfunktion $G^{(2)}(\tau)$ steht in engem Zusammenhang mit der Halbwertsdauer Δt der Pulsintensität I(t), wenn die Pulsform bekannt ist. Die Messung der Autokorrelationsfunktion 2. Ordnung liefert jedoch keine Aussagen über die Pulsform, da $G^{(2)}(\tau)$ symmetrisch in I(t) ist. Unter der Annahme eines Lorentz-Pulses ergibt sich eine Halbwertsdauer von Δt_L = 30 ps, unter der Annahme eines Gauß-Pulses eine solche von Δt_G = 42 ps.

Die Form der beobachteten Intensitätskurve (siehe Abb. 3)

$$I_{2\omega}(\tau) = I(SH) = 1 + 2\ G^{(2)}(\tau)$$

deutet aufgrund der auftretenden Intensitätsverhältnisse (zentraler Kohärenzpeak, Rauschhintergrund) darauf hin, daß es sich um stark verrauschte Lichtpulse handelt [11]. Dieses Ergebnis ist zu erwarten: Die kurzen Pulse stellen nur durch stimulierte Emission mehrmals verstärkte spontane Fluoreszenzpulse dar, welche keine Modenstruktur besitzen können.

Die Messung von $I_{2\omega}(\tau)$ wurde bei einer Pulsrate von 40 Hz ausgeführt, der optische Umweg im Michelson-Interferometer wurde mittels eines Synchronmotors kontinuierlich verändert (D in Abb. 2). Die Autokorrelationsfunktion wurde somit mit insgesamt etwa 10^4 kurzen Laserpulsen aufgenommen, wodurch eine ausreichende Mittelung statistischer Schwankungen bezüglich Pulsintensität, Pulsform und Pulsdauer erzielt werden konnte.

Als nichtlinearen Kristall benützten wir einen phasenangepaßten, tetragonalen ADA-(Ammonium-Dihydrogen-Arsenat) Kristall. Die Grundstrahlung wird nach Durchlaufen des Kristalls durch ein Massefilter (F) weggefiltert. Das Signal der 2. Harmonischen durchläuft noch einen Monochromator (MC) und wird an dessen Ausgang durch einen Photomultiplier (PM) registriert. Die Triggerung des N_2-Lasers (NL) und der Aufzeichnungselektronik (Analog-Gate, AG) erfolgt durch denselben Pulsgenerator (PG).

Da N_2-Laser sehr effektive Pumpquellen für Farbstofflaser darstellen, lassen sich auf diese Art durch Verwendung anderer Farbstoffe möglicherweise im gesamten optischen Bereich durchstimmbare, relativ kurze Lichtpulse hoher Leistung ohne größeren technischen Aufwand erzeugen. Dies macht diese Methode für die Kurzzeitspektroskopie attraktiv, auch wenn die erzielbaren Pulsdauern den mit den Methoden der Modenkopplung erreichbaren kurzen Pulslängen um ein bis zwei Größenordnungen nachstehen.

Diese Arbeit wurde vom "Fonds zur Förderung der wissenschaftlichen Forschung in Österreich" finanziell unterstützt. Wir danken Dr.E.Winter und Q.Munir für das kritische Durchlesen des Manuskripts.

REFERENZEN

1. "Ultrashort Light Pulses", Herausg. S.L. Shapiro, Topics in Appl. Phys. Bd. 18, Springer 1977.
2. E.P. Ippen, C.V. Shank, Appl. Phys. Lett. 27 (1975) 488.
3. I.S. Ruddock, D.J. Bradley, Appl. Phys. Lett. 29 (1976) 296.
4. J.P. Heritage, R.K. Jain, Appl. Phys. Lett. 32 (1978) 101.
5. H. Strohwald, H. Salzmann, Appl. Phys. Lett. 28 (1976) 272.
6. H. Salzmann, H. Strohwald, Phys. Lett. 57A (1976) 41.
7. C. Lin, C.V. Shank, Appl. Phys. Lett. 26 (1975) 389.
8. D. Roess, J. Appl. Phys. 37 (1966) 2004.
9. G. Veith, A.J. Schmidt, erscheint in J. Phys. 11 (1978).
10. T.W. Hänsch, Appl. Opt. 11 (1972) 895.
11. E.P. Ippen, C.V. Shank, in [1].

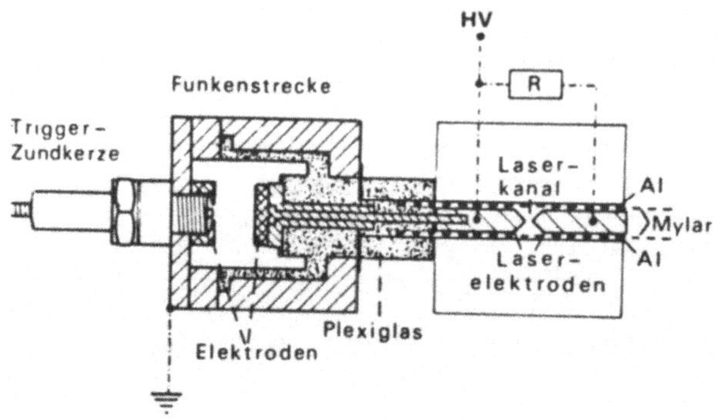

Abb. 1

Transversal angeregter Stickstofflaser, welcher bei Atmosphärendruck arbeitet ("TEA"-Laser),(Querschnitt, Grundriß).

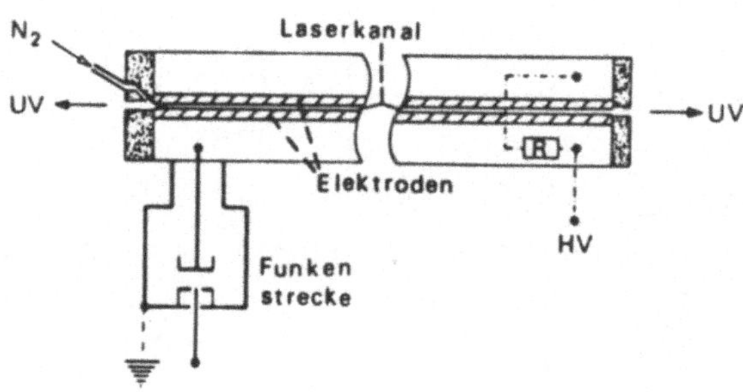

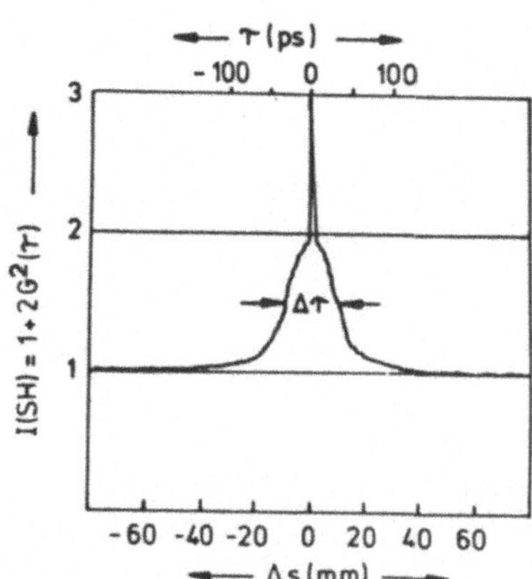

Abb. 3

Korrelationsmessung: Messung der Intensität der 2. Harmonischen $I_{2\omega}(\tau) = I(SH) = 1 + 2G^2(\tau)$ als Funktion der zeitlichen Verzögerung bzw. des effektiven optischen Umweges $\Delta s = c.\tau$ zwischen den Teilstrahlen des Michelson-Interferometers.

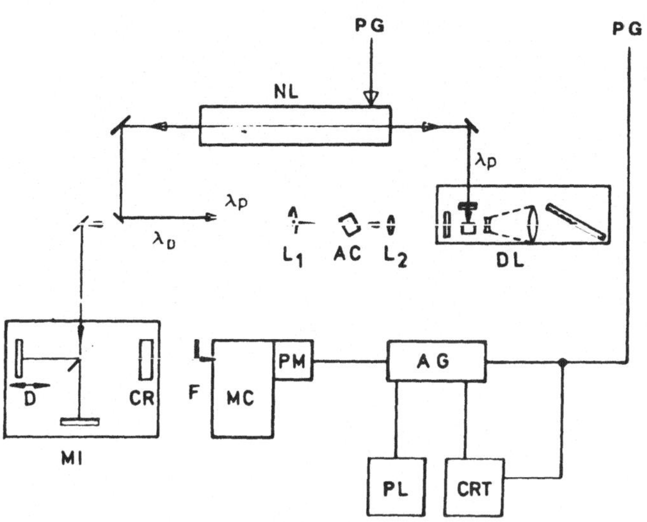

Abb. 2

Gesamtaufbau zur Erzeugung und Messung ultrakurzer, durchstimmbarer Laserpulse:

PG...Pulsgenerator, NL...N_2-Laser (λ_p = 337,1 nm)
DL...Durchstimmbarer Farbstofflaser nach Hänsch [10], (λ_D...durchstimmbar von 580-600 nm),
L_1,L_2...Fokussierungslinsen (f_1 = 150 mm, f_2 = 36 mm),
AC...Verstärkerzelle (Rhodamin 6G; 10^{-3} mol/l),
MI...Michelson-Interferometer, D...Variable Spiegelposition, CR...Nichtlinearer Kristall (ADA),
F...Filter zur Diskriminierung der Grundstrahlung,
MC...Monochromator, PM...Photomultiplier,
AG...Analog-Gate, PL...Schreiber, CRT...Oszillograph.

Acta Physica Austriaca, Suppl. XX, 293–299 (1979)

ERZEUGUNG ZEITLICH KORRELIERTER PIKOSEKUNDEN-LASERIMPULSE UND IHRE ANWENDUNG ZUR MESSUNG DER LEBENSDAUERN OPTISCH ANGEREGTER FARBSTOFFE[+]

E.LILL, S.SCHNEIDER, F.DÖRR
Inst. für Physikalische und Theoretische Chemie
Technische Universität München, BRD

ABSTRACT

Two flashlamp-pumped, modelocked and optically coupled dye lasers produce trains of picosecond pulses with definite, but variable time correlation. The pulses of one train are used to bleach the sample periodically while the other probe the decay of its transient transmission. Thus relaxation times between 15 ps and 1,5 ns can be monitored by one simultaneous activation of the two lasers. The new method was tested in measuring the groundstate-recoverytimes of DODCI.

EINLEITUNG

Eine Standardmethode zur Untersuchung von sehr schnellen optischen Phänomenen besteht in der Verwendung zeitlich korrelierter Pikosekundenimpulse, die zur Anregung bzw. Abfrage des transienten Zustandes des Meß-

[+]Vortrag gehalten anläßlich der Fachtagung "Laserspektroskopie", Graz, 19.-21. Juni 1978.

objektes dienen. Dabei wurde bisher der von einem passiv modengekoppelten Laser erzeugte und elektrooptisch selektierte Pikosekundenimpuls in seiner Intensität aufgespaltet. Der eine der beiden daraus resultierenden Impulse besitzt eine hohe Intensität und regt die Probe an, während der entsprechende "Abfrageimpuls" von geringer Intensität das Meßobjekt aufgrund einer variablen optischen Weglängendifferenz Δl mit einer definierten Verzögerung Δt passiert. Durch schrittweises Verändern dieser Laufzeitdifferenz kann deshalb das zeitabhängige optische Verhalten der Probe, beispielsweise deren Transmission, in einer angemessenen Anzahl von Einzelmessungen ermittelt werden.

Die von uns entwickelte Meßmethode zur Erfassung transienter optischer Prozesse (Meßbereich zwischen 15 ps und 2 ns) stellt demgegenüber eine Einzelschußtechnik hoher Effektivität dar. Sie beruht auf der Verwendung zweier optisch gekoppelter, blitzlampengepumpter Farbstofflaser zur Erzeugung von zeitlich korrelierten Anregungs- und Abfrageimpulsfolgen.

ERZEUGUNG VON FOLGEN ZEITLICH KORRELIERTER PIKOSEKUNDENIMPULSE UNTERSCHIEDLICHER WELLENLÄNGE

Das experimentelle Konzept zur Erzeugung zeitlich korrelierter Kurzzeitimpulse durch optisches Koppeln zweier blitzlampengepumpter Farbstofflaser L_I und L_{II} [1] zeigt Abb. 1. Laser L_I, den man auch als Steueroszillator bezeichnen kann, wird passiv modengekoppelt ($550\ nm \leq \lambda \leq 647\ nm$). Mittels eines sog. Strahlteilers BS werden je nach Wellenlängenbereich zwischen 5% und 50% der Impulsenergie von L_I in die Modelockzelle MLC 2 reflektiert. In ihr befindet sich die Lösung eines sättigbaren Absorbers. Das wesentliche Merkmal des Sekundäroszillators ist, daß seine Pumplichtintensität knapp unterhalb der Laserschwelle gehalten wird. Immer dann, wenn ein Impuls von L_I den sättigbaren Absorber ausbleicht, wird der Resonatorverlust in L_{II} für eine kurze Zeitdauer reduziert. Diese "Öffnungszeit" entspricht größenordnungsmäßig der Zeit für die Wiederbevölkerung des Grundzustandes des passiven Mediums (sättigbarer Absorber). Ist die Kombination von Absorber und aktivem Medium in L_{II} auf die Wellenlänge λ_I der Schaltimpulse abgestimmt, so baut sich unter Voraussetzung vergleichbarer Resonatorlängen nach kürzester Zeit in L_{II} eine Impulsfolge auf.

Zur Wellenlängenabstimmung in L_I und L_{II} dienen die Fabry Perot Etalons FPE1 bzw. FPE2. Je nach Kombination von aktiven und passiven Medien können sich λ_I und λ_{II} um bis zu 40 nm unterscheiden.

STREAKCAMERA-UNTERSUCHUNGEN DER SEKUNDÄRIMPULSE

Bei Verwendung von Rhodamin 6G (aktives Medium) und DODCI[+] (passives Medium) im Sekundärsystem zeigten Streakcamera-Untersuchungen [2], daß bereits 15 Schaltimpulse ein sicheres Anschwingen von L_{II} ermöglichen und überdies der Aufbau der Impulsfolge im Vergleich zum passiven Modenkoppeln stark beschleunigt wird. Wie Messungen an Impulsen zu verschiedenen Zeitabschnitten der Folge ergaben, kann nach wenigen Resonatorumläufen (ca. 20) der Einfluß der Schaltimpulse vernachlässigt werden, der Sekundärlaser nimmt das Verhalten eines

---

[+] 3,3-Diäthyl-Oxadicarbocyanin-Iodid

passiv modengekoppelten Systems an. Da sich auch dann einwandfreie Sekundärimpulse erzeugen lassen (τ_p typisch 4 ps, Einzelimpulsenergie 150 μJ), falls sich die Wiederholraten der Impulse innerhalb beider Folgen aufgrund ungleicher Laserresonatorlängen ($|\ell_1 - \ell_2| \leq 40$ mm; ℓ_1 ca. 500 mm) unterscheiden, kann das Verfahren des optischen Koppelns vorteilhaft zur Erfassung sehr schneller transienter optischer Vorgänge eingesetzt werden.

MESSUNG SCHNELLER TRANSIENTER OPTISCHER PHÄNOMENE

Abb. 1 zeigt als Anwendungsbeispiel die experimentelle Anordnung zur Messung des zeitlichen Transmissionsverhaltens der Lösung eines sättigbaren Absorberfarbstoffs [3]. Laser L_I und L_{II} erzeugen zeitlich korrelierte Impulsfolgen, die der Anregung bzw. Abfrage der in der Küvette DC befindlichen Lösung dienen. Nach Durchlaufen der Probe wird der Meßstrahl durch einen Spiegel umgelenkt, passiert eine Blende sowie das Interferenzfilter IF und trifft auf eine schnelle Photodiode PD. Das Oszillogramm wird mit einer Oszillographenkamera registriert. Verdeutlicht wird das Meßprinzip durch Abb. 2: aus $l_1 < l_2$ resultieren unterschiedliche Resonatorumlaufzeiten t_1 und t_2. Nimmt man zum Zeitpunkt t_o die zeitliche Koinzidenz von Anregungs- und Abfrageimpuls am Ort der Probe an, so erhöht sich mit jedem Resonatorumlauf der Zeitabstand zwischen zwei einander zugeordneten Impulsen um den diskreten Wert $\Delta t = t_2 - t_1$. Demzufolge bleicht jeder Impuls von L_I die Probe aus, während der entsprechende Sekundärimpuls die Relaxation der Transmission mit zusätzlicher, definierter Verzögerung abfrägt.

MESSUNG DER S_1-LEBENSDAUERN VON POLYMETHINFARBSTOFFEN

Demonstriert wurde die Brauchbarkeit der Methode bei der Messung der kurzen Transmissionsabklingdauern einiger sog. Modelock-Farbstoffen (Polymethine). So konnte im Falle von DODCI, für dessen S_1-Lebensdauern aufgrund zweier photoisomerer Formen in der Literatur je nach verwendeten Meßverfahren (Verwendung von Einzelimpulsen oder umfangreicher Impulsfolgen) Werte zwischen 50 ps und 1,6 ns existieren, schon nach einem Meßvorgang (λ_I = 585 nm; λ_{II} = 595 nm) gezeigt werden, daß ein biexponentieller Zerfall vorliegt (S_1 Lebensdauern 430 ± 30 ps bzw. 1.3 ± 0.2 ns). Eine weitere Messung bei veränderter Wellenlänge (λ_{II} = 610 nm) der Abfrageimpulse bestätigt ferner, daß die kürzere S_1-Lebensdauer zur photoisomeren Form mit der langwellig verschobenen Absorption gehört. In einer dritten Messung wurde die Anzahl der Anregungsimpulse, die vor dem eigentlichen Meßvorgang auf die Probe fielen, stark erhöht (λ_{II} = 610 nm). Daraufhin zeigte die Aufnahme des Meßsignals eine relative Zunahme der Form mit kurzlebigem S_1-Zustand. Somit konnte das langwellig verschobene Absorptionsmaximum eindeutig dem Photoprodukt zugeordnet werden. Allein um eine einzige dieser Aussagen zu erhalten, mußte mit der eingangs erwähnten Methode eine Vielzahl von Einzelmessungen unternommen werden.

ZUSAMMENFASSUNG

Die am DODCI durchgeführten Messungen zeigen, daß das neuentwickelte Verfahren unter relativ geringem Aufwand Einsicht in schnellablaufende optische Phänomene ermöglicht. Aufgrund der problemlosen Abstimmbarkeit der Wellenlängen von Anregungs- und Abfrageimpulsen, sowie der Möglichkeit der Frequenzverdoppelung ist ein vielseitiger Einsatz auf dem Gebiet der Kurzzeitspektroskopie gegeben. Die naheliegende Verwendung zweier modengekoppelter Dauerstrichfarbstofflaser anstelle der blitzlampengepumpten Systeme könnte darüber hinaus die Nachweisempfindlichkeit steigern und die experimentelle Untersuchung vieler optischer Kurzzeitphänomene entscheidend vereinfachen.

REFERENZEN

1. E.Lill, S.Schneider, F.Dörr, Opt. Comm. 22 (1977) 107.
2. E.Lill, S.Schneider, F.Dörr, S.F.Bryant, J.R.Taylor, Opt. Comm. 23 (1977) 318.
3. E.Lill, S.Schneider, F.Dörr, Appl. Phys. 14 (1977) 399.

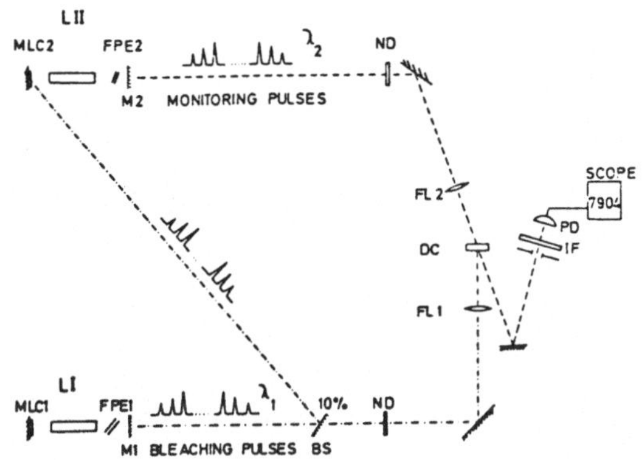

Abb. 1
Experimentelle Anordnung zum zeitlich korrelierten Modenkoppeln: LI, LII Farbstofflaser, MLC Modelock-Zelle, FPE Fabry Perot Etalon, BS Strahlteiler, DC Probe, ND Neutralglasfilter, IF Interferenzfilter, PD Photodiode.

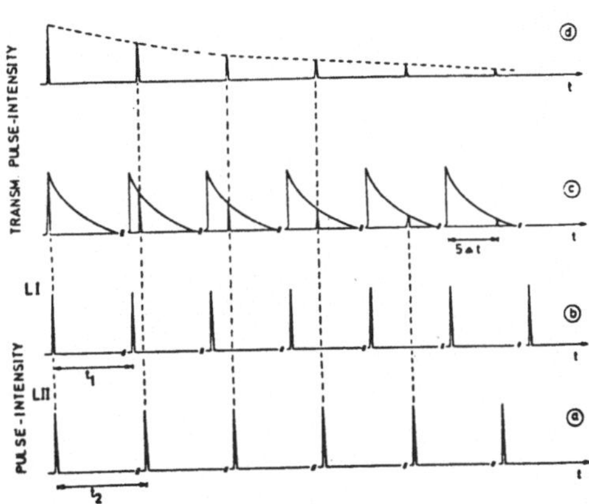

Abb. 2
Optisches Abtasten des Transmissionsverhaltens
a) Impulsfolge des Sekundärlasers L_{II} (Abfrage)
b) Impulsfolge des Primärlasers L_{I} (Ausbleichen)
c) transientes optisches Phänomen
d) Intensität der transmittierten Abfrageimpulse.